《农村干部经营管理培训教材》

实 用 技 术 知 识 丛 书

动物疫病防治

罗国琦　李文华　主编

中国环境科学出版社·北京

图书在版编目（CIP）数据

动物疫病防治/罗国琦，李文华主编. —北京：中国环境科学出版社，2009.9
（《农村干部经营管理培训教材》实用技术知识丛书）
ISBN 978-7-80209-446-8

Ⅰ. 动… Ⅱ. ①罗… ②李… Ⅲ. 兽疫—防治—技术培训—教材 Ⅳ. S851

中国版本图书馆 CIP 数据核字（2009）第 165066 号

责任编辑 俞光旭 徐于红
封面设计 龙文视觉

出版发行 中国环境科学出版社
（100062 北京崇文区广渠门内大街 16 号）
网　址：http://www.cesp.com.cn
联系电话：010-67112765（总编室）
发行热线：010-67125803
印　刷 北京中科印刷有限公司
经　销 各地新华书店
版　次 2009 年 9 月第 1 版
印　次 2009 年 9 月第 1 次印刷
开　本 880×1230 1/32
印　张 10
字　数 270 千字
定　价 29.00 元

《农村干部经营管理培训教材》
实用技术知识丛书编委会

《动物疫病防治》
编写委员会

主　编: 罗国琦　李文华

副主编: 王永立　赵庆枫　王　安

编　者:（按姓氏笔画排序）

王　安　王　硕　史　建　田　霞

朱三榜　李文华　张志飞　张素丽

杨芳芳　赵书景　赵丽萍　袁文菊

程艳华

前 言

建设“生产发展、生活富裕、乡风文明、村容整洁、管理民主”的社会主义新农村，是党中央提出的一项战略任务，是贯彻落实科学发展观、建设小康社会、构建和谐社会在广大农村的综合体现。要顺利完成这一重大的战略任务，培养一支扎根农村、贴近农民、服务农业，有文化、懂技术、会经营、善管理的村级组织带头人至关重要。因此，充分了解农村干部培训的需求，有针对性地加强农村干部培训，是基层党校搞好农村干部培训工作的重中之重，但是，在农村干部培训的教学过程中，往往缺乏理论与实践相结合的实用、可行的教材。现行的培训教材，一般讲政治理论、形势任务多，教实用技术、工作方法少，与希望获得最新知识、新技术的村级组织带头人的要求相去甚远。“工欲善其事，必先利其器”，做好农村干部培训工作，重要的一环是要有一套适应本地农村经济发展特点、适应农村干部需求的好教材。为了满足农村干部学习的愿望，落实上级关于实施农村干部素质工程的意见，我们组织有关教学研究人员和实际工作者，根据新时期党对农村工作的要求和农村工作的特点，本着实际、实用、实效的原则，编写这套农村干部经营管理培训教材。

这套教材融党的农村政策法规、各地改革实践和现代农业新科技于一体，内容丰富翔实、技术先进、信息权威，突出了实用性、时效性和规范性，注重总结农业生产实践中的经验，实现了知识与技能的有机结合，达到了既能使农村基层干部掌握基本理论和基本技能知识，又能触类旁通，扩展知识面，切实提高自身素质，增强工作能力的目的。这套教材将极大地方便各地党校的教学培训工作，同时在提高农民科技文化素质，促进农业增效、农民增收、农村和谐，进而推进农村经济社会全面发展，发挥积极重要的作用。

在编写这套教材的过程中，得到了有关部门和单位的大力支持，参考了近千种农业专著及报刊资料，在此一并致谢，恕不一一注明。

由于水平有限，加之时间紧迫，缺点错误在所难免，敬请各位同仁及广大读者批评指正。

编者

2009 年 3 月

目 录

上篇 动物传染病

下篇　畜禽寄生虫病

上　篇

动物传染病

第一章　畜禽传染病的基本知识

第一节　感染和传染病的概念

（一）感染

感染通常是指病原微生物侵入动物机体，并在一定的部位定居、生长繁殖并引起机体一系列不同程度的病理反应过程。动物感染病原微生物后会有不同的临床表现，从完全没有临诊症状到明显的临诊症状，甚至死亡，这是病原的致病性、毒力与宿主特性综合作用的结果。也就是说，病原对宿主的感染力和使宿主的致病力表现出很大差异，这不仅取决于病原本身的特性（致病力和毒力），也与动物的遗传易感性和宿主的免疫状态以及环境因素有关。

（二）传染病

凡是由病原微生物引起的，具有一定的潜伏期和临诊表现，并具有传染性的疾病，称为传染病。当机体抵抗力较强时，病原微生物侵入后一般不能生长繁殖，更不会出现传染病的临床表现，因为动物能迅速动员机体的非特异性免疫力和特异性免疫力而将该侵入者消灭或清除。动物对某种病原微生物缺乏抵抗力或免疫力时，则称为动物对该病原体具有易感性，而具有易感性的动物常被称为易感动物。病原微生物侵入易感动物机体后可以造成传染病的发生。

传染病的表现虽然多种多样，但也具有一些共同特性，根据这些特性可与其他非传染病相区别。这些特性是：

1．传染病是由病原微生物引起的。每一种传染病都有其特异的致病性微生物存在，如猪瘟是由猪瘟病毒引起的，没有猪瘟病毒就不会发生猪瘟。

2．传染病具有传染性和流行性。从患传染病的病畜禽体内排出的病原微生物，侵入另一有易感性的健康畜禽体内，能引起同样症状的疾病。像这样使疾病从病畜禽传染给健康畜禽的现象，就是传染病与非传染病相区别的一个重要特征。当一定的环境条件适宜时，在一定时间内，某一地区易感动物群中可能有许多动物被感染，致使传染病蔓延散播，形成流行。

3．被感染的机体发生特异性的免疫学反应。在传染发展过程中由于病原微生物的抗原刺激作用，机体发生免疫生物学的改变，产生特异性抗体和变态反应等。这种改变可以用血清学方法等特异性反应检查出来。

4．耐过动物能获得特异性免疫。动物耐过传染病后，在大多数情况下均能产生特异性免疫，使机体在一定时期内或终生不再患该种传染病。

5．具有一定的临诊表现和病理变化。大多数传染病都具有该种病特征性的临诊症状和病理变化，而且在一定时期或地区范围内呈现群发性疾病表现。

6．具有明显的流行规律。传染病在动物群体中流行时都有一定的时限，而且许多传染病都表现出明显的季节性和周期性。

第二节　感染的类型

按病原微生物与动物机体的相互作用及其表现，通常将感染分为不同的类型。

1．按感染动物的临床表现分类可分为显性感染、隐性感染、一过型感染和顿挫型感染。

（1）显性感染：病原体侵入机体后，动物表现出该病特有临诊症状的感染过程称为显性感染。

（2）隐性感染：机体不出现任何临诊症状，呈隐蔽经过的感染称为隐性感染或亚临床感染。隐性感染动物体内的病理变化，依病原体种类和机体状态不同而不同，有些被感染动物虽然外表看不到症状，但体内可呈现一定的病理变化，而另一些隐性感染动物既无临诊症状又无病理变化，一般只能通过微生物学或免疫学方法检查出来。

（3）一过型感染：开始症状较轻，特征症状未见出现即行恢复者称为一过型（或消散型）感染。

（4）顿挫型感染：开始症状表现较重，与急性病例相似，但特征症状尚未出现即迅速消退、恢复健康者称为顿挫型感染。这是一种病程缩短而没有表现该病主要症状的轻病例，常见于疾病的流行后期。还有一种临床表现比较轻缓的类型，一般称为温和型。

2．按感染发生的部位分类可分为局部感染和全身感染。

（1）局部感染：由于动物机体抵抗力较强，侵入机体的病原微生物毒力较弱或数量较少，致使病原体被局限在机体内一定部位生长繁殖而引起一定程度的病变，称为局部感染，如化脓性葡萄球菌、链球菌所引起的各种化脓等。

（2）全身感染：如果感染的病原微生物或其代谢产物突破机体的防御屏障，通过血流或淋巴循环扩散到全身各处，并引起全身性症状则称为全身感染。全身感染的表现形式主要包括：菌血症、病毒血症、毒血症、败血症、脓毒症和脓毒败血症等。

3．按病程的长短分类可分为最急性感染、急性感染、亚急性感染和慢性感染。

（1）最急性感染：是指病程数小时至一天左右，发病急剧、突然死亡、症状与病变不明显的感染过程，多见于牛羊炭疽、巴氏杆菌病、绵羊快疫和猪丹毒等疫病流行的初期。

（2）急性感染：是指病程较长，数天至二三周不等，具有该病明显临诊症状的感染过程，如急性猪瘟、猪丹毒、新城疫、鸡传染性法氏囊病和口蹄疫等。

（3）亚急性感染：是指病程比急性感染稍长、病势及症状较为缓和的感染过程，如疹块型猪丹毒和亚急性型仔猪红痢等。

（4）慢性感染：是指发展缓慢、病程数周至数月、症状不明显的感染过程，如鸡慢性呼吸道病、猪气喘病等。

疾病的严重程度和病程的长短取决于病原体致病力和机体抵抗力等因素。在一定条件下，上述感染类型可以相互转化。

4．按感染的病原微生物来源分类可分为外源性感染和内源性感染。

（1）外源性感染：是指病原微生物从动物体外侵入机体而引起的感染。

（2）内源性感染：是指由于受到某些因素的作用，动物机体的抵抗力下降，致使寄生于动物体内的某些条件性病原微生物或隐性感染状态下的病原微生物得以大量生长繁殖而引起的感染现象，如猪肺疫、马腺疫等有时就是通过内源性感染发病的。

5．按感染病原微生物的种类分类可分为单纯感染、混合感染、继发感染和协同感染。

（1）单纯感染：一种病原微生物所引起的感染称为单纯感染。

（2）混合感染：两种或两种以上病原微生物同时参与的感染称为混合感染。

（3）继发感染：当动物机体感染了某种病原微生物引起抵抗力下降后，造成另一种或几种新侵入病原微生物的感染称为继发感染，如慢性猪瘟经常继发感染多杀性巴氏杆菌或猪霍乱沙门杆菌等。

（4）协同感染：是指在同一感染过程中有两种或两种以上病原体共同参与，相互作用，使其毒力增强，而参与的病原体单独存在时则不能引起相同临床表现的现象，如专性厌氧菌可保护混合感染中的其他细菌不被吞噬，消除厌氧菌后吞噬细胞便可有效地消灭混合感染灶中的需氧菌而阻止感染的发生。

目前，在兽医临床实践中，各种病原体的混合感染和继发感染非常普遍，厌氧菌和需氧菌同时存在可能导致协同作用的发生。细菌混合共存，其中一些细菌能抵御或破坏宿主的防御系统，使共生菌得到保护。病原体间相互作用还使一些疫病的临床表现复杂化，给动物疫病的诊断和防治增加了困难。

6．持续性感染是指在入侵的病毒不能杀死宿主细胞而形成病毒与宿主细胞间的共生平衡时，感染动物可在一定时期内带毒或终生带毒，而且经常或反复不定期地向体外排出病毒，但不出现临诊症状或仅出现与免疫病理反应相关症状的一种感染状态。

7．典型感染和非典型感染两者均属显性感染。在感染过程中表现出该病的特征性（有代表性）临诊症状者，称为典型感染。而非典型感染则表现或轻或重，与典型感染不同。如典型马腺疫具有颌下淋巴结脓肿等特征症状，而非典型马腺疫轻者仅有鼻粘膜卡他，严重者可在胸膜腔内器官出现转移性脓肿。

8．良性感染和恶性感染一般常以病畜禽的死亡率作为判定传染病严重性的主要指标。如果该病并不引起病畜禽的大批死亡，可称为良性感染。相反，如果引起大批死亡，则可称为恶性感染。例如发生良性口蹄疫时，牛群的死亡率一般不超过 2%；如为恶性口蹄疫，则病死率可大大超过此数。机体抵抗力减弱和病原体毒力增强等都是传染病发生恶性病程的原因。

第三节　传染病病程的发展阶段

虽然不同的传染病在临床表现上千差万别，但各个动物的发病过程在大多数情况下具有明显的规律性，大致可以分为潜伏期、前驱期、明显（发病）期和转归期（恢复期）四个阶段。

（一）潜伏期

由病原体侵入机体并进行繁殖时起，直到疾病的最初临诊症状开始出现为止，这段时间称为潜伏期。不同的传染病其潜伏期的长短不同，即使同一种传染病其潜伏期长短也有很大的变动范围。这是由于不同的动物种属、品种、个体的易感性不一致，病原体的种类、数量、入侵门户、部位等情况也有所不同而出现差异，但相对来说还是具有一定的规律性。例如炭疽的潜伏期为 1～14 天，多数为 1～5 天；猪瘟的潜伏期为 2～20 天，多数为 5～8 天。一般来说，急性传染病的变化范围小；慢性传染病以及症状不明显的传染病其潜伏期差异较大，常不规则。同一种传染病潜伏期短促时，疾病经过较严重；反之，潜伏期延长时，病程也常较轻微。了解传染病潜伏期的主要意义有以下几点：

1．确定检疫期限。如炭疽最长潜伏期为 14 天，所以检疫期也是 14 天。

2．判断传播媒介的种类和数量。如畜群中有多数动物发生某种传染病，若其首末病例发病日期的间距不超过该病的最长潜伏期，则所有病例感染可能来自同一传播媒介。

3．推算病畜禽的感染日期。从出现临诊症状之日向前推一个潜伏期，即病初的感染日期。

4．确定紧急免疫动物的观察期限。某些畜群发生传染病后，可用疫苗进行紧急接种，但处于潜伏期的动物，接种疫苗仍有可能发病，对这些动物就应该加强观察和确定观察期限。

5．处于潜伏期的动物是危险的传染源。处于潜伏期的动物可随其排泄物和分泌物等向外界排菌或排病毒，成为潜在的传染源。

6．有助于评价防制措施的临床效果。实施某措施后需要经过该病潜伏期的观察，比较前后病例数的变化便可评价该措施是否有效。

（二）前驱期

前驱期是疾病的征兆阶段，其特点是临诊症状开始表现出来，但该病的特征性症状仍不明显。从多数传染病来说，这个时期仅可察觉出一般的症状，如体温升高、食欲减退、精神异常等。各种传染病和各个病例的前驱期长短不一，通常只有数小时至一两天。

（三）明显（发病）期

前驱期之后，病的特征性症状逐步明显地表现出来，是疾病发展到高峰的阶段。这个阶段因为很多有代表性的特征性症状相继出现，在诊断上比较容易识别。同时，由于患病动物体内排出的病原体数量多、毒力强，故应加强发病动物的饲养管理，防止病原微生物的散播和蔓延。

（四）转归期（恢复期）

疾病进一步发展为转归期。如果病原体的致病性能增强，或动物体的抵抗力减退，则传染过程以动物死亡为转归。如果动物体的抵抗力得到改进和增强，则机体逐步恢复健康，表现为临诊症状逐渐消退，体内的病理变化逐渐减弱，正常的生理功能逐步恢复，机体在一定时期保留免疫学特性。在病后一定时间内还有带菌（毒）排菌（毒）现象存在，但最后病原体可被消灭清除。

第四节　畜禽传染病流行过程的基本环节

畜禽传染病的流行过程就是从畜禽个体感染发病发展到畜禽群体发病的过程，也就是传染病在畜禽群体中发生和发展的过程。畜禽传染病能在畜禽之间直接接触传染或间接地通过媒介物互相传染的特性，称为流行性。传染病在畜禽群体中蔓延流行，必须具备三个相互连接的条件，即传染源、传播途径及易感动物。这三个条件统称为传染病流行过程的三个基本环节，当这三个条件同时存在并相互联系时就会造成传染病的发生。因此，掌握传染病流行过程的基本条件及其影响因素，有助于我们制定正确的防疫措施，控制传染病的蔓延或流行。

（一）传染源

传染源（亦称传染来源）是指有某种传染病的病原体在其中寄居、生长、繁殖，并能排出体外的动物机体。具体说传染源就是受感染的动物，包括传染病病畜禽和带菌（毒）动物。

动物受感染后，可以表现为患病和携带病原两种状态，因此传染源一般可分为两种类型。

1. 患病动物病畜禽是重要的传染源。不同病期的病畜禽，其作为传染源的意义也不相同。前驱期和症状明显期的病畜禽，可排出大量毒力强大的病原体，因此作为传染源的作用也最大。潜伏期和恢复期的病畜禽是否具有传染源的作用，则随病种不同而异。

病畜禽能排出病原体的整个时期称为传染期。不同传染病传染期长短不同。各种传染病的隔离期就是根据传染期的长短来确定的。为了控制传染源，对病畜禽原则上应隔离至传染期终了为止。

2. 病原携带者是指外表无症状但携带并排出病原体的动物。病原携带者是一个统称，包括带菌者、带毒者、带虫者等。

病原携带者排出病原体的数量一般不及病畜禽，因缺乏症状不易被发现，有时可成为十分危险的传染源，如果检疫不严，还可以随动物的运输散播到其他地区，造成新的暴发或流行。

病原携带者一般分为潜伏期病原携带者、恢复期病原携带者和健康病原携带者三类。

（1）潜伏期病原携带者：是指感染后至症状出现前即能排出病原体的动物。在这一时期，大多数传染病的病原体数量还很少，此时一般不具备排出条件，因此不能起传染源的作用。但有少数传染病如狂犬病、口蹄疫和猪瘟等在潜伏期后期能够排出病原体，此时就有传染性了。

（2）恢复期病原携带者：是指在临诊症状消失后仍能排出病原体的动物。一般来说，这个时期的传染性已逐渐减少或已无传染性了，但还有不少传染病如猪气喘病、布鲁杆菌病等在临诊痊愈的恢复期仍能排出病原体。

（3）健康病原携带者：是指过去没有患过某种传染病却能排出该种病原体的动物。一般认为这是隐性感染的结果，通常只能靠实验室方法检出。如巴氏杆菌病、沙门杆菌病等病的健康病原携带者为数众多，有时可成为重要的传染源。

病原携带者存在着间歇排出病原体的现象，因此仅凭一次病原学检查的阴性结果不能得出正确的结论，只有反复多次地检查均为阴性时才能排除病原携带状态。消灭和防止引入病原携带者是传染病防治中艰巨的重要任务。

（二）传播途径

病原体由传染源排出后，经一定的方式再侵入其他易感动物所经的途径称为传播途径。研究传染病传播途径的目的在于切断病原体继续传播的途径，防止易感动物受传染，这是防治家畜传染病的主要环节之一。传播途径可分两大类：一是水平传播，二是垂直传播。

1. 水平传播即传染病在群体之间或个体之间以水平形式横向平行传播。水平传播在传播方式上可分为直接接触传播和间接接触传播。

（1）直接接触传播：病原体通过被感染的动物（传染源）与易感动物直接接触（交配、舐咬等）而引起的传播方式。以直接接触为主要传播方式的传染病为数不多，在家畜中狂犬病具有代表性。直接接触而传播的传染病，在流行病学上通常具有明显的流行线索。这种方式使疾病的传播受到限制，一般不易造成广泛流行。

（2）间接接触传播：病原体通过传播媒介使易感动物发生传染的方式，称为间接接触传播。从传染源将病原体传播给易感动物的各种外界环境因素称为传播媒介。传播媒介可能是生物，也可能是无生命的物体。

大多数传染病如口蹄疫、猪瘟、新城疫等以间接接触为主要传播方式，同时也可以通过直接接触传播。两种方式都能传播的传染病也可称为接触性传染病。

间接接触一般通过如下几种途径传播：

1）经空气（飞沫、飞沫核、尘埃）传播：经空气而散播的传染主要是以飞沫、飞沫核或尘埃为媒介而传播的。

经飞散于空气中带有病原体的微细泡沫而散播的传染称为飞沫传染。所有的呼吸道传染病主要是通过飞沫传播的，如口蹄疫、结核病、猪气喘病、流行性感冒、传染性喉气管炎等。一般来说，干燥、光照充足、温暖和通风良好的环境，飞沫飘浮的时间较短，其中的病原体（特别是病毒）死亡较快；相反，畜群密度大、潮湿、阴暗、低温和通风不良的环境，飞沫传播和作用的时间较长。

从传染源排出的分泌物、排泄物和处理不当的尸体等散布在外界环境的病原体附着物，经干燥后，由于空气流动冲击，带有病原体的尘埃在空气中飘浮，被易感动物吸入而感染，称为尘埃传染。能借尘埃传播的传染病有结核病、炭疽、痘等。

2）经污染的饲料和水传播：以消化道为主要侵入门户的传染病，如口蹄疫、猪瘟、鸡传染性法氏囊病、沙门杆菌病等，其传播媒介主要是污染的饲料和饮水。传染源的分泌物、排出物和病畜禽尸体及其流出物污染了饲料、牧草、饲槽、水池，或由某些污染的管理用具、车船、畜禽舍等辗转污染了饲料、饮水而传给易感动物。因此，在防疫上应特别注意防止饲料和饮水的污染，并做好相应的防疫消毒卫生管理。

3）经污染的土壤传播：随病畜禽排泄物、分泌物或其尸体一起落入土壤而能在其中生存很久的病原微生物称为土壤性病原微生物。它所引起的传染病有炭疽、破伤风、恶性水肿、猪丹毒等。

4）经活的媒介物而传播：非本种动物和人类也可能作为传播媒介传播家畜传染病。主要有以下几种：

① 节肢动物：节肢动物中作为家畜传染病的媒介者主要是虻类、螯蝇、蚊、蠓、家蝇和蜱等。传播主要是机械性的，它们通过在病、健畜间的刺蜇吸血而散播病原体。亦有少数是生物性传播，某些病原体（如立克次体）在感染家畜前，必须先在一定种类的节肢动物（如某种蜱）体内通过一定的发育阶段，才能致病。

② 野生动物：野生动物的传播可以分为两大类。一类是本身对病原体具有易感性，在受感染后再传染给畜禽，在此野生动物实际上是起了传染源的作用。另一类是本身对该病原体无易感性，但可机械地传播疾病，如乌鸦在啄食炭疽病畜禽的尸体后从粪内排出炭疽杆菌的芽孢，鼠类可能机械地传播猪瘟和口蹄疫等。

③ 人类：饲养人员和兽医在工作中如不注意遵守防疫卫生制度，消毒不严时，容易传播病原体。兽医的体温计、注射针头以及其他器械如消毒不彻底就可能成为传播媒介。有些人畜共患的疾病，人也可能作为传染源，因此结核病患者不允许管理家畜。

2．垂直传播即从母体到其后代两代之间的传播。从广义上讲，垂直传播属于间接接触传播，它包括下列几种方式：

（1）经胎盘传播：受感染的孕畜经胎盘血流传播病原体感染胎儿，称为胎盘传播。可经胎盘传播的疾病有猪细小病毒感染等。

（2）经卵传播：由携带有病原体的卵细胞发育而使胚胎受感染，称为经卵传播。主要见于禽类，如鸡白痢沙门杆菌等。

（3）经产道传播：病原体经孕畜阴道通过子宫颈口到达绒毛膜或胎盘引起胎儿感染，或胎儿从无菌的羊膜腔穿出而暴露于严重污染的产道时，胎儿经皮肤、呼吸道、消化道感染母体的病原体，称为经产道传播。

畜禽传染病的传播途径比较复杂，每种传染病都有其特定的传播途径，有的可能只有一种途径，有的有多种途径传播。掌握病原体的传播方式及各传播途径所表现出来的流行特征，将有助于对现实的传播途径进行分析和判断。

（三）畜群的易感性

易感性是抵抗力的反面，指畜禽对于某种传染病病原体感受性的大小。该地区畜群中易感个体所占的百分率，直接影响到传染病是否能造成流行以及疫病的严重程度。家畜易感性的高低虽与病原体的种类和毒力强弱有关，但主要还是由畜体的遗传特征等内在因素、特异免疫状态决定的。外界环境条件如气候、饲料、饲养管理卫生条件等因素都可能直接影响到畜群的易感性和病原体的传播。

第五节　疫源地和自然疫源地

疫源地是指具有传染源及其排出病原体污染的地区。疫源地的含义要比传染源广泛得多，除包括传染源外，还有被污染的物体、房舍、牧地、活动场所以及这个范围内所有可能被传染的可疑动物和储存宿主等。

疫源地范围的大小取决于传染源的分布及污染范围、病原体及其传播途径的特点和周围动物群的免疫状态等。它可能只限于个别圈舍、牧地，也可能是某养殖场、自然村或更大的地区。吸血昆虫、流动空气、运输车辆或河水作媒介时，范围则大；周围动物群已经构成免疫隔离带时，范围常常较小。

疫源地的消灭至少需要具备三个条件，即传染源被彻底扑杀或消除了病原携带状态；对污染的环境进行了全面彻底的消毒处理；经过该病的最长潜伏期，在易感动物中没有发生新的感染，而且血清学检查均为阴性反应。疫源地被消灭后，如果没有外来的传染源和传播媒介的侵入，这个地区就不会再有这种疫病的发生。

在实际工作中还常常使用疫点和疫区的概念。疫点是指范围较小的疫源地或单个传染源所构成的疫源地，有时也将某个比较孤立的养殖场或养殖村称为疫点。疫区是指有多个疫源地存在、相互连接成片而且范围较大的区域，一般指有某种疫病正在流行的地区。疫区的范围包括患病动物所在的养殖场、养殖村镇以及发病前后该动物放牧、饮水、使役、活动过的地区。

自然疫源性是指某些疾病的病原体在一定地区的自然条件下，由于存在某种特有的传染源、传播媒介和易感动物而长期生存，当人或动物进入这一生态环境也可能被感染的特性，而驯养动物或人的感染和流行对这类病原体在自然界的生存并不必要。具有自然疫源性的疾病称为自然疫源性疾病，如狂犬病、伪狂犬病、日本乙型脑炎、非洲猪瘟、布鲁杆菌病和钩端螺旋体病等都具有自然疫源性。存在自然疫源性疾病的地区，称为自然疫源地。自然疫源性疾病在野生动物群中主要通过吸血昆虫传播，通常具有明显的地区性和季节性。

第六节　传染病流行过程的规律性

（一）流行过程的表现形式

在畜禽传染病的流行过程中，根据一定时间内发病率的高低和传染范围大小（即流行强度）可将动物群体中疾病的表现分为下列四种形式。

1．散发性疾病发生无规律性，随机发生，局部地区病例零星地散在发生，各病例在发病时间与发病地点上没有明显的关系时，称为散发。出现散发的形式可能有以下几种原因：

（1）畜禽群对某病的免疫水平较高：如猪瘟本是一种流行性很强的传染病，但在每年进行全面防疫注射后，易感动物这个环节基本上得到控制，如果平时预防工作不够细致，防疫密度不够高时，还有可能出现散发病例。

（2）某病的隐性感染比例较大：如流行性乙型脑炎等通常在畜禽群中主要表现为隐性感染，仅有一部分动物偶尔表现症状。

（3）某病的传播需要一定的条件：如破伤风、恶性水肿等。破伤风的发病由于需要有破伤风梭菌和厌氧深创同时存在的条件，因此在一般情况下常只能零星散发。

2．地方流行性在一定的地区和畜群中，带有局限性传播特征的，并且是比较小规模流行的畜禽传染病，称为地方流行性。

3．流行性所谓发生流行，是指在一定时间内一定畜群出现比寻常多的病例，它没有一个病例的绝对数界限，而仅仅是指疾病发生频率较高的一个相对名词。因此任何一种病当其称为流行时，各地各畜禽群所见的病例数是很不一致的。流行性疾病的传播范围广、发病率高，如不加防治常可传播到几个乡、县甚至省。这些疾病往往是病原的毒力较强，能以多种方式传播，畜禽群的易感性较高，如口蹄疫、新城疫等重要疫病可能表现为流行性。

一般认为，某种传染病在一个畜禽群单位或一定地区范围内，在短期间（该病的最长潜伏期内）突然出现很多病例时，称为暴发。

4．大流行是一种规模非常大的流行，流行范围可扩大至全国，甚至可涉及几个国家或整个大洲。在历史上如口蹄疫、牛瘟和禽流感等都曾出现过大流行。

上述几种流行形式之间的界限是相对的，并且不是固定不变的，在一定条件下可以改变。

（二）流行过程的季节性和周期性

1．季节性。某些家畜传染病经常发生于一定的季节，或在一定的季节出现发病率显著上升的现象，称为流行过程的季节性。出现季节性的原因，主要有下述几个方面：

（1）季节对病原体在外界环境中存在和散播的影响：夏季气温高，日照时间长，这对那些抵抗力较弱的病原体在外界环境中的存活是不利的。例如炎热的气候和强烈的日光暴晒，可使散播在外界环境中的口蹄疫病毒很快失去活力，因此，口蹄疫的流行一般在夏季减缓或平息。又如在多雨和洪水泛滥季节，如土壤中含有炭疽杆菌芽孢或气肿疽梭菌芽孢，则可随洪水散播，因而炭疽或气肿疽的发生可能增多。

（2）季节对活的传播媒介（如节肢动物）的影响：夏秋炎热季节，蝇、蚊、虻类等吸血昆虫大量滋生和活动频繁，凡是能由它们传播的疾病，都较易发生，如猪丹毒、日本乙型脑炎、马传染性贫血、炭疽等。

（3）季节对畜禽活动和抵抗力的影响：冬季舍饲期间，畜禽聚集拥挤，接触机会增多，如舍内温度降低，湿度增高，通风不良，常易促使经由空气传播的呼吸道传染病暴发流行。季节变化，主要是气温的变化，对畜禽抵抗力有一定影响，这种影响对于由条件性病原微生物引起的传染病尤其明显。如在寒冬或初春，容易发生某些呼吸道传染病和羔羊痢疾等。

2．周期性。某些畜禽传染病如口蹄疫、牛流行热等，经过一定的间隔时期（常以数年计），还可能表现再度流行，这种现象称为畜禽传染病的周期性。在传染病流行期间，易感畜禽除发病死亡或淘汰以外，其余由于患病康复或隐性感染而获得免疫力，因而使流行逐渐停息。但是经过一定时间后，由于免疫力逐渐消失，或新的一代出生，或引进外来的易感畜禽，使畜禽群易感性再度增高，结果可能重新暴发流行。

思考题

1．名词解释：潜伏期、传染源、传播途径、水平传播、垂直传播、疫源地、自然疫源性疾病。

2. 传染病的特征是什么？

3. 简述传染病的发展阶段。

4. 了解传染病潜伏期长短在流行病学上的意义。

5. 简述疫源地的范围。

6. 流行过程的表现形式有哪些？

7. 什么是传染病的季节性和周期性？

8. 自然因素是如何作用和影响疫病流行过程的？

9. 以家畜传染病发生和流行三个基本环节理论为指导，试述如何预防和控制畜禽传染病。

第二章 畜禽传染病的防疫措施

第一节 防疫工作的基本原则和内容

（一）畜禽疫病防制基本原则

1．建立健全各级防疫机构。建立健全各级防疫机构，特别是乡镇动物防疫机构，以保证动物防疫措施的贯彻实施。畜禽防疫工作是一项与农业、商业、外贸、卫生、交通等部门都有密切关系的重要工作，只有在有关部门密切配合下，从全局出发，通力协作，统一部署，全面安排，才能把动物防疫工作做实做好。

2．坚定不移地贯彻“预防为主”的方针。搞好畜禽饲养管理、防疫卫生、预防接种、检疫、隔离、消毒等综合性防疫措施，以达到提高畜禽的健康水平和抗病能力，控制和杜绝疫病的传播蔓延，降低发病率和死亡率。

3．建立健全相关的法律法规。1997 年由全国人大常委会通过并由国家主席公布，自 1998 年起施行的《中华人民共和国动物防疫法》（以下简称《动物防疫法》），对我国畜禽防疫工作的方针政策和基本原则作了明确而具体的叙述。1991 年由全国人民代表大会常务委员会通过并由国家主席公布的《中华人民共和国进出境动植物检疫法》（以下简称《检疫法》），将我国动物检疫的主要原则和办法作了详尽的规定。《动物防疫法》以及《检疫法》是我国目前执行的主要兽医法规。此外，还有我国 1985 年由国务院发布的《家畜家禽防疫条例》，同年原农牧渔业部又颁布了《家畜家禽防疫条例实施细则》等法规。

（二）畜禽疫病防制的基本内容

畜禽疫病的流行是由传染源、传播途径和易感动物三个因素相互联结而形成的复杂过程，因此，采取适当的防疫措施来消除或切断造成疫病流行的三个因素的相互联系，即采取包括“养、防、检、治”四个基本环节的综合性措施，就可以控制疫病的传播。综合性防制措施分为平时的防制措施和发生疫病时的扑灭措施两个方面。

1. 平时的防制措施：

（1）加强饲养管理，增强畜禽机体的抗病力。畜禽最好是自繁自养，并且根据不同种类、年龄、用途进行合理分群、分类饲养，饲养的圈舍要通风、向阳，有利于清洁卫生，同时要注意冬暖夏凉，饲料要营养丰富，定时定量。

（2）拟订和适时执行定期预防接种计划和补防计划。定期的预防接种是控制畜禽疫病的重要手段之一，要根据畜禽的种类、疫病流行状况、预防的病种科学地拟订预防接种计划。

（3）定期进行驱虫、圈舍消毒、粪便无害化处理工作。畜禽定期驱虫是减少疫病发生和流行的关键性措施之一，驱虫要根据畜禽的种类、季节筛选好驱虫药物，实行定期驱虫。猪最好是在断奶后、上圈前进行一次驱虫，牛、羊最好在每年的春、秋两季各驱虫一次，其他畜禽也要拟订和实施定期驱虫计划。圈舍定期消毒是预防、控制畜禽疫病发生和流行的重要措施。新建的圈舍必须先彻底消毒，再饲养畜禽；老圈舍要先清除粪便、垫草，打扫清洁卫生，再进行消毒。清除的粪便、垫草要实行堆集发酵处理后再作农家肥。

（4）加强畜禽及其产品的检疫（验）工作，及时发现并消灭疫源。目前，随着市场经济的发展，畜禽及其产品的流动日趋频繁，给疫病传播增加了机会。加强畜禽及其产品的检疫（验）工作势在必行，并严格按照《动物防疫法》配置相应的设施设备，提高动物检疫检验技能，依法实施畜禽及其产品的检疫（验）工作，控制疫病的传入或传出，确保畜禽健康发展。

（5）各乡镇畜牧兽医服务机构要认真调查研究当地的疫病分布情况，组织相邻的乡镇在上级行政主管部门的指导下，全面开展畜禽疫病联防工作，做到有计划、有步骤地控制或消灭畜禽疫病。

2．发生疫病时的扑灭措施：

（1）及时发现、诊断和上报疫情，并通告邻近地区做好预防工作。如发生畜禽疫病时，饲养户应及时报告当地畜牧兽医服务站，乡镇畜牧兽医服务站派技术人员进行初诊。同时上报疫情，如发生猪瘟、禽流感、新城疫、口蹄疫等烈性畜禽疫病时，必须尽快报告相关部门，同时书面报告当地政府和县级主管部门，由当地政府部门在得到确诊后通告邻近地区，切实做好预防工作。

（2）迅速隔离病畜禽，封锁疫点（区）。发生疫病后，在兽医技术人员的指导下迅速隔离病畜禽，同时做好消毒处理。若发生危害性大的烈性、恶性畜禽疫病，如口蹄疫、禽流感、猪瘟、新城疫、炭疽等应依法实施封锁，停止畜禽及其产品的交易、屠宰、加工、运输，并采取一系列的综合性措施防止疫情传出。

（3）紧急接种，就是在发生畜禽疫病后，对疫点（区）内、受威胁区的畜禽实施的免疫接种。紧急接种最好使用单苗，如发生猪瘟，应紧急接种猪瘟冻干苗；如发生新城疫、应紧急接种新城疫苗。接种必须头头注射，只只免疫。若是发生人畜共患的疫病，要及时通告当地卫生防疫部门，做好高危人员的防护和预防、免疫接种和监测工作。

（4）合理、科学地治疗病畜禽。若发生一般性畜禽疫病，对有经济价值的病畜禽要及时、合理、科学地进行治疗，按不同畜禽种类、病种选用治疗药物，按疗程治疗，精心护理，使其早日康复。若是无价值的病畜禽，必须淘汰和进行无害化处理；若是恶性、烈性、病毒性畜禽疫病，基本上无治疗效果，必须依法采取无害化处理。

（5）无害化处理病、死畜禽。发生疫病后不能治愈的畜禽和病死的畜禽，必须进行无害化处理，最好的处理方法是焚烧后深埋，无焚烧条件的，也可以深埋，深埋必须在 1.5 米以上，并且深埋地点应选择在远离畜禽圈舍、道路、水源和畜禽放牧区。严禁病死畜禽尸体乱丢乱放，影响社会公共卫生。对病畜禽的圈舍、用具、场地及周围环境必须按规定进行彻底消毒。如发生口蹄疫、禽流感等疫病，病畜禽污染的草场、道路、圈舍、用具必须采用两种以上的消毒药物交替使用，进行多次消毒。

（6）加强疫情监控，防止疫病再次发生，疫点（区）解除封锁后，兽医防疫机构要指派专业技术人员对原疫点（区）的畜禽实行监控，采取一系列的技术手段，防止疫病的再次发生。

第二节　疫情报告和诊断

为了使动物防疫部门及时掌握动物传染病的流行情况，制定有效的防疫措施以便迅速准确地控制疫情，相关人员应根据国家有关规定的时间和程序，及时向上级政府和动物防疫监督机关报告动物疫情。特别是可疑为口蹄疫、炭疽、狂犬病、牛瘟、猪瘟、新城疫、禽流感、牛流行热等重要传染病时一定要迅速向上级有关领导机关报告，并通知邻近单位及有关部门注意预防工作。上级机关接到报告后，除及时派人到现场协助诊断和紧急处理外，还要根据具体情况逐级上报。

当畜禽突然死亡或怀疑发生传染病时，应立即通知兽医人员。在兽医人员尚未到场或尚未作出诊断之前，应采取下列措施：将疑似传染病病畜禽进行隔离，派专人管理；对病畜禽停留过的地方和污染的环境、用具进行消毒；兽医人员未到达前，病畜禽尸体应保留完整；未经兽医检查同意，不得随便宰杀，病畜禽的皮、肉、内脏未经兽医检验，不许食用。这些问题应经常向群众宣传解释，做到家喻户晓。

及时而正确的诊断是预防工作的重要环节，它关系到能否有效地组织防疫措施。诊断畜禽传染病常用的方法有：临诊诊断、流行病学诊断、病理学诊断、病原学诊断和免疫学诊断等。诊断的方法很多，但不是每一种传染病和每一次诊断工作都需要全面去做。由于病的特点各有不同，常需根据具体情况而定，有时仅需采用其中的一两种方法就可以及时作出诊断。现将各种诊断方法简介如下：

1．临诊诊断。临诊诊断是最基本的诊断方法，它是利用人的感官或借助一些最简单的器械如体温计、听诊器等直接对病畜禽进行检查。有时也包括血、粪、尿的常规检验。一般来说，都是简便易行的方法。对于某些具有特征临诊症状的典型病例如破伤风、放线菌病、马腺疫、猪气喘病等，经过仔细的临诊检查，一般不难作出诊断。但是临诊诊断有其一定的局限性，特别是对发病初期尚未出现有诊断意义的特征症状的病例，对非典型病例（如无症状的隐性患者）依靠临诊检查往往难以作出诊断。在很多情况下，临诊诊断只能提出可疑疫病的大致范围，必须结合其他诊断方法才能确诊。在进行临诊诊断时，应注意对整个发病畜禽群体所表现的综合症状加以分析判断，不要单凭个别或少数病例的症状轻易下结论，以防止误诊。

2．流行病学诊断。流行病学诊断是经常与临诊诊断联系在一起的一种诊断方法。某些畜禽疫病的临诊症状虽然基本上是一致的，但其流行的特点和规律却很不一致。例如口蹄疫、水疱性口炎、水疱病和水疱疹等病，在临诊症状上几乎是完全一样的，无法区别，但从流行病学方面却不难区分。

流行病学诊断是在流行病学调查（即疫情调查）的基础上进行的。疫情调查可在临诊诊断过程中进行，如以座谈方式向畜禽主询问疫情，并对现场进行仔细观察、检查，取得第一手资料，然后对材料进行分析处理，作出诊断。调查的内容或提纲按各种不同的疫病和要求而制定，一般应弄清下列有关问题。

（1）本次流行的情况：最初发病的时间、地点，随后蔓延的情况，目前的疫情分布。疫区内各种畜禽的数量和分布情况，发病畜禽的种类、数量、年龄、性别。查明其感染率、发病率、病死率和死亡率。

（2）疫情来源的调查：本地过去曾否发生过类似的疫病？何时何地？流行情况如何？是否经过确诊？有无历史资料可查？何时采取过何种防治措施？效果如何？如本地未发生过，附近地区曾否发生？发病前，曾否由其他地方引进畜禽、畜禽产品或饲料？输出地有无类似的疫病存在？

（3）传播途径和方式的调查：本地各类有关畜禽的饲养管理方法，使役和放牧情况，牲畜流动、收购以及防疫卫生情况如何？交通检疫、市场检疫和屠宰检验的情况如何？死病畜禽处理情况如何？有哪些助长疫病传播蔓延的因素和控制疫病的经验？疫区的地理、地形、河流、交通、气候、植被和野生动物、节肢动物等的分布和活动情况，它们与疫病的发生及蔓延传播有无关系？

（4）该地区的政治、经济基本情况，群众生产和生活活动的基本情况和特点，畜牧兽医机构和工作的基本情况，当地领导、干部、兽医、饲养员和群众对疫情的看法如何等。

综上所述，疫情调查不仅可以给流行病学诊断提供依据，而且也能为拟定防治措施提供依据。

3. 病理学诊断。患各种传染病而死亡的畜禽尸体，多有一定的病理变化，可作为诊断的依据之一，如猪瘟、猪气喘病、新城疫、禽霍乱、牛肺疫时，都有特征性的病理变化，常有很大的诊断价值。有的病畜禽，特别是最急性死亡的病例和早期屠宰的病例，有时特征性的病变尚未出现，因此进行病理剖检诊断时尽可能多检查几头（只），并选择症状较典型的病例进行剖检。有些疫病除肉眼检查外，还需作病理组织学检查。有些还需检查特定的组织器官，如疑为狂犬病时应取脑海马角组织进行包涵体检查。

4. 微生物学诊断。运用兽医微生物学的方法进行病原学检查是诊断畜禽传染病的重要方法之一。一般常用下列方法和步骤：

（1）病料的采集：正确采集病料是微生物学诊断的重要环节。病料力求新鲜，最好能在濒死时或死后数小时内采取，要求尽量减少杂菌污染，用具器皿应尽可能严格消毒。通常可根据所怀疑病的类型和特性来决定采取哪些器官或组织的病料。原则上要求采取病原微生物含量多、病变明显的部位，同时易于采取，易于保存和运送。如果缺乏临诊资料，剖检时又难以分析诊断可能属何种病时，应比较全面地取材，例如血液、肝、脾、肺、肾、脑和淋巴结等，同时要注意带有病变的部分，如怀疑炭疽，则非必要时不准进行尸体剖检，只割取一块耳朵就可以了。

（2）病料涂片镜检：通常在有显著病变的不同组织器官和不同部位涂片，进行染色镜检。此法对于一些具有特征性形态的病原微生物如炭疽杆菌、巴氏杆菌等可以迅速作出诊断，但对大多数传染病来说，只能提供进一步检查的依据或参考。

（3）分离培养和鉴定：用人工培养方法将病原体从病料中分离出来。细菌、真菌、螺旋体等可选择适当的人工培养基，病毒等可选用禽胚，各种动物或组织培养等方法分离培养，分得病原体后，再进行形态学、培养特性、动物接种及免疫学试验等方法作出鉴定。

（4）动物接种试验：通常选择对该种传染病病原体最敏感的动物进行人工感染试验。将病料用适当的方法进行人工接种，然后根据对不同动物的致病力、症状和病理变化特点来帮助诊断。当实验动物死亡或经一定时间杀死后，观察体内变化，并采取病料进行涂片检查和分离鉴定。一般应用的实验小动物有家兔、小鼠、豚鼠、仓鼠、家禽、鸽子等，在实验小动物对该病原体无感受性时，可以采用有易感性的大动物进行试验，但费用大，而且需要严格的隔离条件和严格的消毒措施，因此只有在非常必要和条件许可时才能进行。从病料中分离出微生物，虽是确诊的重要依据，但也应注意动物的“健康带菌”现象，其结果还需与临诊及流行病学、病理变化结合起来进行分析。有时即使没有发现病原体，也不能完全否定该种传染病的诊断。

5．免疫学诊断。免疫学诊断是传染病诊断和检疫中常用的重要方法，包括血清学试验和变态反应两类。

（1）血清学试验：利用抗原和抗体特异性结合的免疫学反应进

行诊断。可以用已知抗原来测定被检动物血清中的特异性抗体，也可以用已知的抗体（免疫血清）来测定被检材料中的抗原。血清学试验有中和试验、凝集试验、沉淀试验、溶细胞试验、补体结合试验以及免疫荧光试验、免疫酶技术、放射免疫测定、单克隆抗体和核酸探针等。近年来由于与现代科学技术相结合，血清学试验在方法上日新月异，发展很快，其应用也越来越广，已成为传染病快速诊断的重要工具。

（2）变态反应：动物患某些传染病（主要是慢性传染病）时，可对该病病原体或其产物（某种抗原物质）的再次进入产生强烈反应。能引起变态反应的物质（病原体、病原体产物或抽提物）称为变态原，如结核菌素、鼻疽菌素等，将其注入患病动物时，可引起局部或全身反应。

6．分子生物学诊断。又称基因诊断。主要是针对不同病原微生物所具有的特异性核酸序列和结构进行测定。包括 PCR 技术、核酸探针技术和 DNA 芯片技术。

第三节　检疫

检疫是指利用各种诊断和检测方法对动物及其相关产品和物品进行疫病、病原体或抗体检查。动物检疫的意义包括：第一，通过一系列有效的检疫措施阻止重大疫情的发生和流行，减少动物疫病所造成的损失，保证动物养殖业的健康发展；第二，由于当前国际的动物及动物产品贸易的成交与否，取决于动物及其产品的疫病状况和质量，因此通过各种检疫措施的实施，可以促进动物及其产品的国际贸易；第三，由于动物及其产品与人类的生活密切相关，因此通过动物检疫可以控制人兽共患传染病的发生和流行，保护人民的身体健康。

检疫工作的正常运行必须依据于相应的法律法规，目前涉及动物检疫的法律法规主要有《中华人民共和国进出境动植物检疫法》、《中华人民共和国进出境动植物检疫法实施条例》、《中华人民共和国动物防疫法》、《中华人民共和国进境动物一、二、三类传染病、寄生虫病名录》和《中华人民共和国禁止携带、邮寄进境的动物、动物产品及其他检疫物名录》等。

根据国际惯例和检疫工作的任务，国家兽医行政部门应在对外开放口岸和动物进出境集中地设立动物检疫机关，依法实施进出境动物的检疫工作；在各基层行政区设立兽医检疫机关，对动物及其产品的生产、销售、运输和加工等环节进行强制性检疫。同时依法规定了防疫检疫人员相应的权利和义务，以保证兽医检疫工作的顺利进行和协调统一。

实施检疫的动物包括各种家畜、家禽、皮毛兽、实验动物、野生动物和蜜蜂、鱼苗、鱼种等；动物产品包括生皮张、生毛类、生肉、种蛋、鱼粉、兽骨、蹄角等；运载工具包括运输动物及其产品的车船、飞机、包装、铺垫材料、饲养工具和饲料等。

根据动物及其产品的动态和运转形式，动物检疫可分为以下几种：

（一）产地检疫

产地检疫是畜禽生产地区的检疫。产地检疫可分为两种。

1. 乡镇内的集市检疫。主要是在集市上对农民饲养出售的畜禽进行检疫。由于集市上的畜禽比较集中，开展检疫工作也比较方便。一般由乡镇兽医对集市的畜禽进行健康检查，并出具检疫证明。到市场出售畜禽，必须持有检疫证。当地农牧部门有权进行监督检查，禁止病畜禽及危害人畜健康的肉食品上市；遇有病畜禽则进行隔离、消毒、治疗或扑杀处理；对未预防注射的畜禽进行预防接种。这种集市检疫，已在全国各地普遍开展。

2. 畜禽收购检疫。这是集体和农户及国有农、牧场饲养的畜禽在出售时，由收购部门与当地检疫部门配合进行的检疫。收购检疫工作的好坏，直接影响中转、运输和屠宰前的发病率和病死率。如果收购时不检疫或不认真，不仅使经济遭受损失，而且有将病原散播到安全区畜禽的严重危险。

（二）运输检疫

运输检疫可分为铁路检疫和交通要道检疫两种。

1．铁路检疫：是防止畜禽疫病通过铁路运输传播，以保证农牧业生产和人民健康的重要措施之一。我国大多数省区已开展了铁路检疫和联防活动。铁路兽医检疫部门的主要任务是对托运的畜禽及其产品（如生皮、生毛等）进行检验，并查验产地（或市场）签发的检疫证，证明畜禽健康才能托运。如发现病畜禽时，畜禽的主人应根据铁路兽医意见对病畜禽和运载车辆进行处理。在没有铁路兽医检疫的地方，则由车站工作人员根据国家动物检疫规定查验产地检疫证书，证明为健康或为来自非疫区的畜禽及其产品时，方可托运。

2．交通要道检疫：无论水路、陆路或空中运输各种畜禽及其产品，起运前必须经过兽医检疫，认为合格并签发检疫证书，方可允许委托装运。一般在畜禽运输频繁的车站、码头等交通要道上设立检疫站，负责畜禽检疫工作。对在运输途中发生的传染病病畜禽及其尸体，要就地认真进行处理，对装运病畜禽的车辆、船只，要彻底清洗消毒，运输畜禽到达目的地后，要做隔离检疫工作，待观察判明确实无病时，才能与原有健康畜禽混群。

（三）国境口岸检疫

为了维护国家主权和国际信誉，保障我国农牧业安全生产，既不能允许国外动物疫病传入，也不允许将国内动物疫病传到国外。为此，我国在国境各重要口岸设立动物检疫机构，执行检疫任务。国境口岸检疫按性质不同又可分为下列数种：

1．进出境检疫。这是对贸易性的动物及其产品在进出国境口岸时进行的一种检疫。只有对动物及其产品检疫而未发现检疫对象（国家规定应检疫的传染病）时，方准进入或输出。如发现由国外运来的动物及其产品有检疫对象时，应根据疾病性质，按有关规定进行处理，必要时可封锁国境线的交通。我国规定：凡从国外输入畜禽及其产品，必须在签订进口合同前向对方提出检疫要求。运到国境时，由国家兽医检疫机关按规定进行检查，合格的方准输入。

输出的畜禽及其产品，由检疫机构按规定进行检疫，合格的发给“检疫证明书”，方准输出。

2．旅客携带动物检疫。这是对进入国境的旅客、交通员工携带的或托运的动物及其产品进行的现场检疫。未发现检疫对象的可以放行，发现检疫对象的进行消毒处理后放行，无有效方法处理的销毁。如现场不能得出检疫结果时可出具凭单截留检疫，并将处理结果通知货主。出境携带的动物及其产品，可视情况实施检疫和出具证明。

3．国际邮包检疫。邮寄入境的动物产品经检疫如发现检疫对象时，进行消毒处理或销毁，并分别通知邮局或收寄人。

4．过境检疫。载有畜禽的列车等通过我国国境时，对畜禽及其产品进行检疫和处理。动物的传染病很多，并不是所有动物传染病都列入检疫对象。例如从我国当前动物疫病的情况出发，国家规定的进口检疫对象分严重传染病和一般传染病两类。严重传染病主要是一些危害大而目前预防控制困难的动物疫病、人畜共患和畜禽共患的动物疫病以及我国尚未发现的外来病等，应作为检疫的重点对象。进口检疫时如发现患有严重传染病的动物及其同群动物，应全群退回或全群扑杀并销毁尸体。如发现患有一般传染病的动物，应退回或扑杀并销毁尸体，同群动物在动物检疫隔离场或指定地点隔离观察。除国家规定和公布的检疫对象外，两国签订的有关协定或贸易合同中也可以规定某种畜禽传染病作为检疫对象。省（市、区）农业部门则可从本地区实际需要出发，根据国家公布的检疫对象，补充规定某些传染病列入本地区的检疫对象在省际公布执行。

第四节　隔离和封锁

(一) 隔离

隔离病畜禽和可疑感染的病畜禽是防治传染病的重要措施之一。隔离病畜禽是为了控制传染源，防止病畜禽继续受到传染，以便将疫情控制在最小范围内加以就地扑灭。为此，在发生传染病流行时，应首先查明畜禽群中蔓延的程度，即逐头检查临诊症状，必要时进行血清学和变态反应检查（当进行大批家畜逐头检查时，应注意不能使检查工作成为散播传染的因素）。根据诊断检疫的结果，可将全部受检家畜禽分为病畜禽、可疑感染畜禽和假定健康畜禽三类，以便分别对待。

1．病畜禽。包括有典型症状或类似症状，或其他特殊检查阳性的畜禽。它们是危险性最大的传染源，应选择不易散播病原体、消毒处理方便的场所或房舍进行隔离。如病畜禽数目较多，可集中隔离在原来的畜禽舍里。特别注意严密消毒，加强卫生和护理工作，须有专人看管和及时进行治疗。隔离场所禁止闲杂人畜出入和接近。工作人员出入应遵守消毒制度，隔离区内的用具、饲料、粪便等，未经彻底消毒处理不得运出；没有治疗价值的畜禽，由兽医根据国家有关规定进行严密处理。

2．可疑感染畜禽。未发现任何症状，但与病畜禽及其污染的环境有过明显的接触，如同群、同圈、同槽、同牧，使用共同的水源、用具等。这类畜禽有可能处在潜伏期，并有排菌（毒）的危险，应在消毒后另选地方将其隔离、看管，限制其活动，详加观察，出现症状的则按病畜禽处理。有条件时应立即进行紧急免疫接种或预防性治疗。隔离观察时间的长短，根据该种传染病的潜伏期长短而定，经一定时间不发病者，可取消其限制。

3．假定健康畜禽。除上述两类外，疫区内其他易感畜禽都属于此类。应与上述两类严格隔离饲养，加强防疫消毒和相应的保护措施，立即进行紧急免疫接种，必要时可根据实际情况分散喂养或转移至偏僻牧地。

（二）封锁

当暴发某些重要传染病时，除严格隔离病畜禽之外，还应采取划区封锁的措施，以防止疫病向安全区散播和健康畜禽误入疫区而被传染。根据我国《动物防疫法》的规定，当确诊为牛瘟、口蹄疫、炭疽、猪水疱病、猪瘟、非洲猪瘟、牛肺疫、高致病性禽流感等一类传染病或当地新发现的畜禽传染病时，兽医人员应立即报请当地政府机关，划定疫区范围，进行封锁。封锁的目的是保护广大地区畜禽群的安全和人民的健康，把疫病控制在封锁区之内，发动群众集中力量就地扑灭。

封锁区的划分，必须根据该病的流行规律，当时疫情流行情况和当地的具体条件充分研究，确定疫点、疫区和受威胁区。执行封锁时应掌握“早、快、严、小”的原则，亦即执行封锁应在流行早期，行动果断迅速，封锁严密，范围不宜过大。根据《动物防疫法》的规定，具体措施如下：

1．封锁的疫点应采取的措施：

（1）严禁人、畜禽、车辆出入和畜禽产品及可能污染的物品运出。在特殊情况下人员必须出入时，需经有关兽医人员许可，经严格消毒后出入。

（2）对病死畜禽及其同群畜禽，县级以上农牧部门有权采取扑杀、销毁或无害化处理等措施，畜禽主不得拒绝。

（3）疫点出入口必须有消毒设施，疫点内用具、圈舍、场地必须进行严格消毒，疫点内的畜禽粪便、垫草、受污染的草料必须在兽医人员监督指导下进行无害化处理。

2．封锁的疫区应采取的措施：

（1）交通要道必须建立临时性检疫消毒卡，备有专人和消毒设备，监视畜禽及其产品移动，对出入人员、车辆进行消毒。

（2）停止集市贸易和疫区内畜禽及其产品的采购。

（3）未污染的畜禽产品必须运出疫区时，需经县级以上农牧部门批准，在兽医防疫人员监督指导下，经外包装消毒后运出。

（4）非疫点的易感畜禽，必须进行检疫或预防注射。农村城镇饲养及牧区畜禽与放牧水禽必须在指定疫区放牧，役畜限制在疫区内使役。

3．受威胁区应采取的主要措施：疫区周围地区为受威胁区，其范围应根据疾病的性质，疫区周围的山川、河流、草场、交通等具体情况而定。受威胁区应采取如下主要措施：

（1）对受威胁区内的易感动物应及时进行紧急接种，以建立免疫带。

（2）管好本区易感动物，禁止出入疫区，并避免饮用疫区流过来的水。

（3）禁止从封锁区购买牲畜、草料和畜禽产品，如从解除封锁后不久的地区买进畜禽或其产品，应注意隔离观察，必要时对畜禽产品进行无害化处理。

（4）对设于本区的屠宰场、加工厂、畜禽产品仓库进行兽医卫生监督，拒绝接受来自疫区的活畜禽及其产品。

（5）解除封锁：疫区内（包括疫点）最后一头病畜禽扑杀或痊愈后，经过该病一个潜伏期以上的检测、观察，未再出现病畜禽时，经彻底消毒清扫，由县级以上农牧部门检查合格后，经原发布封锁令的政府发布解除封锁，并通报毗邻地区和有关部门。疫区解除封锁后，病愈畜禽需根据其带毒时间，控制在原疫区范围内活动，不能将它们调到安全区去。

第五节　传染病病畜禽的治疗

传染病病畜禽的治疗与普通病不同，特别是那些流行性强、危害严重的传染病，必须在严密封锁或隔离的条件下进行，务必使治疗的病畜禽不致成为散播病原的传染源。治疗中，在用药方面坚持因地制宜、勤俭节约的原则。既要考虑针对病原体，消除其致病作用，又要帮助动物机体增强一般抗病能力和调整、恢复生理机能，采取综合性的治疗方法。病畜禽的治疗必须及早进行，不能拖延时间。还应尽量减少诊疗工作的次数和时间，以免经常惊扰而使病畜禽得不到安静的休养。不能单靠药物治疗，而应尽力扶持和增强病畜本身的抵抗力。

（一）针对病原体的疗法

在畜禽传染病的治疗方面，帮助动物机体杀灭或抑制病原体，或消除其致病作用的疗法是很重要的，一般可分为特异性疗法、抗生素疗法和化学疗法等。

1．特异性疗法：应用针对某种传染病的高度免疫血清、痊愈血清（或全血）等特异性生物制品进行治疗，因为这些制品只对某种特定的传染病有疗效，而对其他传染病无效，故称为特异性疗法。例如破伤风抗毒素血清只能治破伤风，对其他病无效。

高度免疫血清主要用于某些急性传染病的治疗，如小鹅瘟、猪瘟、猪丹毒、巴氏杆菌病、炭疽、破伤风等。一般在诊断确实的基础上，在病的早期注射足够剂量的高度免疫血清，常能取得良好的疗效。如缺乏高度免疫血清，可用耐过动物或人工免疫动物的血清或血液代替，也可起到一定的作用，但用量须加大。使用血清时如为异种动物血清，应特别注意防止过敏反应。一般高度免疫血清很少生产，而且并非随时可以购得，因此在兽医实践中的应用远不如抗生素或磺胺类药物广泛。

2．抗生素疗法：抗生素为细菌性急性传染病的主要治疗药物，近年来在兽医实践中的应用日益广泛，并已获得显著成效。抗生素的种类、性质和药理作用详见药理学。下面仅就在传染病的治疗工作中正确应用抗生素的问题作一简要说明。

合理地应用抗生素，是发挥抗生素疗效的重要前提。不合理地应用或滥用抗生素往往引起种种不良后果。一方面可能使敏感病原体对药物产生耐药性；另一方面可能对机体引起不良反应，甚至引起中毒。使用时一般要注意如下几个问题。

（1）掌握抗生素的适应证。抗生素各有其主要适应证，可根据临诊诊断，估计致病菌种，选用适当药物。最好以分离的病原菌进行药物敏感性试验，选择对此菌敏感的药物用于治疗。

（2）要考虑到用量、疗程、给药途径、不良反应、经济价值等问题。开始剂量宜大，以便集中优势药力给病原体以决定性打击，以后再根据病情酌减用量；疗程应根据疾病的类型、病畜的具体情况决定，一般急性感染的疗程不必过长，可于感染控制后 3 天左右停药。

（3）不要滥用抗生素。滥用抗生素不仅对病畜禽无益，反而会产生种种危害。例如常用的抗生素对大多病毒性传染病无效，一般不宜应用，即使在某种情况下应用于控制继发感染，但在病毒性感染继续加剧的情况下，对病畜禽也是无益而有害的。此外，还应注意，食用动物在屠宰前一定时间不准使用抗生素等药物治疗，因为这些药物在畜产品中的残留量对人类是有危害性的。

（4）抗生素的联合应用应结合临诊经验控制使用。联合应用时有可能通过协同作用增进疗效，如青霉素与链霉素的合用，磺胺类药物和磺胺增效剂合用等主要可表现协同作用。但是，不适当的联合使用（如土霉素与链霉素合用常产生对抗作用），不仅不能提高疗效，反而可能影响疗效，而且增加了病菌对多种抗生素的接触机会，更易广泛地产生耐药性。

抗生素和磺胺类药物的联合应用，常用于治疗某些细菌性传染病。如链霉素和磺胺嘧啶的协同作用可防止病菌迅速产生对链霉素的耐药性，青霉素与磺胺的联合应用常比单独使用的抗菌效果为好。

3．化学疗法：使用有效的化学药物帮助动物机体消灭或抑制病原体的治疗方法，称为化学疗法。治疗畜禽传染病最常用的化学药物有：磺胺类药物；抗菌增效剂，如甲氧苄氨嘧啶和二甲氧苄氨嘧啶（DVD）等；其他药物，如黄连素、大蒜素、异烟肼（雷米封）和抗病毒感染的药物。

（二）针对动物机体的疗法

在畜禽传染病的治疗工作中，既要考虑帮助机体消灭或抑制病原体，消除其致病作用，又要帮助机体增强抵抗力和调整、恢复生理机能，促使机体战胜疫病，恢复健康。

1．加强护理：对病畜禽护理工作的好坏，直接关系到医疗效果的好坏，是治疗工作的基础。传染病畜禽的治疗应在严格隔离的畜禽舍中进行，冬季应注意防寒保暖，夏季注意防暑降温。隔离舍必须光线充足，通风良好，并有单独的畜栏，防止病畜禽彼此接触，应保持安静、干爽清洁，并经常进行随时消毒，严禁闲人入内。应供给病畜禽清洁、充足的饮水；给予新鲜而易消化的高质量饲料，少喂勤添，必要时可人工灌服。根据病情的需要，亦可注射葡萄糖、维生素或其他营养性物质以维持其生命。

2．对症疗法：在传染病治疗中，为了减缓或消除某些严重的症状，调节和恢复机体的生理机能而进行的内外科疗法，均称为对症疗法。如使用退热、止痛、止血、镇静、兴奋、强心、利尿、清泻、止泻、防止酸中毒和碱中毒、调节电解质平衡等药物以及某些急救手术和局部治疗等，都属于对症疗法的范畴。

第六节　免疫接种和药物预防

一、免疫接种

免疫接种是激发动物机体产生特异抵抗力，使易感动物转化为不易感动物的手段。有组织有计划地进行免疫接种，是预防和控制畜禽疫病的重要措施之一，在某些疫病如牛瘟、猪瘟、新城疫等病的防制措施中，免疫接种更具有关键性的作用。根据免疫接种进行的时机不同，可分为预防接种和紧急接种两类。

（一）预防接种

为了防患于未然，在经常发生某些传染病的地区，或有潜在疫病病原体的地区，或受到邻近地区某些传染病威胁的地区，平时应有针对性、有计划地给健康畜禽进行免疫接种，即预防接种。

1．预防接种须注意的问题：

（1）预防接种应有周密的计划，注意调查了解，有的放矢，拟定本地区每年的预防接种计划。接种前，注意当地或周围地区有无疫病流行，若发现，则首先安排紧急预防；若没有，则按接种计划进行。

（2）预防接种前，应对被接种的畜禽进行详细的检查和调查了解。特别要注意，若有健康情况不好、年龄小、怀孕或泌乳及饲养条件不好等情况时，最好暂时不接种，改善饲养管理。

（3）如果本地区正在流行某种传染病时，可进行计划外的预防接种（疫苗、高免血清）。

（4）如本地过去未曾发生过传染病，现在又未受到威胁，则无须进行该传染病的预防接种。

（5）接种时，应注意免疫的剂量、接种次数及时间间隔。免疫剂量过少刺激强度不够，过多容易引起免疫麻痹。如接种的次数少及间隔的时间长，灭活苗接种后往往产生抗体量低且消失快，如果在第一次接种后，2～4 周再接种 1 次，抗体量迅速上升，3～5 天达到高峰且持续时间长，因此灭活苗最好接种 2 次。

2．免疫接种后的不良反应：免疫接种后，有的动物出现一些轻微不良反应，这是正常的反应。可通过改进生物制品质量和接种方法，加以缓解。部分疫苗可导致接种部位红肿，并引起局部淋巴结肿大、嗜睡、呕吐及一些过敏反应。如仔猪注射猪瘟疫苗就可能发生过敏，此时应马上注射脱敏药物（肾上腺素、地塞米松等）进行抢救，并对症治疗。

（二）紧急接种

当传染病发生时，为迅速控制和终止疾病的流行，使疫区和受威胁区尚未发病的畜禽尽快建立起特异性保护所进行的应急性免疫接种。在疫区应用疫苗进行紧急接种前，需对受传染病威胁的畜禽进行仔细的观察和检查，仅能对正常无病的畜禽进行接种。对病畜禽及可疑畜禽，须立即隔离、治疗，不能做紧急接种。紧急接种的动物中，隐性感染者（如潜伏期带菌），可促使它更快发病，故紧急接种后一段时间，存在发病数增多的可能。但因疫苗接种后多数动物很快产生抵抗力，因而发病数不久即下降，流行得以控制和终止。

二、药物预防

药物预防是为了预防某些疫病，在畜群的饲料饮水中加入某些药物进行集体的预防，在一定时间内可以使受威胁的易感动物不受疫病的危害，这也是预防和控制畜禽传染病的有效措施之一。

长期使用化学药物预防，容易产生耐药性菌株，影响防治效果，因此需要经常进行药物敏感实验，选择有高敏感性的药物用于预防。而且，长期使用抗生素等药物预防某种疾病如大肠杆菌病、雏鸡沙门杆菌病等还可能对人类健康带来严重的危害，因为一旦形成耐药菌株后，如有机会感染人类，则往往会贻误疾病的治疗。因此目前在某些国家倾向于以疫苗来防制这些疾病，而不主张采用药物预防的方法。

思考题

1. 名词解释：免疫接种、预防接种、紧急接种、免疫程序。
2. 简述防疫工作的原则。
3. 预防畜禽传染病的主要措施是什么？
4. 什么是动物检疫？动物检疫的意义是什么？
5. 消毒的意义是什么？
6. 影响消毒效果的因素有哪些？
7. 免疫接种的途径有哪些？
8. 免疫接种时的注意事项有哪些？

第三章 人畜共患传染病

第一节 口蹄疫

口蹄疫是由口蹄疫病毒引起的一种急性、热性、高度接触性传染病。主要感染偶蹄动物，偶见人和其他动物。临诊上主要特征是口腔粘膜、蹄部及乳房等部位皮肤发生水疱和溃烂。病理变化主要以虎斑心为特征。本病广泛分布于亚洲、欧洲、非洲、南美洲。由于传播迅速，能形成全球大规模流行，引起幼畜死亡，动物的生产性能降低，严重危害畜牧业的发展，因此，本病被国际兽疫组织列为 A 类传染病的首位。

口蹄疫病毒具有多型性、易变异的特点。目前该病毒有 7 个血清型，65 个亚型，即 O、A、C、SAT1、SAT2、SAT3（即南非 1、2、3 型）以及 Asia1（亚洲 1 型）。同一主型各亚型之间交叉免疫程度变化幅度较大，亚型内各毒株之间的抗原性有部分交叉免疫性。病毒的这种特性，给本病的检疫、防疫带来很大困难。我国口蹄疫的血清型主要是 O、A 和 Asia1。人类感染以 O 型多见。口蹄疫病毒对外界环境的抵抗力较强，耐干燥，但对酸、碱和热十分敏感，因此 1%～2%的氢氧化钠、30%的热草木灰、3%～5%的福尔马林、0.2%～0.5%的过氧乙酸等都是良好的消毒剂。

（一）诊断要点

【流行病学】 口蹄疫主要以偶蹄兽多发。其中家畜以奶牛、黄牛最易感，猪也易感，牦牛、水牛、绵羊、山羊次之，骆驼的易感性较低。野生动物中黄羊、鹿、麝、野猪、长颈鹿、扁角鹿、野牛、瘤牛也可感染发病。幼龄动物较成年动物更易感，病死率也高；人也可以感染发病。

病畜和带毒动物是主要的传染源，在发病动物的水疱液、水疱皮、奶、尿、唾液及粪便中都含有病毒，特别是水疱皮和水疱液中含有的病毒数量最多。

口蹄疫可通过直接接触和间接接触传播，其中间接接触传播更为重要，经消化道、呼吸道和损伤的皮肤、粘膜都可感染。被传染源污染的用具、饲料、垫草、运输工具、动物产品、空气都可以充当传播媒介，犬、猫、家禽、鼠类、鸟类和人也是活的传播媒介。

本病一年四季均可发病，但一般冬、春季较易发生大流行，夏季减缓或平息。在大群舍饲养的猪，无明显的季节性。家畜的口蹄疫多呈流行性或大流行，有一定的周期性，每隔 1～2 年或 3～5 年流行一次。往往沿交通线蔓延呈扩散式传播，也可呈跳跃式远距离传播。同时饲养管理、卫生条件、营养状况、畜群的免疫状态对流行都有一定的影响。

【症状】 1．猪：潜伏期 1～2 天，主要以蹄部水疱为特征，体温升高，可达 40～41℃，精神沉郁，食欲减少或废绝。蹄冠、蹄叉、蹄踵等部出现局部皮肤发红、微热、敏感等症状，不久逐渐形成米粒大至蚕豆大的水疱，水疱破裂后表面出血，形成糜烂，1 周左右康复。如有继发感染，严重者影响蹄叶，蹄匣脱落。患肢不能着地，常跛行或卧地不起。此外在口腔粘膜、鼻镜、乳房也常见到烂斑。哺乳仔猪多呈急性胃肠炎和心肌炎，突然死亡，死亡率达 60%～80%。

2．牛：潜伏期平均 2～4 天，最长可达 1 周左右。病牛体温升高达 40～41℃，精神沉郁，食欲减退，闭口，流涎，开口时有吸吮声，1～2 天后，在唇内面、齿龈、舌面和颊部粘膜发生水疱。初为直径 1～2 厘米的白色水疱，水疱迅速增大，并常融合成片，口温高，此时病牛大量流涎，呈白色泡沫状，常常挂满嘴边，病牛采食、反刍完全停止。水疱约经一昼夜破裂形成浅表的红色糜烂，水疱破裂后，随后体温降至正常，糜烂逐渐愈合，全身症状逐渐好转。如有细菌感染，糜烂加深，发生溃疡，溃疡愈合后形成瘢痕。有时并发纤维蛋白性坏死性口膜炎和咽炎、胃肠炎。有时在鼻咽部形成水疱，引起呼吸障碍和咳嗽。在口腔发生水疱的同时或稍后，在足趾间蹄踵球部、蹄冠和蹄叉等部位柔软的皮肤出现红肿、疼痛，迅速发生水疱，并很快破溃，出现糜烂，或干燥结成硬痂，逐渐愈合。如果病牛衰弱，或饲养管理不当，可发生继发性感染引起化脓、坏死，表现为跛行，严重的甚至蹄匣脱落。乳房部皮肤及乳头上有时也可出现水疱，很快破裂形成烂斑，如涉及乳腺引起乳房炎，泌乳量显著减少，甚至泌乳停止。孕牛可流产。

成年牛多取良性经过，病程 1～3 周，但怀孕母牛经常出现流产，死亡率一般不超过 2%。幼龄牛常为恶性口蹄疫，多在恢复期突然恶化，常因心肌麻痹死亡，死亡率高达 50%～70%。哺乳的犊牛患病时，一般不出现明显水疱，主要表现为出血性心肌炎。病愈牛可获得一年左右的免疫力。

3．绵羊和山羊：潜伏期 1 周左右，症状与牛相似，但流涎明显，感染率也较牛低。绵羊以蹄部的症状更明显。山羊多见于口腔，呈弥漫性口膜炎，水疱发生于硬腭和舌面，羔羊有时有出血性胃肠炎，常因心肌炎而死亡。

4．人：人感染口蹄疫，主要是通过破损皮肤或由于食用消毒不彻底的感染乳。潜伏期一般为 3～8 天，常突然发病，发热、头晕、头痛、恶心、呕吐、精神不振，2～3 天后，在唇、齿龈、舌面、颊部、指间、指基部，有时也在手掌、足趾、鼻翼和面部出现水疱，水疱破裂后形成结痂和溃烂，很快愈合。病程 1 周左右，良性转归。严重的可并发胃肠炎、神经炎和心肌炎等。

【病理变化】 除口腔和蹄部的水疱和烂斑外，在咽喉、气管、支气管和前胃粘膜有时可见到圆形烂斑和溃疡，真胃和肠粘膜可见出血性炎症，心包膜有弥散性及点状出血，心肌松软，心肌切面有灰白色或灰黄色条纹和斑点，似老虎皮上的斑纹，故称“虎斑心”。

【诊断】 根据主要侵害偶蹄动物、发病急、传播迅速、呈流行性或大流行性发生、一般为良性转归以及口和蹄部出现特征性的水疱和烂斑，可作出初步诊断。确诊须进行实验室检查。

（二）防制

平时加强检疫工作，禁止从疫区或解除封锁不久的地区购入动物、动物产品或饲料等，常发地区应定期使用相应病毒型的口蹄疫疫苗进行预防接种。目前预防口蹄疫的疫苗有弱毒苗和灭活苗，弱毒苗有 A 型、O 型和 A 型、O 型的二联苗。对牛、羊均安全可靠。但对猪有一定的致病力。猪可使用口蹄疫病毒 O 型灭活疫苗或 O 型合成肽疫苗，28～35 日龄进行初免，间隔 1 个月进行 1 次强化免疫，种猪每隔 4～6 个月免疫 1 次。

在发生口蹄疫时，应迅速上报疫情，及时诊断定型，划定并封锁疫点、疫区，对疫点、疫区内患病动物及同群动物进行扑杀，尸体进行焚烧或化制处理，对污染的环境和用具进行彻底消毒；对疫区内的假定健康动物及受威胁区的易感动物进行同型疫苗的紧急免疫接种，以及时消灭传染源。

第二节 痘病

痘病是由痘病毒引起的各种畜禽和人类共患的一种急性、热性、接触性传染病。其主要特征是在皮肤和粘膜上产生丘疹和痘疹。

本病广泛流行于世界各地，其中以禽痘、猪痘和绵羊痘最常见，而且对畜牧业危害最大，人类已在 1980 年基本上消灭了天花，但最近又有个别病例发生的报道。

一、绵羊痘

绵羊痘是由绵羊痘病毒引起的一种高度接触性传染病，其特征为全身的皮肤和粘膜上发生特异的痘疹，可见到斑疹、丘疹、水疱、脓疱和结痂等病理过程。绵羊痘发生于全世界许多地区，特别是在亚洲、中东地区和北非。

（一）诊断要点

【流行病学】 自然条件下，只有绵羊发生感染，不同品种、性别、年龄的绵羊都有易感性，以细毛羊最为易感，羔羊比成年羊易感。病羊和带毒羊是主要的传染源，主要是经过呼吸道传播，也可通过损伤的皮肤或粘膜感染。吸血昆虫也可能为机械性携带者。

本病多发生于冬末春初，气候严寒、饲草缺乏和饲养管理不良等因素都可促使本病的发生。绵羊痘一般的死亡率为 5%，但在饲养或气候不良时可能增高至 50%，甚至是 80%，特别是羔羊。

【症状】 潜伏期 1 周左右。又叫羊天花。首先表现全身症状，即体温升高至 41～42℃，食欲降低，神郁，呼吸加快，鼻腔分泌物增多，可视粘膜潮红。1～2 天后开始出痘，多在体表无毛或少毛处出现红斑，随后的 1～2 天开始成为丘疹，高出皮肤，扁平，从绿豆大至黄豆大不等。丘疹颜色从红变为淡红或灰白色，并呈半球状增大，2～3 天之内在其顶部出现水疱，水疱疹仍较平或脐状凹陷。随后的 2～3 天转为脓疱，无继发感染则脓疱可在 5 天左右结痂脱落形成红或白色疤痕。若仅为体表痘疹而又不发生继发感染，则多取良性经过。但是绵羊痘往往不只限于体表，而是在胃、肠、气管、支气管粘膜、肺部等多处产生病变，因此发病率和死亡率一般较多，分别为 75%和 50%，羔羊死亡率有时可 100%。死后病变与生前所见相同，主要表现体表痘疹或痘痂，内部组织痘疹只有在死后剖检时才可见到。其他无特征性变化。

【病理变化】 除皮肤上的痘疹外，前胃或第四胃粘膜、咽和支气管粘膜上出现痘病变，且易破溃而遗留红色糜烂面或溃疡，但边缘常呈白色。在肺见有干酪样结节和卡他性肺炎区。肠道粘膜少有痘疹变化。呼吸道炎症、肺炎和胃肠炎等并发症也比较常见。

【诊断】 典型病例可根据流行情况、临诊症状、病理变化进行初步诊断。对非典型病例可结合群的不同个体发病情况作出诊断。确诊可采取丘疹组织制成切片，染色后检查包涵体，如在胞浆内见有深褐色的球菌样圆形小颗粒（原生小体），用姬姆萨或苏木紫-伊红染色，镜检，见胞浆内的包涵体即可确诊。

（二）防制

平时加强饲养管理，抓好秋膘，特别是冬春季节注意适当补饲、防寒。在常发地区的羊群，每年定期预防接种，使用羊痘鸡胚化弱毒疫苗尾部或股内侧皮内注射，剂量 0.5 毫升，注射后 4～6 天产生可靠的免疫力，免疫期可持续 1 年。

对发病的羊群立即隔离病羊，封锁疫区，做好消毒工作，对尚未发病或邻近已受威胁的羊只进行紧急接种。病死羊的尸体应深埋，圈舍和用具要彻底消毒。

本病尚无特效药。病羊可注射免疫血清或康复动物血清，每只羊皮下注射 10～20 毫升。粘膜上的痘疹，可用 0.1%高锰酸钾液充分冲洗后，涂拭碘甘油或紫药水。继发感染时，肌内注射青霉素 80 万～160 万 IU（IU 为国际单位），每日 1～2 次；或用 10%磺胺嘧啶钠 10～20 毫升，肌内注射 1～3 次/日。

二、猪痘

猪痘是由猪痘病毒和痘苗病毒两种形态学极为近似的病毒引起的，猪痘最初发生于欧、美、日本等地，是养猪业发达地区常见的病毒性疾病。

（一）诊断要点

【流行病学】 猪痘病毒只引起猪发病，而痘苗病毒，能使猪和其他多种动物感染。猪痘病毒主要由猪血虱传播，其他昆虫，如蚊、蝇等也可传播，多发生于夏季，在冬季开始时停止，常见于 4～6 周龄仔猪及断奶仔猪发生，成年猪有抵抗力。由痘苗病毒引起的猪痘，各种年龄猪均可感染发病，常呈地方流行性。

饲养管理、环境卫生条件欠佳和疾病都可促进和加重疾病的发生。在卫生条件不良的猪场，4 月龄前的仔猪猪痘的发病率可接近 100%，但死亡率一般低于 5%。

【症状】 潜伏期 4～7 天，病猪体温升高，精神不振，食欲减退，鼻、眼有分泌物。痘疹主要发生于下腹部和四肢内侧以及背部或体侧部等处。病变渐进性发展，病初这些部位出现深红色的硬结节，突出于皮肤表面，表面平整，见不到形成水疱即转为脓疱，并很快结成棕黄色痂块。病程 3～4 周。本病多为良性经过，病死率不高，如饲养管理不当或有继发感染时，病死率增高。

【诊断】 根据病猪典型痘疹和流行病学材料即可作出诊断。区别猪痘是由何种病毒引起，可用家兔作动物接种，在接种部位引起痘疹为痘苗病毒。

临床上应注意与典型的水疱病、玫瑰糠疹、寄生虫性皮肤疾病、过敏性皮炎、葡萄球菌性皮炎的鉴别。

（二）防制

加强饲养管理，搞好卫生，消灭猪血虱和蚊、蝇等。新购入的生猪应隔离观察 1～2 周后，确认无病方可混群。一旦发现病猪要及时隔离，使用驱虫药控制体外寄生虫，对发病部位应重点清洁消毒。对病猪污染的环境及用具要彻底消毒，垫草焚毁。本病目前尚无有效疫苗，但康复猪可获得坚强免疫力。

三、牛痘

牛痘是由牛痘病毒引起的牛的一种良性疾病。但也曾有过挤奶工人因接触接种痘苗病毒传染给牛，使牛发生与牛痘一致的症状，人也可感染。

（一）诊断要点

【流行病学】 病毒能感染多种动物，主要发生于乳牛。一般通过挤奶工人的手或挤奶机而传播。干奶期的母牛、公牛、处女牛和肉用牛等很少发生。人受感染是从接触牛的乳房或乳头病变而来，从人到人的传播非常罕见。

【症状】 潜伏期为 3～8 天，病牛体温轻度升高，食欲减退，乳头和乳房局部温度略有增高，挤奶时较敏感。不久，在乳房和乳头的皮肤上出现多个红色丘疹，1～2 天后形成豌豆大小的圆形或卵圆形内含棕黄色或红色淋巴液的水疱，水疱中心有凹窝，边缘隆起呈现脐状，迅速化脓，然后结痂。病程 2～3 周。无细菌感染时，病牛常无全身症状。

本病传播迅速，很快感染全群，常传染挤奶工人，可在手、臂甚至脸部发生痘疱，病灶常常坏死。

【诊断】 根据乳头和乳房皮肤上的特异病变及在牛群中迅速传播的流行特点，可作出诊断。确诊可采取病变部组织做包涵体检查，或采水疱液，以磷钨酸负染后电镜观察，可见典型的痘病毒粒子。也可将水疱液接种鸡胚、单层细胞，或角膜划痕接种于家兔。牛痘病毒可在鸡胚绒毛尿囊上形成红色的出血性痘斑。家兔角膜划痕接种后，第二天在划痕处发生小的透明增生，滴上可卡因，切下角膜制备标本，HE 染色，可以发现胞浆内的包涵体。

（二）防制

应注意挤奶卫生，发现病牛及时隔离。治疗可用各种软膏（如抗生素、磺胺类、硼酸等软膏）涂抹患部，促使愈合和防止继发感染。

四、禽痘

禽痘是由禽痘病毒属的病毒引起的禽类的一种接触传染病，主要特征是体表无毛少毛的部位（头部的皮肤多见）出现散在的、结节状的增生性皮肤病灶（皮肤型），或在上呼吸道、口腔和咽喉粘膜出现纤维素性坏死和增生性病灶（白喉型）为特征，有的病禽两者可同时发生（混合型）。

（一）诊断要点

【流行病学】 禽痘主要以鸡的易感性最高，不同年龄、性别和品种都可感染，其次是火鸡和野鸡（雉），鸽、鹌鹑也时有发生，鸭、鹅等水禽虽也有发生，但无严重症状。鸡以雏鸡和中鸡最常发病，其中最易引起雏鸡大批死亡。

禽痘主要是通过机械性传播到受损伤的皮肤和粘膜，脱落和碎散的痘痂是病毒散布的主要形式。蚊子及体表寄生虫可传播本病。蚊子的带毒时间可达 10～30 天。

本病一年四季均可发生，以春秋两季和蚊子活跃的季节最易流行。拥挤、通风不良、阴暗、潮湿、体表寄生虫、维生素缺乏和饲养管理不良，可促使疾病的发生。鸡和火鸡的发病率一般很低，如有传染性鼻炎、慢性呼吸道等病合并感染，可造成大批死亡。鸽子的发病率和死亡率与鸡相似。

【症状与病变】　鸡、火鸡和鸽自然感染的潜伏期为 4～10 天。根据侵犯部位不同，分为皮肤型、粘膜型、混合型，偶有败血型。

（1）皮肤型：常见于冠髯、肉髯，喙角，眼皮和耳球上皮肤，有时见于腿、脚、泄殖腔和翅内侧等无毛少毛的部位，在这些部位形成局灶性上皮组织增生。起初出现细薄的麸皮状覆盖物，迅速长出结节，初呈灰色，后呈黄灰色，逐渐增大如豌豆，表面凹凸不平，呈干而硬的结节，内含有黄脂状糊块。有时结节数目很多，互相连接融合，产生大块的厚痂，致使眼睛完全闭合。常无明显的全身症状，病重的小鸡则有精神委靡、食欲消失、体重减轻等全身症状。产蛋鸡可引起产蛋减少或完全停止。

（2）粘膜型：病初呈鼻炎症状。病禽流浆液性、粘性鼻液，后转为脓性。如蔓延至眶下窦和眼结膜，则出现眼睑肿胀，结膜充满脓性或纤维蛋白渗出物。严重的可引起角膜炎导致失明。2～3 天后，口腔、咽喉、气管等处粘膜出现黄白色稍突起的小结节，随后增大融合而成一层黄白色干酪样假膜，覆盖于粘膜的表面，后变厚而成棕色痂块。凹凸不平，且有裂缝。痂块不易剥落，撕下假膜，则露出红色出血性溃疡面，假膜扩大和增厚，可能阻塞口腔和喉头，引起呼吸和吞咽困难，甚至窒息而死。死亡率较高，有时达 30%～50%。

（3）败血型：很少发生，病初出现严重的全身症状，继而发生肠炎，病禽迅速死亡，有的急性症状消失，转变为慢性腹泻，直至死亡。

（4）混合型：即皮肤粘膜均被侵害。

病变与临床表现相似。口腔粘膜的病变有时可蔓延到气管、食道和肠。肠粘膜可能有小点状出血。肝、脾和肾常肿大。

火鸡发病时，病初可见在眼睑、冠髯和头部的其他部位出现细小的淡黄色疹块，发炎区域常见覆盖着粘稠浆液性渗出物。嘴角、眼睑和口腔粘膜常常受到侵害，有时病变可波及身体的有羽毛的部位。幼龄火鸡的头部、腿部以及足趾部可完全被病灶覆盖。严重的在输卵管、泄殖腔和肛门周围皮肤出现增生性病灶。

【诊断】 根据临诊症状和发病情况，不难作出诊断。

（二）防制

平时加强饲养管理，搞好禽场及周围环境的清洁卫生，做好定期消毒、灭蚊，尽量减少蚊虫叮咬，避免各种原因引起的啄癖或机械性外伤。

为预防痘病的发生，应在可能发生的日龄以前对易感禽有计划地进行预防接种。在秋、冬季多发病的地区，常在春季进行接种，在热带由于痘病四季均可发，因而可在任何时间接种。我国目前使用的是鸡痘鹌鹑化弱毒疫苗，一般初生 6 日龄以上雏鸡用 200 倍稀释液于鸡翅内侧无血管处皮下刺种 1 针；20 日龄以上鸡用 100 倍稀释液刺种 1 针；1 月龄以上鸡可用 100 倍稀释液刺种 2 针。接种后约 1 周，局部出现绿豆大痘疱，以后逐渐形成结痂，免疫期约 5 个月。

发生本病时应隔离病鸡治疗或淘汰，死者深埋或焚烧，健康家禽应进行紧急接种，污染场所要严格进行消毒。对病鸡皮肤上的痘疹一般不需治疗。如需治疗可先用 1%高锰酸钾液冲洗痘痂，而后用镊子小心剥离，伤口用碘酊或龙胆紫消毒。口腔病灶可先用镊子剥去假膜，用 0.1%高锰酸钾液冲洗，再涂碘甘油，或撒上冰硼散。为了防止继发感染，可在饲料中添加抗生素和维生素 A，治疗效果较好。

第三节　狂犬病

狂犬病又称疯狗病，是由狂犬病病毒引起的人和所有温血动物共患的传染病，主要侵害中枢神经系统，其临床特征是病畜呈现狂躁不安和意识紊乱，最后发生麻痹而死亡。人感染后常有害怕喝水的突然临床表现，故称为恐水症。

狂犬病属于自然疫源性疾病，广泛分布于世界各地。在亚洲的大多数国家，都有狂犬病的发生，尤其以中亚和东南亚为突出。我国主要以东部及南部地区较为严重。

（一）诊断要点

【流行病学】 狂犬病毒几乎可以感染所有的温血脊椎动物，自然界中主要的易感动物是犬科和猫科动物，以及翼手类（蝙蝠）和某些啮齿类动物。狼、狐、貉、臭鼬和蝙蝠等野生动物是狂犬病病毒主要的自然储存宿主。尤其是蝙蝠，南美的吸血蝙蝠是造成人、畜特别是牛的狂犬病的重要传染源。患狂犬病的犬和带毒犬是主要传染源，其次是猫。在我国狂犬病流行地区，据不完全统计，在外观健康的犬中，有 8.3%～25%的血清阳性率，说明也有较多的无症状病例或康复病例。病毒主要存在于病犬（畜）的延脑、大脑皮层、海马角、小脑和脊髓中，唾液腺和唾液中也有大量的病毒。主要是通过患病和带毒动物咬伤或伤口被含有狂犬病病毒的唾液直接接触传播。现已证明狂犬病也可以通过气溶胶和消化道摄入传播。

本病为连锁式传播，呈散发性流行，致死率高达 100%。人感染发生有明显的年龄和性别特征，一般以青少年及儿童患者较多，男女比例为 2∶1 左右。

【症状与病变】 潜伏期长短与感染病毒的数量、毒力、伤口距神经中枢的距离及动物的易感性有关。一般为 2～8 周，短者 1 周，长者可达数月或数年。猫、犬平均 20～60 天，人为 30～60 天。

1．犬一般可分为狂暴型和麻痹型两种临床类型。

（1）狂暴型：前驱期为 1～2 天。病犬精神沉郁，举动反常，常躲在暗处，不愿和人接近，不听呼唤，强迫牵引则咬畜主。性欲亢进，性情、食欲反常，异嗜，好食碎石、泥土、木片等异物。喉头轻度麻痹，吞咽困难。瞳孔散大，刺激反应的兴奋性增强。唾液分泌增多，后躯软弱。

兴奋期为 2～4 天。病犬表现高度兴奋，狂暴并常攻击人畜或咬伤自身。狂暴发作常与沉郁交替出现。病犬疲惫卧地不动，但不久又立起，表现惶恐不安。疯狗很少恐水，相反，遇水时可能扑向水源，戏水。有的病例无目的地奔走，夹尾，甚至一昼夜奔走百余里，且多半不归。沿途随时都可能攻击人、畜，病狗行为凶猛，间或神志清晰，重新认识主人。拒食，异嗜，如吞食木片、石子、煤块等，继而咽喉肌麻痹，吠声嘶哑，吞咽困难，唾液增多。随着病程发展，意识障碍，反射紊乱，显著消瘦，眼球凹陷，散瞳或缩瞳。

麻痹期为 1～2 天。麻痹症状急速发展，下颌下垂，舌脱出口外，流涎显著，不久后躯及四肢麻痹，卧地不起，最后因呼吸中枢麻痹或衰竭而死。整个病程 7～10 天。

（2）麻痹型：病犬以麻痹症状为主，没有兴奋期或兴奋期很短。很快进入麻痹期，麻痹始见于头部肌肉，病犬表现吞咽困难，随后发生四肢麻痹，进而全身麻痹直至死亡。一般病程为 5～6 天。

2．牛、羊：牛病初见精神沉郁，反刍，食欲降低，不久表现不安，用蹄刨地，高声吼叫，并啃咬周围物体，性机能亢进，如频频交配爬跨，局部或全身瘙痒导致自残，癫痫，眼耳警觉，低头和角弓反张。有些病例还出现吞咽困难、流涎及舌功能减弱症状，同时还见咽麻痹的不能饮水。最后倒地不起，衰竭而死。病程 3～6 天。羊的狂犬病较少见，多为麻痹型。

3．马：狂犬病与破伤风相似。病初啃咬或摩擦被咬伤的部位。病马易惊恐，两眼呆滞，瞳孔散大，继而呈脑炎症状，在短期狂暴后发生进行性麻痹，由鼻和口中逆流食物和液体，最后后肢强直，呈现不完全麻痹而死。

4．猪：突然发病，最初呈现应激性增高，病猪拱地，摩擦被咬部位，攻击人畜。在发作间歇期常钻入垫草中，稍有声响立即跃起，无目的地乱跑，最后共济失调，后躯麻痹，呈游泳状，流涎，全身肌肉阵发性痉挛。随着病程的发展，痉挛逐渐减弱，最后只见肌肉频繁微颤。病猪不能尖声嘶叫，体温不升高。经 2～4 天死亡。

5．禽：成年禽类对狂犬病有很强的抵抗力，但也偶见自然发病病例，病禽羽毛逆立，乱走乱飞，可用爪和喙攻击其他禽类和人。病程 2～3 天。

6．猫：多为狂暴型，症状与犬相似，多于出现症状后 2～4 天死亡。发作时具有攻击性。

7．人：患者开始焦虑不安，不适，头痛，体温略高，随后兴奋和感觉过敏，流涎，对光、声敏感，瞳孔散大，咽肌痉挛，吞咽困难，并出现恐水症状，兴奋期可能持续至死亡，或在死前出现全身麻痹。病程 3～4 天。

【病理变化】　无肉眼可见的病理变化，组织病理学检查，为非化脓性脑脊髓炎和神经炎，中枢神经系统有淋巴细胞性血管周围浸润和组织浸润。在大脑的海马角、大脑皮层和延脑等部位神经细胞浆内可见界限明显、圆形或卵圆形包涵体，即 Negri 小体，神经元呈现不同程度的变性和坏死。

【诊断】　本病的临床诊断比较困难，常与脑炎相混而误诊。如患病动物出现典型的病程，各个病期的临床表现十分明显，结合病史可以作出初步诊断。确诊需进行必要的实验室检验。

（二）防制

有计划、全面的预防接种是防制狂犬病的有效措施。国内常用的兽用狂犬病有 3 种疫苗，即 AgG 株原代仓鼠弱毒佐剂疫苗、羊脑弱毒活疫苗和灭活疫苗、Flury 毒株鸡胚低代毒适应于 BHK-21 细胞培养后制成的活毒疫苗。其中活苗 3～4 月龄的犬首次免疫，一岁时再次免疫，然后每隔 2～3 年免疫一次。灭活苗在 3～4 月龄犬首次免疫后，二免在首免后 3～4 周进行、二免后每隔一年免疫一次。ERA 株狂犬病弱毒疫苗可适用于各种动物的免疫。

人和动物被咬伤后，伤口应用大量肥皂水或 0.1%新洁尔灭和清水冲洗，再局部应用 75%酒精或 2%～3%碘酒消毒，穿通伤口，应将导管插入伤口内接上注射器灌输液体冲洗。在局部清洗的同时，应围绕伤口局部做浸润注射抗狂犬病免疫血清或人源抗狂犬病免疫球蛋白。对患病动物应立即捕杀，不宜治疗，尸体必须焚烧或深埋。

第四节　流行性乙型脑炎

流行性乙型脑炎又称日本乙型脑炎，是由流行性乙型脑炎病毒引起的一种人畜共患的蚊媒急性病毒性传染病。在人和马呈现脑炎症状，猪表现为母猪的流产、死胎和公猪的睾丸炎、附睾炎，其他家畜和家禽大多呈隐性感染。

流行性乙型脑炎于 1935 年首先在日本人群中发生感染，同时为了与当地流行的一种嗜眠型脑炎或甲型脑炎相区别，故称为日本乙型脑炎。1936 年，日本马脑炎大流行，随后又曾从猪、牛、山羊等动物体内分离到同样的病毒。

（一）诊断要点

【流行病学】 流行性乙型脑炎是一种自然疫源性疾病，马、驴、骡、猪、牛、绵羊、山羊、犬、鸡多种动物和人都有易感性，但多为隐性感染。其中猪的感染最为普遍，多以 6 个月以内的幼猪较易临床发病。猪感染后，血中的病毒含量较高，媒介蚊又嗜其血，扩大病毒的传播。

本病主要通过带病毒的蚊虫叮咬而传播。主要以三带喙库蚊为主，此外还有伊蚊、按蚊属十多种都能传播，病毒能在蚊体内繁殖和越冬，且传至后代，因此蚊不仅是传播媒介，也是病毒的储存宿主。

流行性乙型脑炎有明显的季节性，多发于蚊子滋生的季节，在亚热带和温带地区主要在夏季至初秋的 7—9 月流行。在热带地区，本病全年均可发生。还常呈现 4～5 年流行一次的周期性倾向。

【症状】

1. 猪：一般呈散发型，隐性病例居多，潜伏期一般为 3～4 天。

常突然发病，体温升高达 40～41℃，呈稽留热，精神沉郁，嗜睡。食欲减退，饮欲增加。粪便干硬附有灰白色粘液，呈球状，尿呈深黄色。有的猪后肢、肢关节肿胀、疼痛、跛行。有的病猪表现明显的神经症状，乱冲乱撞，摆头，后肢麻痹，步行踉跄，最后倒地不起至死亡。

妊娠母猪常不表现明显的症状，在妊娠后期突然发生流产。流产胎儿有的木乃伊化，有的全身水肿，有的存活几天痉挛死亡，有的健康存活。同胎仔猪的大小及病变表现出极大的差别。有的超过预产期也不分娩，胎儿长期滞留，特别是初产母猪常见到此现象。流产后症状减轻，体温、食欲恢复正常。少数母猪流产后从阴道流出红褐色乃至灰褐色粘液，胎衣不下。母猪流产后对继续繁殖无影响。

流产胎儿多为死胎或木乃伊胎，或为弱仔。有的生后出现神经症状，全身痉挛，倒地不起，1～3 天死亡。

公猪除有上述一般症状外，常发生一侧或两侧睾丸炎。局部发热，有痛感，睾丸明显肿大，较正常睾丸大半倍到 1 倍，患病的阴囊发热，有痛感，触压发硬，3 天后肿胀消退，逐渐萎缩变硬，丧失配种能力。

2．人潜伏期为 7～14 天，主要发生在儿童，3～6 岁的小儿最易感染，绝大多数在 8 月发病，其次为 7 月和 9 月。多突然发病，常见发热、头痛、昏迷、嗜睡、烦躁、呕吐、惊厥等症状。颈部强直、腹壁反射及提睾反射消失，并有意识障碍、呼吸衰竭、死亡。

【病理变化】　猪脑的病变广泛存在于大脑及脊髓，但主要位于脑部，以间脑、中脑等处病变为主，脑脊髓液增多，黄色透明，有时混浊，硬脑膜和软脑膜轻度充血，有的可见大小不等的出血点和出血斑。脊髓膜混浊、水肿。有的可见肝脏、肾脏肿胀变硬。心内外膜有点状出血。

流产母猪子宫内膜充血、水肿，粘膜有少量小点状的出血，并附有粘稠的分泌物，死胎有皮下水肿和胶样浸润，脑内积液。胎儿大小不等，有的呈木乃伊化。全身肌肉褪色，似煮肉样。

公猪肿胀的睾丸实质充血、出血，切面可见有颗粒状的小坏死灶，最明显的变化是楔状或斑点状出血和坏死，鞘膜和白膜间有积液。阴囊与睾丸粘连。

【诊断】 本病发生有严格的季节性，呈散在性发生，多发生于幼龄动物，有明显的脑炎症状，怀孕母猪发生流产，公猪发生睾丸炎。死后取大脑皮质、丘脑和海马角进行组织学检查，发现非化脓性脑炎等，可作为诊断的依据。确诊需做实验室诊断。

鉴别诊断：马属动物应注意与传染性脑脊髓炎的鉴别。马传染性脑脊髓炎多发生于 6～10 岁的壮年马，除 7—9 月多发外，在冬季也可散发。有明显的黄疸，胃肠迟缓和便秘症状以及中毒性肝营养不良病变。猪的日本乙型脑炎应注意和猪布鲁杆菌病的鉴别。猪布鲁杆菌病无明显的季节性，流产多发生于怀孕后 3 个月，多为死胎，很少出现木乃伊胎。睾丸炎常为两侧性，附睾也发生脓肿。

（二）防制

加强饲养管理，搞好畜舍和周围环境卫生。排出积水，消灭蚊子的滋生地，杀灭蚊虫，切断蚊子等吸血昆虫传播疾病的途径。对发病动物的污染物、排泄物应严格进行处理。对出入养殖场和畜舍的人员、新购进家畜、饲料、饮水应进行严格消毒。

（1）免疫接种：患乙脑恢复后的动物可获得较长时间的免疫力。猪已有猪乙型脑炎活疫苗和灭活苗。亦可用乙型脑炎克隆 98 毒株活疫苗于本病流行前 1～2 月对青年母猪和公猪进行该疫苗免疫 1 次，免疫有效期 1 年。气候炎热的南方地区应 1 年免疫 2 次。

（2）对症治疗：目前治疗本病没有特效药物。一旦发病，病畜应该立即隔离治疗，根据具体情况采取对症疗法和支持疗法。对兴奋不安的动物，用氯丙嗪注射液；高热的配以可解热药物；使用降低颅内压的药物，减轻脑水肿，常用 25%山梨醇或 20%甘露醇静脉注射降低颅内压；用抗生素药物防止继发感染。

第五节　流行性感冒

流行性感冒（简称流感），是由流行性感冒病毒引起人和动物共患的急性高度接触性传染病，传播迅速，呈流行性或大流行性。在人和哺乳动物以发热、衰弱无力、伴有急性呼吸道症状为特征，在禽类则可有急性败血症、呼吸道感染以致隐性经过等多种临诊表现。流行性感冒发生于世界各地。

【病原】　流感病毒属于正粘病毒科，分为 A、B、C 三型。典型的病毒粒子呈球形，有囊膜，其表面抗原为 HA 和 NA，A 型流感病毒的 HA 和 NA 容易变异，已知 HA 有 16 个亚类（H1～H16），NA 有 9 个亚类（N1～N9），它们之间的不同组成，使 A 型流感病毒有许多亚型（如 H1N1、H2N2、H3N3、H7N7……），各亚型之间无交互免疫力。

【流行病学】　A 型流感病毒可自然感染猪、马、禽类和人，貂、海豹、鲸等动物也可感染。多发病突然，传播迅速，呈流行性或大流行性。现已证明 A 型流感病毒可种间传播，猪源 H1N1 病毒能传播到禽群中并能引起火鸡发病。

病畜禽和带毒畜禽是主要的传染源，病愈后的病猪可带毒 6～8 周。病毒存在于病猪和带毒猪的鼻液或气管、支气管渗出液以及肺和肺淋巴结内，主要经呼吸道传播。禽流感病毒除可通过呼吸道传播外，还可通过病禽的排泄物、分泌物和尸体等污染饮水、饲料，经消化道或伤口传播。没有证据表明流感病毒可以垂直传播。

本病多发生在秋末、春初气候骤变的季节和寒冷冬季。饲养管理、环境卫生条件差、营养不良、体内外寄生虫病都可促进本病的发生和流行。常呈地方性流行或大流行。

一、猪流行性感冒

猪流感是由 A 型流感病毒引起猪的一种急性、传染性呼吸道疾病。其特征为突然发病、咳嗽、呼吸困难、发热、衰竭及迅速康复。

猪流行感冒主要是由 H1N1、H1N2、H1N7、H3N2、H3N6 引起；其中 H1N1、H3N2 能引起猪大群流行，且与人流感关系密切。

（一）诊断要点

【症状】 不同年龄、性别和品种的猪均有易感性。潜伏期为 1～3 天。突然发病，猪群中多数猪同时出现症状。表现病猪体温突然升高到 40.3～41.7℃，精神委顿，不愿走动，食欲减退甚至废绝，出现结膜炎、鼻炎症状，眼和鼻流出粘性分泌物，有时鼻分泌物带有血色，打喷嚏，有阵发性咳嗽。呼吸急促呈腹式呼吸。病程较短，如无并发症，多数病猪可于 5～7 天后康复。本病发病率高，可达 100%，但死亡率低，通常不到 1%。如继发胸膜肺炎放线菌、多杀性巴氏杆菌、副猪嗜杆菌、猪链球菌-2 型等病时可导致猪的死亡率明显增加。

临床上除显性感染外，也经常发生亚临床感染，如在育肥猪未发生明显的呼吸道表现，而血清学表明 H1N1、H3N2 两个亚型的阳性率均较高。

【病理变化】 主要的病变在呼吸器官。肺脏病健组织有明显的界限，有紫红色的硬结，病变部通常限于尖叶、心叶和中间叶，常为两侧性呈不规则的对称；如为单侧性，则以右侧为常见。间质有明显的水肿。鼻、喉、气管和支气管粘膜出血，表面有大量泡沫状粘液，有时杂有血液。颈淋巴结和纵隔淋巴结肿大、充血、水肿，脾常轻度肿大，胃、肠有卡他性炎症。

【诊断】 根据本病的流行特点、临诊表现和病理变化可作出初步诊断。确诊需要做实验室诊断。

病毒的分离：可采取发病 2～3 天的急性病例的鼻分泌物或气管、支气管、支气管渗出物作为病料，进行病毒分离，也可捕杀急性病猪，采取脾、肝和肺淋巴结等作为病毒分离材料。

分离病毒常用 9～11 天的鸡胚。将接种材料用灭菌生理盐水适当稀释后，经 3 000 转/分离心沉淀 10 分钟，吸取上清液，加入青霉素、链霉素，每毫升接种液中的青霉素、链霉素最终含量各为 1 000

IU[1]或 1 000 微克，4℃感作 1 小时，羊膜腔及尿囊腔各 0.2 毫升同时接种分离病毒。

也可采用病猪急性期和恢复期（相距 2～3 周）的双份血清，进行血凝抑制试验，如果恢复期血清的抗体效价比急性期血清升高 4 倍以上，即可诊断为流感。

临床上需对猪肺疫和猪急性气喘病进行鉴别。急性猪肺疫主要病变为纤维素性胸膜肺炎，死亡率高，耳静脉血涂片镜检可见两极着色的小球杆菌。急性气喘病一般无体温变化。

（二）防制

猪流感尚无特异性疗法，重要的是注意防寒保暖，猪舍应保持清洁、干燥，避免应激。此外，应避免疑似流感病毒感染的人员与猪接触。发病时应采取隔离，防止病健接触。发病猪在发热期应保持供给新鲜的洁净水。为控制继发感染可用抗生素和其他抗微生物制剂进行治疗。

二、禽流感

禽流感又称欧洲鸡瘟，首次报道于 1878 年（意大利），目前，禽流感病毒常见的血清型有 H5N1、H5N2、H7N1、H9N1，根据 A 型流感病毒致病性的不同可将其分为高致病性毒株和低致病性毒株。高致病性毒株，如 H5、H7 中少数亚型可引起禽类的大批死亡；低致病性毒株，如 H9 中的某些亚型多引起轻微的呼吸道症状，主要引起产蛋鸡产蛋量下降和产蛋品质的下降等症状。禽流感主要以鸡和火鸡最易感，珍珠鸡、鹌鹑、雉鸡、鹧鸪、八哥、孔雀、鸭、鹅及各种候鸟都可感染发病。禽流感的发生受饲养和野生禽类的分布、禽类生产的产地、迁徙路线、季节等多种因素的影响。

禽流感在欧洲、美洲、亚洲、非洲等的不少国家中均有发生。

（一）诊断要点

【症状】 1. 鸡：潜伏期为 3～5 天。高致病性禽流感常突然

1 注：IU 为国际单位。

暴发，流行初期的急性病例可出现无任何征兆的突然死亡。病程稍长的，出现体温升高，达41.5℃以上，精神沉郁，食欲减退或废绝，羽毛松乱，头翅下垂，呈昏睡状态。冠髯与肉髯呈黑紫色，有淡色的皮肤坏死区。头、颈部出现水肿，眼睑、冠髯和跗关节肿胀，结膜发炎，分泌物增多。鼻有粘液性分泌物，病鸡常甩头，企图甩出分泌物。口腔粘膜有出血点，甚至有纤维蛋白渗出物。腿部角质鳞片下出血。产蛋鸡产蛋量下降。病死率可达 50%～100%。亚急性病鸡有的出现神经症状，惊厥，瘫痪，失明，共济失调，病程往往很短，常于症状出现后数小时内死亡。

低致病性禽流感的表现从无症状直至严重的呼吸道症状，蛋鸡产蛋量明显下降。病死率低于 15%。

2．鸭：潜伏期与病毒毒株的强弱、感染剂量、感染途径有关，短的几小时，长的可达数天。有些雏鸭感染后无明显症状，很快死亡，但多数病鸭会出现呼吸道症状。病初打喷嚏，鼻腔内有浆液性或粘液性分泌液，鼻孔经常堵塞，呼吸困难，常有摆头、张口喘息症状。一侧或两侧眶下窦肿胀。慢性病例羽毛松乱，消瘦，生长发育缓慢。

【病理变化】 口腔、腺胃、肌胃角质层下和十二指肠出血，头、眼睑、肉垂、颈和胸等部位的肿胀组织呈淡黄色，气管粘膜出现水肿，并伴有浆液性到干酪样不等的渗出物，肝脏、脾脏、肾脏和肺常可见到坏死灶，胰脏常有淡黄色的坏死斑点和暗红色区域。气囊增厚并有纤维素性或干酪样渗出物，腹膜和输卵管表面有黄色渗出物，并常见有纤维素性心包炎。

鸭流感的主要病变是鼻腔粘膜发炎，在鼻腔和眶下窦中，充有浆或粘液，有的病例则呈干酪样。鼻咽部和气管粘膜充血，气囊混浊、水肿，或有纤维素性炎症。

【诊断】 根据病的流行特点、临诊表现和病理变化可作出初步诊断，临床上应注意与新城疫的鉴别。确诊有赖于实验室诊断。

（1）病毒的分离和鉴定：用灭菌棉拭子取鼻咽部分泌物，置于1～2 毫升的肉汤中，每毫升肉汤中加青霉素 1 万 IU、硫酸链霉素

2 毫克、庆大霉素 1 毫克、卡那霉素 650 微克、两性霉素 B 20 微克，以控制细菌和霉菌的污染。或者将病变的组织磨碎后用上述肉汤做成 10%悬液，离心沉淀除去组织碎屑，每份病料以各 0.2～0.3 毫升剂量接种于孵化 9～11 天的鸡胚尿囊腔和羊膜腔内，在 37℃培养 4 天，收获 24 小时以后的死胚及培养 4 天仍存活的鸡胚尿囊液，分装标记后，稀释鸡胚液，测其血凝价。如尿囊液为 HA 阴性，则应再同以上方法盲传 2～3 代，以免病毒量小而将病毒丢失。

（2）血凝和血凝抑制试验：在证明鸡胚液有 HA 活性之后，首先要排除新城疫病毒，取一滴 1∶10 稀释的正常鸡血清（最好是无特定病原鸡血清）和一滴新城疫抗血清，置于一块玻璃板上，将有 HA 活性的鸡胚液各一滴分别与上述血清混合，再各加上一滴 5%鸡红细胞悬液。如果这两滴血清中都出现 HA 活性，即证明没有新城疫病毒的存在；如果新城疫抗血清抑制了 HA 活性，即证明有新城疫病毒的存在。

（二）防制

采用综合性防制措施。加强饲养管理，搞好环境卫生，定期消毒，严格检疫，杜绝病原的传入。疫苗的研究虽然取得了很大的进展，但由于禽流感病毒的抗原成分复杂，而且易变异，亚型间缺乏明显的交叉免疫性，给防疫工作带来很大困难。目前对于禽流感已研制多种类型的疫苗，并在临床上得以成功应用。

蛋（种）鸡可在 7～14 日龄时，用 H5N1 亚型禽流感灭活疫苗初免，也可使用禽流感-新城疫重组二联活疫苗进行初免。在 3～4 周后可再进行一次加强免疫。开产前再用 H5-H9 二价灭活疫苗进行强化免疫，以后根据免疫抗体检测结果，每隔 4～6 个月用 H5N1 亚型禽流感灭活疫苗免疫一次。

发病后，应及时对病禽进行隔离，诊断，上报疫情。坚持“早、快、严、小”的指导原则，对疫区进行封锁。以疫点为中心，将半径 3 公里内的区域化为疫区；将距疫区周边 5～10 公里内的区域划为受威胁区。扑杀疫点、疫区内所有禽类，关闭禽类产品交易市场，禁止易感活禽进出和易感禽类产品运出；对禽类排泄物、被污染饲料、垫料、污水等按有关规定进行无害化处理；对被污染的物品、交通工具、用具、禽舍和场地进行严格彻底消毒，消灭疫源。对受威胁区所有易感禽类采用国家批准使用的疫苗进行紧急强制免疫接种，非疫区也要做好各项防疫工作，完善疫情应急预案，加强疫情监测，防止疫情再发生。疫区内所有禽类及其产品按规定处理后，经过 21 天以上的监测，未出现新的疫源，经动物防疫监督人员审验合格后，由当地兽医行政管理部门向发布封锁令的人民政府申请解除封锁。

第六节　轮状病毒感染

轮状病毒感染主要是婴幼儿和多种幼龄动物的一种急性肠道传染病，以腹泻和脱水为特征。成人和成年动物多呈隐性经过。

轮状病毒感染引起的腹泻是一种世界性的传染病，根据统计，全世界幼儿发生的肠炎至少有 50%是由轮状病毒引起的。

（一）诊断要点

【流行病学】　轮状病毒的宿主范围较广，已知的牛、猪、绵羊、山羊、牦牛、马、犬、猫、猴、羚羊、鹿、兔、鸡、火鸡、雉鸡鸭、珍珠鸡、鹌鹑、鸽子和人等都可感染，但成年动物和人多呈隐性感染，主要感染幼龄动物和婴幼儿。患病的人、病畜禽和隐性患畜禽是本病的传染源。病毒主要存在于肠道内，经消化道途径传染易感畜禽。痊愈动物从粪中排毒持续期至少 3 周。

轮状病毒可以在种间传播，如人的轮状病毒可以感染犊牛、猴、仔猪、羔羊，但不能使小鼠和家兔发病，牛和鹿的轮状病毒均可感染仔猪等。分离自火鸡和雉鸡的轮状病毒可感染鸡。但禽类的轮状病毒不感染哺乳动物，反过来也一样。猪的轮状病毒只能感染猪。

本病多发生在晚秋、冬季和早春寒冷季节。传播迅速，寒冷、潮湿、不良的卫生条件，营养不良和其他疾病等应激因素，均可促使或加重疾病的发生。

【症状】　1．牛：潜伏期为 1～4 天。多发于出生后 3 天至 15

周龄的犊牛。病犊精神委顿，体温正常或略有升高。吮乳减少，腹泻，粪便黄白色、灰白色或褐色，稀薄如水，含有未消化的凝乳块，有时带有粘液和血液，随着腹泻时间的延长，出现明显脱水，严重的常有死亡。病死率可达 50%，病程 1～8 天。恶劣的寒冷气候常使许多病犊在腹泻后暴发严重的肺炎而死亡。

2．猪：潜伏期为 1～2 天。呈地方流行性。多见 7～14 日龄的哺乳仔猪，同群的仔猪几乎同时发病，病初厌食，精神委顿，数小时后出现腹泻，粪便呈水样或糊状，黄白色、灰色或黄绿色，含有不等量的絮状物，有腥臭味，少数病猪有呕吐，腹泻有的可延续 3～5 天，而后 7～14 天粪便逐渐恢复正常。病猪脱水严重。症状轻重决定于发病日龄、机体的免疫状态和环境条件因素。没有吃到初乳的新生仔猪症状较重，病死率可高达 100%；10～20 天的哺乳仔猪的症状轻微，常经 2～3 天的腹泻后康复，死亡率低。环境温度下降或继发大肠杆菌病，常使病情加重，病死率增高。

3．驹：多发于 1～6 周龄的幼驹，病驹体温略高，精神委顿，食欲减退，甚至停止吃乳，腹泻，排黄白色或带绿色的水样便，粪便中常混有未消化的凝乳块。病驹脱水、衰弱。病程 4～7 天，多数康复。幼龄动物也有死亡。

4．羔羊：羔羊等动物也表现腹泻、厌食和脱水等症状，病程 3～5 天。多数可自行康复。

5．人：主要是婴儿感染。潜伏期为 2～4 天，患儿呕吐、腹泻，并可能有腹痛的症状。脱水严重，一般持续 3～5 天可自行恢复。据初步调查统计，全世界婴幼儿秋冬腹泻至少有 50%是轮状病毒引起的。

【病理变化】 各种动物轮状病毒感染的病理变化基本相同。病变主要侵害小肠，特别是小肠的后 1/2～2/3 肠壁菲薄，半透明，肠腔松软膨胀，含有大量的水分和絮状物，内容物呈灰黄或灰黑色。有时小肠广泛出血，肠系膜淋巴结肿大。幼龄动物胃壁弛缓，内充满凝乳块和乳汁。

【诊断】 根据发生在寒冷季节、多侵害幼龄动物、突然发生水样腹泻、发病率高和病变集中在消化道等特点可作出初步诊断。确诊需要实验室检查。

要注意与仔猪黄痢、白痢进行鉴别诊断。仔猪黄痢主要侵害 1 周龄以内的仔猪，排黄色浆状的稀便，死亡率为 100%；仔猪白痢多发于 10～30 日龄的仔猪，排白色糊状稀便，生长迟缓。

（二）防制

加强饲养管理，搞好环境卫生。严格遵守全进全出的管理措施，不同批次猪群间的房舍应彻底清洁、消毒，建议使用甲醛或含氯的消毒剂。增强母畜和仔畜的抵抗力。在疫区要做到新生仔畜应及早吃到初乳，获得母源抗体，减少和减轻发病。

免疫接种采用猪源弱毒疫苗、牛源弱毒疫苗及猪传染性胃肠炎-轮状病毒感染二联疫苗。猪传染性胃肠炎-轮状病毒感染二联疫苗给新生仔猪乳前肌内注射，30 分钟后哺乳，免疫期可达 1 年以上；妊娠母猪分娩前注射，也可使仔猪受到良好的保护。另外，利用猪源轮状病毒灭活苗和牛源轮状病毒-大肠杆菌二联灭活苗分别对仔猪和母牛免疫，均可取得良好的效果。

为了预防婴儿感染轮状病毒，应做到便后饭前洗手，保持乳房乳头的清洁卫生，人工哺乳奶嘴应以开水冲洗。尽量用母乳喂养婴儿，以提高婴幼儿的抵抗力。

发现病畜后除采取一般防疫措施外应停止哺乳（在猪则通过减少母猪的饲料以减少排乳），用葡萄糖盐水给病畜自由饮用。对病畜进行对症治疗，如投用收敛止泻剂，使用抗菌药物以防止继发的细菌性感染，静脉注射葡萄糖盐水和碳酸氢钠溶液以防止脱水和酸中毒等，一般都可获得良好效果。

第七节　传染性海绵状脑病

传染性海绵状脑病是由朊病毒引起的人和动物的一组具有共同特征的亚急性、渐进性、致死性中枢神经系统变性疾病，又称朊病毒病。包括羊痒病、牛海绵状脑病、水貂传染性脑病和人的克-雅病、格-斯综合征、库鲁病等。这些疾病的共同特征是潜伏期长，一般为几个月、几年甚至十几年，机体感染后不发热，不出现炎症症状；病程缓慢，病死率高。主要表现为进行性共济失调、震颤、姿势不稳、知觉过敏、痴呆和行为反常等神经症状。组织病理学变化主要以神经元空泡化、脑灰质海绵状病变等为特征。

一、痒病

痒病又称慢性传染性脑病，俗名"震颤病"、"驴跑病"、"瘙痒病"，是绵羊和山羊的一种缓慢发展的传染性中枢神经系统疾病。其特征为潜伏期长、剧痒、肌肉震颤、衰弱、精神委顿、运动失调，最后瘫痪死亡。本病早在 18 世纪中叶就发生于英格兰，随后传播到欧洲大陆、北美和印度。我国 1983 年从英国进口羊群中发现疑似病例，根据病羊症状并通过脑组织病理组织学检查确诊为本病。

（一）诊断要点

【流行病学】　不同性别、不同品种的羊均可发生痒病，但以英国品种 Suffolk 和绵羊的易感性高。在品种内某些受感染的谱系发病率高，可能与垂直传播有关。一般发生于 2～4 岁的羊。绵羊与山羊间可以接触传播。病羊和带毒羊是主要传染源。本病有明显的家族史，病羊所产生的后代最常见。

【症状与病变】　本病潜伏期很长，自然感染的潜伏期为 1～5 年或更长，人工感染为 4～22 个月。因此，1 岁半以下的羊极少出现临诊症状。病初病羊表现易惊、抬头、竖耳、眼凝视，行走时高抬腿，驱赶时常反复跌倒。多数病例有瘙痒至奇痒。病羊在物体上摩擦或啃咬身体的痒部。用手抓搔时常可使其咬唇反射。随着病情的发展，共济失调逐渐严重，后肢更为明显，病羊不能跳跃，常反复跌倒，最后不能站立；头颈部发生震颤，常在兴奋时肌肉震颤加重，休息时减轻；病羊体温、采食正常，但日渐消瘦，病程几周到几个月，几乎 100%死亡。

除摩擦和啃咬引起的羊毛脱落及皮肤创伤和消瘦外，内脏器官常无眼观变化。病理组织学变化主要见于中枢神经系统的海绵状变性。大量神经元发生空泡变性，特别是纹状体、间脑、脑干和小脑皮层最为明显。神经元胞浆内含有多个空泡，形成所谓的泡沫细胞。

【诊断】 根据潜伏期长，有遗传痒病的病史，奇痒，反射性咬唇和运动性共济失调等典型的症状和在丘脑、延脑可发现特征性海绵状变性，可初步诊断。确诊必须进行有关的实验室诊断。

动物接种：将被检标本（脑、脊髓、脾等）悬液，接种小鼠、豚鼠、山羊、绵羊，能将病毒传给这些动物，绵羊脑内接种，可在绵羊体内连续传代，接种后经 6 个月至 2 年，人工感染的绵羊出现与自然病例相似的症状和病理组织学变化。脑内接种小鼠，传代后潜伏期缩短到 3～4 个月，小鼠出现中枢神经系统的症状。病理组织学观察可见中枢神经系统的海绵状变性。

（二）防制

迄今为止无预防痒病的疫苗。一般采用加强海关检疫，严禁从疫情发生地区引种。培育对痒病具有抵抗力的品种。一旦发病，采取隔离封锁，捕杀所有发病动物和与发病动物有过接触的易感动物，而且淘汰其所有后代。

二、牛海绵状脑病

牛海绵状脑病又称“疯牛病”，以潜伏期长，病情逐渐加重，主要表现行为反常、共济失调、轻瘫、体重减轻、脑灰质海绵状水肿和神经元空泡形成为特征。

本病于 1985 年首次出现在苏格兰南部，以后在欧洲许多国家、加拿大、阿曼和苏丹等都有发病。

（一）诊断要点

【流行病学】 疯牛病可传至猫和多种野生动物，也可传染给人。患痒病的绵羊、种牛及带毒牛是本病的传染源。动物主要是由于摄入混有痒病病羊或病牛尸体加工成的骨肉粉而经消化道感染的。

本病主要发生于 3～11 岁的牛，但多集中于 3～5 岁的成年牛，迄今尚无牛传羊或羊传牛的传播的确切证据。

【症状】 病程一般为 2.5～8 年，病牛常易惊，行为反常，对声音和触摸过分敏感。共济失调，步态不稳，常乱踢乱蹬以致摔倒。少数病牛可见头部和肩部肌肉颤抖和抽搐。最后因极度消瘦而死亡。

【病理变化】 肉眼变化不明显。组织学检查主要的病理变化是脑组织呈海绵样外观（脑组织的空泡化），脑干灰质发生双侧对称性海绵状变性，在神经纤维网和神经细胞中含有数量不等的空泡。

【诊断】 根据特征的临诊症状和流行病学特征可以作出疯牛病的初步诊断。脑干神经元及神经纤维网空泡化具有诊断意义。为确诊需进行的实验室诊断，可通过动物接种试验，详见痒病中所述。

（二）防制

加强海关检疫，严禁从发病地区引种，捕杀和销毁患牛，禁止从发病国家进口牛、牛精液、胚胎和任何肉骨粉等，以防止该病传入国内。

三、库鲁病

库鲁病又称震颤病，是人类的一种亚急性海绵状脑病。以小脑变性为特征的中枢神经系统疾病。库鲁病的病原因子与痒病朊病毒一样，人感染潜伏期长达 4～20 年，主要症状是运动失调、震颤、步态不稳、说话含糊不清、发音和吞咽困难，最终瘫痪死亡。病程 3～9 个月，病理学变化主要表现为严重的神经变性和丧失胶质增生和灰质海绵样变。

四、克-雅病

克-雅病是 1920 年法国 Creutzfeldt 首先报告的，次年 Jacob 又进行了详细描述，故以这两人的名字命名该病，又称 C-J 病，或老年痴呆。临床表现为急性进行性痴呆，发病年龄平均为 65 岁。潜伏期长达数年至 30 年。症状有视觉模糊，言语不清，肌肉痉挛，共济失调，嗜眠，出现进行性痴呆。组织病理学检查显示神经元缺损、神经胶质重度增生，脑实质呈海绵状病变和淀粉样斑块形成等病变。

五、新型克-雅病

新型克-雅病是一种新型的人朊病毒病，1994 年首次发现于英国。新型克-雅病于疯牛病发生和流行后约 10 年出现，且集中分布于英国，在时间和空间上与疯牛病一致。1996 年英国公布一项专家研究报告，提出疯牛病可能通过食物传染人，使人患一种新变异型克-雅病，叫人海绵状脑病，在欧洲引起极大恐慌。1997 年英、美科学家经实验研究证明，疯牛病致病性朊病毒确能导致人类患新型克-雅病。

新型克-雅病与典型克-雅病不同，主要发生于青年，以常吃牛肉馅汉堡的人最易感染，发病年龄多为 14～40 岁，平均为 26.3 岁；病程平均 14 个月。临床上主要表现焦虑、抑郁、孤僻、委靡和其他行为异常；在病程早期均表现肢体和脸部的感觉障碍。随后出现记忆力障碍、肌阵挛，后期出现痴呆等症状。组织病理学检查，海绵状病变多见于基底神经节、丘脑，而在大脑和小脑内侧是以灶状形式存在，这与克-雅病的海绵状病变多见于大脑皮层不同。

防制措施参见牛海绵状脑病。

第八节　大肠杆菌病

大肠杆菌病是由大肠杆菌的部分血清型引起的一种人畜共患的传染病，主要引起人和动物严重腹泻和败血症，尤其对婴儿和幼龄畜禽危害更为严重。

大肠杆菌在人和动物的肠道中，多数在正常条件下是不致病的共栖菌，只有在特定的条件下才能发病。但还有少数的大肠杆菌是病原性大肠杆菌，正常情况下极少存在于健康体内。

【流行病学】　病原性大肠杆菌很多的血清型都可引起各种家畜和家禽发病，其中，幼龄畜禽对本病最易感。仔猪黄痢常发于 1

周以内，其中以 1～3 日龄多发，仔猪白痢多发于 10～30 日龄，以 10～20 日龄多发，猪水肿病主要见于断乳前后营养状况好的仔猪；牛大肠杆菌病主要是 10 日龄以内的犊牛多发；羊是 6 日龄至 6 周龄多发；鸡常发生于 3～6 周龄；兔主要侵害 20 日龄及断奶前后的仔兔和幼兔。人在各年龄组均有发病，但以婴幼儿多见。

发病畜禽和带菌者是本病的主要传染源，在发病动物的粪便中，含有大量的大肠杆菌，污染饲料、饮水、母畜的乳头和皮肤等，经消化道而感染。此外，牛也可经子宫内或脐带感染，鸡可经呼吸道感染，或病菌经种蛋使胚胎发生感染，人主要经消化道感染。

本病一年四季均可发生，但犊牛和羔羊多发于冬春舍饲时期。饲养管理不善，环境卫生差，潮湿，气候骤变，母畜营养低下，乳牛饲养管理条件的改变均为本病的诱因。

一、仔猪大肠杆菌病

根据仔猪生长期和感染病原大肠杆菌血清型的不同，临床上可表现为三个类型：仔猪黄痢、仔猪白痢和猪水肿病。

（一）仔猪黄痢

仔猪黄痢又称早发性大肠杆菌病，是 1 周龄以内的新生仔猪的一种急性败血性传染病。1～3 日龄发病率最高，7 日龄以上很少发病。主要是以剧烈的黄色水痢和迅速脱水死亡为特征。主要病理变化为急性卡他性肠炎和败血症。引起仔猪黄痢的大肠杆菌血清型很多，且各地有一定差异，以 O8、O45、O101、O115、O138、O139、O141、O149、O157 等群多见，少数有 K88 表面抗原，能产生肠毒素。

1．诊断要点：

【症状】　潜伏期短，生后 12 小时以内即可发病，长的也仅 1～3 天。一窝仔猪出生时体况正常，突然有 1~2 头发病，表现全身衰弱，迅速死亡，以后其他仔猪相继发病，排出黄色浆状稀粪，内含气泡或凝乳小片，有腥臭味，肛门哆开、肿胀，周围有黄白色稀便污染，最后由于肛门松弛而失禁。较严重流行时，少数病猪可能有呕吐，病猪精神沉郁、迟钝，眼睛无光，皮肤呈蓝灰色，质地枯燥，很快消瘦、脱水、体重下降，昏迷而死。

【病理变化】 剖检尸体脱水严重，皮下常有水肿。胃部胀满，常有未消化的凝乳块，肠道膨胀，有多量黄色液状内容物和气体，肠粘膜呈急性卡他性炎症变化，以十二指肠最严重，大肠病变较小肠轻微，肠系膜淋巴结轻度肿胀，呈淡黄红色或红色，切面多汁，有弥漫性小点出血，肝脏稍肿，淤血呈紫红色。肾色淡，皮质表面有数量不等的针尖大小出血点。肝、肾有凝固性小坏死灶。肺脏有明显的水肿。

【诊断】 根据初生仔猪在 1 周龄内发生剧烈黄色的腹泻，通常为窝发，病死率高等特征，可初步诊断。确诊取新死亡猪小肠前段内容物，接种麦康凯和伊红美蓝培养基上，18～24 小时培养，在麦康凯培养基上长出粉红色的菌落，伊红美蓝培养基上形成具有金属光泽的紫黑色菌落。挑取该菌落做进一步的培养和生化试验，或用大肠杆菌因子血清鉴定血清型。

【鉴别诊断】 临床上应与仔猪的梭菌性肠炎、传染性胃肠炎和轮状病毒感染相区别。仔猪的梭菌性肠炎主要是排红色的粘液性腹泻便，病变主要在空肠具有特征性，空肠段呈红色，肠内充气，内容物黄红色，混有气泡。粘膜上有黄色或灰色坏死性伪膜。肠内容物有坏死的组织碎片。猪传染性胃肠炎可见于任何年龄的猪，传播迅速，波及全群，除仔猪死亡外，年龄大的猪多可自行康复。此外粪便的 pH 可能有助于诊断。仔猪黄痢的腹泻便为碱性，而传染性胃肠炎或轮状病毒引起代谢紊乱的腹泻便 pH 多为酸性。

2．防制：

加强饲养管理，搞好环境卫生和消毒工作。母猪产房要保持清洁干燥、保温、消毒，接产时用 0.1%的高锰酸钾清洗乳房和乳头，减少应激因素的影响。常发地区，可选用大肠杆菌 K88ac-LTB 双价基因工程菌苗、新生猪腹泻大肠杆菌 K88、K99 双价基因工程苗、新生猪腹泻大肠杆菌 K88、K99、987p 三价灭活苗产前 15～20 天妊娠母猪注射，以通过母乳获得被动免疫。治疗可用氟苯尼考（每千克体重20%氟苯尼考0.1毫升，隔48小时1次，连用2～3次）、复方痢菌净（2%痢菌净+1%恩诺沙星，每千克体重0.2毫升，每日1～2次，连用3～5天）、喹诺酮类等药物。

（二）仔猪白痢

仔猪白痢又称迟发性大肠杆菌病，是哺乳仔猪的一种肠道传染病。引起仔猪白痢的大肠杆菌有一部分与仔猪黄痢和水肿病相同。主要是以仔猪排乳白色或灰白色的下痢为特征。

本病发生于10～30日龄的仔猪，其中以10～20日龄仔猪多发。1月龄以上仔猪很少发生。一年四季都可发生，但在冬春气温骤变、阴雨连绵的季节多发。每窝的发病头数不同，有的仅1～2头发病，有的80%发病。此外，仔猪白痢的发生还与各种应激因素有关，如母猪的过肥或过瘦，乳汁的过浓或不足，营养缺乏，饲料品质的突然改变，气候骤变等。

1．诊断要点：

【症状】 病猪突然发生腹泻，排出乳白色或灰白色的浆状、糊状粘腻性粪便，腥臭，有时带有气泡或血丝。有时有呕吐。体温与食欲无明显变化。随着病情的加剧，病猪出现精神委顿、被毛粗乱、体表无光、消瘦、脱水。病程2～3天，长的1周左右，能自行康复，很少死亡，但常常生长迟缓。

【病理变化】 病猪体消瘦，粘膜苍白，肛门及周围被粪便污染。肠粘膜呈卡他性炎症，肠壁变薄，结肠内有乳白色或灰白色糊状或油膏状内容物。肠系膜淋巴结轻度肿胀。

【诊断】 根据10～30日龄内的哺乳仔猪出现白色或灰白色的下痢，发病率高，病死率低等特征，可初步诊断。必要时可以从小肠内容物分离出大肠杆菌，用血清学方法鉴定可确诊。

2．防制：

加强母猪的饲养管理，合理搭配饲料，母猪妊娠期间和产后应保持充足的营养，确保母猪泌乳量的平衡。秋冬季节应做好仔猪的防寒保暖工作，及早补料。猪舍应保持干燥、清洁，定期消毒。

免疫预防和药物治疗参考仔猪黄痢。

（三）猪水肿病

猪水肿病是某些溶血性大肠杆菌引起断奶仔猪发病的一种肠毒血症，引起本病的大肠杆菌一部分与仔猪的黄痢相同。临床上主要以眼睑及其他部位水肿、共济失调和麻痹为其特征，剖检可见胃壁、肠系膜和其他某些部位发生水肿。发病率虽不很高，但病死率很高。

本病主要发于断乳前后体况健壮、生长快的仔猪，小到几日龄，大到 4 月龄以上的猪均可发生。其发生似与饲料和饲养方法的改变、气候变化、卫生条件等有关。初生时有过黄痢的仔猪一般不发生本病。一般无明显的季节性，但春秋季节较多见。

1．诊断要点：

【症状】 发病前 2～3 天可见有轻度的腹泻，排灰色糊状稀便，有的未见腹泻即突然发病，精神沉郁，食欲减少或口流白沫，心跳加快，呼吸困难。病猪静卧一隅，肌肉震颤，不时抽搐，四肢划动做游泳状，触动时表现敏感，发呻吟声或有嘶哑的叫声。随着病程的发展，出现共济失调，行走时四肢无力，步态摇摆不稳，盲目前进或做圆圈运动；有的两前肢跪地，两后肢直立。脸部、眼睑、结膜、齿龈出现特征性水肿，有时波及颈部和腹部的皮下。一般体温正常。有些病猪没有水肿的变化。病程短的仅数小时，一般为 1～2 天，也有长达 7 天以上的。发病率 10%左右，病死率高达 90%。

【病理变化】 水肿是本病特征性的病变。胃壁水肿，多见于大弯部和贲门部，有时也可波及胃底部和食道部，粘膜层和肌层之间有一层胶冻样水肿，严重的厚达 2～3 厘米，范围约数厘米，切开时有黄色的液体渗出。胃底粘膜潮红，有弥漫性出血，小肠粘膜也有弥漫性出血。大肠系膜的水肿也很常见；结肠的肠间膜水肿，有些病猪直肠周围也有水肿。全身的淋巴结水肿，有不同程度的充血、出血，尤以下颌淋巴结最为明显。心包液、胸腔液和腹腔液增加，暴露于空气中则很快凝成胶冻状。有些病例肾包膜增厚、水肿，积有红色液体，接触空气则凝成胶冻样，皮质纵切面贫血，髓质充血或有出血变化。胆囊、喉头、肺脏和大脑也常有水肿。切开眼睑、颜面、额部、颌下、头顶部等，可见皮下有胶冻样水肿。有的病例以出血性胃肠炎为主，水肿则不明显。

【诊断】　根据流行病学、临床表现和病理变化一般不难诊断。必要时可做病原的分离、鉴定。

2．防制：

加强母猪和仔猪的饲养管理，消除诱因。合理调配饲料，仔猪断奶前逐步补料，使之适应。同时，加喂必要的微量元素添加剂，补硒、补铁，避免突然改变饲养方法和饲料。圈舍应保持清洁、干燥，定期消毒。母猪产前或仔猪 10～15 日龄接种水肿病灭活苗。

本病缺乏有效的治疗方法，主要通过对症疗法。发病时，应停喂高蛋白饲料。当同窝仔猪中有一头发病时，应对全窝投药进行预防。治疗通常应用盐类泻剂，促进肠道细菌及其毒素的排出，辅以强心、利尿、消肿药物；抗生素对慢性病例有一定疗效，同时应注意补硒，提高疗效。

二、禽大肠杆菌病

禽大肠杆菌病是大肠杆菌的某些血清型引起的禽多种疾病的总称。主要表现为急性败血症、脐炎、气囊炎、全眼球炎、关节滑膜炎、输卵管炎、腹膜炎、肉芽肿。

临床上多见于鸡、火鸡和鸭。各年龄、品种的鸡都有易感性。但雏鸡的易感性最高，一般 20～45 日龄雏鸡多发，死亡率也高。

1．诊断要点：

【症状】　潜伏期从数小时至 3 天不等。急性型表现为体温升高，突然死亡，常无腹泻症状。经卵或鸡胚感染，出壳后几天内即可发生大批急性死亡。主要表现为体温升高，达 43℃以上，精神沉郁，食欲减退或废绝，羽毛松乱，两翅下垂，腹泻，排黄绿色或灰白色的稀便，多在 1～3 天死亡。慢性型呈剧烈腹泻，粪便灰白色，有时混有血液，死前有抽搐、转圈运动等神经症状，病程可拖延十余天，有时见全眼球炎。成年鸡感染后，多表现为关节滑膜炎、输卵管炎和腹膜炎。

【病理变化】　剖检病死禽尸体，因病程、年龄不同，有下列多种病理变化。

（1）急性败血症：肝脏肿大，呈绿色，表面有大小不等的出血点、出血斑和坏死灶；脾明显肿大及胸肌充血。肠浆膜、心外膜、心内膜有明显小出血点。肠壁粘膜有大量粘液。心包腔有大量浆液。

（2）气囊炎：受到感染的气囊混浊、增厚，表面有纤维素性渗出物被覆，呈灰白色，随着病程的延长，呼吸面常有黄色的干酪样渗出物。

（3）心包炎：大肠杆菌的许多血清型在发生败血症时常引起心包炎。心包膜增厚、混浊，心外膜水肿，并覆有淡色渗出物，心包膜内常充满淡黄色纤维蛋白渗出液。心包炎也常伴发心肌炎，一般在显微病变出现前有明显的心电图异常。

（4）肝周炎：肝被膜上附有纤维素性伪膜，肝肿大，被膜增厚，被膜下散在大小不等的出血点和坏死灶。

（5）输卵管炎：输卵管扩张、变薄、充血、出血或分泌物增多，管腔内出现大干酪样团块。可持续存在几个月，并可随时间的延长而增大。鸡常在感染后 6 个月死亡，存活的鸡极少产蛋。产蛋鸡、鸭、鹅也可能由于大肠杆菌从泄殖腔侵入而患输卵管炎。

（6）卵黄性腹膜炎：主要发生于产蛋鸡，大肠杆菌经输卵管上行至卵黄内，迅速生长，卵黄落入腹腔内时，造成腹膜炎。病鸡表现腹部膨大、垂腹。腹腔内可见多量淡黄色的干酪样物，腹腔液增多、混浊，腹膜有灰白色渗出物。严重的造成整个腹腔的粘连。

（7）关节滑膜炎：滑膜炎一般是败血症的后遗症，在禽的免疫力低下时可能发生。多见于肩、膝关节。关节明显肿大，滑膜囊内有不等量的灰白色或淡红色渗出物，关节周围组织充血水肿。

（8）全眼球炎：病鸡的一侧或双侧眼结膜充血、出血，眼房液混浊、积脓，严重的导致失明。虽然有些病鸡康复，但多数在发病后很快死亡。显微镜下可见全眼有异噬细胞和单核巨噬细胞浸润，坏死区域周围有巨细胞，脉络膜充血，视网膜完全被破坏。

（9）大肠杆菌性肉芽肿：在肝脏、盲肠、十二指肠和肠系膜等浆膜面出现结节性肉芽肿，有时在肺脏上也有出现。

（10）胚胎死亡和脐炎：正常母鸡所产蛋内有 0.5%～6%含有大肠杆菌。人工感染母鸡所产蛋中大肠杆菌含菌量高达 26%。当种鸡感染大肠杆菌性卵巢炎、输卵管炎或种蛋被粪便污染时，卵内的大肠杆菌在卵黄囊增殖，引起胚胎死亡。在胚胎期不死亡的，孵出后多为弱雏，卵黄囊吸收不全，脐带口发炎，可见在脐带的断端有“黑头”。

【诊断】　根据流行病学、临诊症状和病理变化可作出初步诊断。确诊需进行细菌学检查。取病禽的肝、脾、心、血以及肠内容物菌检的取材部位，进行分离培养，对分离出的大肠杆菌应进行生化反应和血清学鉴定，然后再根据需要，做进一步的检验。

2．防制：

严格执行卫生防疫制度，加强饲养管理，搞好环境卫生，做好禽舍通风保暖，消除诱因，减少发病机会。种蛋应来自无大肠杆菌病的鸡群，尽可能减少种蛋的污染，种蛋在保存和入孵前必须进行消毒，淘汰破损明显有粪便污染的种蛋，孵化器在孵化前应进行熏蒸消毒。控制好出雏温度，减少弱雏的数量；注意育雏温度，控制饲养密度，鸡舍和舍内用具应彻底消毒，注意饲料饮水卫生。发病地区可对本地（场）流行的大肠杆菌血清型制备的多价活苗或灭活苗接种种禽，可使雏禽获得母源抗体。

大肠杆菌对多种药物敏感，如氟苯尼考、氨苄青霉素、新霉素、阿米卡星、头孢类、土霉素、氟喹诺酮类。抗球虫药-莫能菌素也有抗菌活性。但大肠杆菌很容易对药物产生耐药性，因此临床上最好对分离的菌株进行药敏试验，筛选敏感性的药物进行治疗。

第九节　沙门杆菌病

沙门杆菌病，又名副伤寒，是沙门杆菌属细菌引起的畜禽和野生动物疾病的总称。临诊上多表现为败血症和肠炎，也可使怀孕母畜发生流产。

【流行病学】　沙门杆菌属中的许多血清型均可引起多种动物

和人发病。各种年龄、品种、性别的畜禽均可感染，但以幼年畜禽较成年畜禽更易感。猪常以 1～4 月龄的仔猪较多发生。牛以出生30～40 日龄的犊牛最易感。羊主要以断乳或断乳不久的羔羊最易感。

病畜和带菌者是本病的主要传染源。本病主要经消化道传播。病畜与健畜交配或用病公畜的精液人工授精时也可发生感染。子宫内感染也有可能。有人认为鼠类可传播本病。

禽沙门杆菌病有多种传播途径，最常见的是通过带菌卵而传播。感染鸡白痢或鸡伤寒沙门杆菌的母鸡所产的蛋带菌率高达33%。此外，感染鸡的互啄、啄食带菌蛋及通过皮肤的损伤均可传播。同时，感染禽的粪便，污染的饲料、饮水及用具也是重要的传染源。

本病一年四季均可发生。猪一般在多雨潮湿、气候骤变的季节，饲料和饲养方法的突然改变，饲养管理和环境卫生条件不良情况下可促进本病的发生。一般呈散发性或地方流行性。成年牛多于夏季放牧时发生，呈散发性，一个牛群仅有 1～2 头发病，第一个病例出现后，往往相隔 2～3 周再出现第二个病例；但犊牛发病后传播迅速，往往呈流行性。育成期羔羊常于夏季和早秋发病，孕羊则主要在晚冬、早春季节发生流产。

一、猪沙门杆菌病

猪沙门杆菌又称猪副伤寒。引起猪沙门杆菌病的有猪霍乱沙门杆菌、猪霍乱沙门杆菌 Kunzendorf 变型，猪伤寒沙门杆菌、猪伤寒沙门杆菌 Voldagsen 变型、鼠伤寒沙门杆菌、德尔俾沙门杆菌、肠炎沙门杆菌等。

（一）诊断要点

【症状】 潜伏期一般为 2 天到数周不等。临诊上分为急性、亚急性和慢性。

（1）急性（败血型）：多发于断奶前后的仔猪，突然发病，体温升高至 41～42℃，精神不振，食欲减退或废绝，迅速死亡。病程稍长的表现为下痢，呼吸困难，耳根、胸前和腹下皮肤有紫红色斑点。转归多为死亡，多数病程为2～4天。

（2）亚急性和慢性：是本病临诊上多见的类型，多有急性转归而来或开始即为慢性经过。病猪体温升高至 40.5～41.5℃，精神不振，畏寒，逐渐消瘦，生长停止，眼有粘性或脓性分泌物，上、下眼睑常被粘着。少数发生角膜炎，严重者发展为角膜溃疡。顽固性腹泻，粪便灰白色或黄绿色，恶臭，并混有大量的坏死组织碎片。在病的中、后期，部分病猪皮肤出现弥漫性湿疹，特别在腹部皮肤，有时可见绿豆大、干涸的浆性覆盖物，揭开见浅表溃疡。病情往往拖延2～3周或更长，最后极度消瘦，衰竭而死。少数变成僵猪。

【病理变化】　急性者主要为败血症的病变。耳根、胸腹、四肢内侧皮肤有紫红色斑点。全身的粘膜、浆膜均有不同程度的出血斑点。脾常肿大，色暗带蓝，坚度似橡皮，切面蓝红色，脾髓质不软化。肝、肾也有不同程度的肿大、充血和出血。有时肝实质可见极为细小的黄灰色糠麸状坏死小点。胃肠粘膜呈急性卡他性炎症。肠系膜淋巴结索状肿大。其他淋巴结也有不同程度的增大，软而红，类似大理石状。

亚急性和慢性的特征性病变为坏死性肠炎。盲肠、结肠肠壁增厚，粘膜上覆盖着一层弥漫性坏死性腐乳状物质，剥开见底部红色、边缘不规则的溃疡面，有时波及回肠后段。少数病例滤泡周围粘膜坏死，稍突出于肠壁表面，有纤维蛋白渗出，形成同心轮环状。肠系膜淋巴结索状肿胀，部分呈干酪样变。脾稍肿大。肝有时可见黄灰色坏死小点。

【诊断】　根据流行病学、临床表现、病理变化可进行综合诊断，确诊可通过实验室检查。

1．细菌学检查采集急性病例的肝、脾、肺、肠系膜淋巴结等组织或分泌物、血液、尿液等，涂片、染色、镜检。可见革兰阴性球杆菌或短杆菌。

2．分离培养将病料或增菌后的培养物分别接种于麦康凯培养基和 SS 琼脂培养基中，在 35～37℃下培养，经 18～24 小时培养后菌落直径为 1～3 毫米的无色、透明、光滑的菌落的，在 SS 琼脂平板上，产生 H_2S 的细菌，菌落中央往往呈灰黑色的可初步鉴定。必要时进行生化实验及动物接种实验等。

（二）防制

加强饲养管理，消除诱发因素，保持饲料、饮水的清洁、卫生，减少疾病的发生。常发地区每年定期注射仔猪副伤寒疫苗预防接种。

一旦发病，应立即隔离病猪，同时对污染的环境、用具等进行消毒，尸体做无害化处理。对病猪可以用氟苯尼考（每千克体重 20～30 毫克，间隔 48 小时注射 1 次，连用 2 次）、复方痢菌净（每千克体重 5～10 毫克，2 次/天，连用 3 天）、氧氟沙星（每千克体重 2.5～5 毫克，2 次/天）、复方磺胺间甲氧嘧啶、卡那霉素、新霉素等进行治疗。

二、禽沙门杆菌病

禽沙门杆菌病是由禽沙门杆菌引起的禽类多种疾病的总称。家禽沙门杆菌感染可分为三个型，由鸡白痢沙门杆菌引起的禽类疾病称为鸡白痢，由鸡伤寒沙门杆菌引起的禽类疾病称为禽伤寒，由其他有鞭毛能运动的沙门杆菌所引起的禽类疾病统称为禽副伤寒。禽副伤寒的病原体包括很多血清型的沙门杆菌，其中以鼠伤寒沙门杆菌最为常见，其次为德尔俾沙门杆菌、海德堡沙门杆菌、纽波特沙门杆菌、鸭沙门杆菌等。

（一）鸡白痢

各种品种的鸡对本病均有易感性，以 2～3 周龄以内雏鸡的发病率与病死率为最高，呈流行性。成年鸡感染呈慢性或隐性经过。近年来，育成阶段的鸡发病也日趋普遍。

鸡白痢对种鸡生产性能危害程度较重，据统计，鸡白痢阳性的种鸡可以使种蛋受精率降低 4%～9%，孵化率降低 8%～12%，死胚增多 3%～8%，毛胚率增加 4%～10%，产蛋率降低 9%～35%，死淘率增加 7%～28%。鸡白痢是目前养鸡业最难防治的疾病之一。

【临床表现】 潜伏期为 4～5 天，出壳后感染的雏鸡，多在孵出后几天才出现明显症状。7～10 天后雏鸡群内病雏逐渐增多，在第二、三周达发病和死亡高峰。发病雏鸡呈最急性者，无症状迅速死亡。稍缓者表现精神委顿，食欲减退或废绝，绒毛松乱，两翼下垂，缩颈闭眼昏睡，不愿走动，畏寒，常拥挤在一起。腹泻，排稀薄白色浆糊状粪便或混有气泡，肛门周围绒毛被粪便污染，有的因粪便干结封住肛门周围，引起肛门周围炎。排便疼痛，故常发生尖叫声，最后因呼吸困难及心力衰竭而死。有的病雏出现眼盲或关节炎，肢关节肿胀，呈跛行症状。病程短的 1 天，一般为 4～7 天，20 天以上的雏鸡病程较长，且极少死亡。耐过鸡生长发育不良，成为慢性患者或带菌者。雏火鸡和雏鸡的症状相似。

成年鸡感染多呈慢性经过，常无临诊症状。但母鸡产蛋量下降，产蛋停止或腹泻。有的因卵黄性腹膜炎而引起“垂腹”现象。同时受精率和孵化率降低。有时成年鸡可呈急性发病。

【病理变化】 最急性的病例，在育雏阶段的早期表现是突然死亡而没有病变。急性病例可见肝脏、脾脏、肾脏肿大及充血，有时肝脏可见白色坏死灶，胆囊肿大。病期延长者，卵黄囊吸收不良，卵黄囊内容物可能呈奶油状或干酪样粘稠物，在心肌、肺、肝、盲肠、大肠及肌胃肌肉中有白色结节，心肌上的结节增大时，有时能使心脏明显变形，心包增厚，内含黄色或纤维素性渗出液。输尿管充满尿酸盐而扩张。盲肠内容物中有干酪样栓子堵塞肠腔，有时还混有血液。死于几日龄的病雏，有出血性肺炎，稍大的病雏，肺有灰黄色结节和灰色肝变。育成阶段的鸡，突出的变化是肝肿大，可达正常的 2～3 倍，暗红色至深紫色，有的略带土黄色，表面可见散在或弥漫性的小红点，黄白色的粟粒大小或大小不一的坏死灶，质地极脆，易破裂，常见有内出血变化，肝表面有较大的凝血块，腹腔内积有大量血水。有的鸡表现关节肿大，内含黄色的粘稠液体，以跗关节最为常见。

成年母鸡最常见的病变为卵子变形变色。受感染的卵子常常含有油性和干酪样物质，外面包有增厚的包膜。这些变性的卵泡可紧附于卵巢上，但有蒂，可从卵巢体上脱落。输卵管含有多量的干酪样渗出物。由于输卵管的功能失调，可出现向腹腔排卵或输卵管阻塞，引起广泛的腹膜炎及腹腔脏器粘连，有时可引起广泛性的腹膜炎和肝包膜炎。有心包炎，心包膜增厚、混浊。成年公鸡的病变，常局限于睾丸及输精管，睾丸极度萎缩，有小脓肿，输精管管腔增大，充满稠密的均质渗出物。

（二）禽伤寒

本病主要发生于鸡，也可感染火鸡、珍珠鸡、鹌鹑、孔雀、雉鸡等鸟类，鸭、鹅、鸽对禽伤寒沙门杆菌有一定的抵抗力。成年鸡易感，但有报道禽伤寒可致 1 月龄内的雏鸡的死亡率高达 26%。一般呈散发性。

【临床表现】 潜伏期一般为 4～5 天。在年龄较大的鸡和成年鸡，急性经过者突然停食，排黄绿色稀便，体温上升 1～3℃。病鸡可迅速死亡，通常经 5～10 天死亡。病死率 10%～50%或更高些。雏鸡和雏鸭发病时，其症状与鸡白痢相似。

【病理变化】 雏鸡（鸭）病变与鸡白痢相似。成年鸡，最急性者眼观病变轻微或不明显，急性者常见肝、脾、肾充血肿大，亚急性和慢性病例，特征病变是肝肿大呈青铜色，肝和心肌有灰白色、粟粒大坏死灶，心包炎。卵泡及腹腔病变与鸡白痢相同。

死于伤寒的雏鸭，肝脏呈青铜色，并有灰色坏死灶，胆囊肿大，充满胆汁，心包炎和心肌炎；病死成年鸭因卵泡破裂而引起卵黄性腹膜炎，卵泡出血、变性。

（三）禽副伤寒

各种家禽及野禽均易感。家禽中以鸡和火鸡最常见。常在孵化后 2 周内感染发病，3～7 日龄达最高峰。呈地方流行性，病死率从很低到 10%～20%不等，严重者高达 80%以上。

1. 诊断要点：

【临床表现】 经带菌卵感染或出壳雏禽在孵化器感染病菌，常呈败血症经过，往往不显任何症状即迅速死亡。年龄较大的幼禽常取亚急性经过，主要表现闭眼嗜睡，翅下垂，竖毛，厌食和消瘦。

常可见到严重的水样腹泻。病程为1～4天。1月龄以上幼禽一般很少死亡。

雏鸭感染本病常见颤抖、喘息及眼睑浮肿等症状。常猝然倒地而死，故有“猝倒病”之称。成年禽一般为慢性带菌者，常不出现症状。有时出现水泻样下痢。

【病理变化】　死于鸡副伤寒的雏鸡，最急性者无可见病变。病期稍长的，肝、脾肿胀，有明显的出血条纹状和坏死灶，肾有时也有肿大、出血，也常见纤维素性肝周炎、心包炎和出血性肠炎。成年鸡，肝、脾、肾充血肿胀，有出血性或坏死性肠炎、心包炎及腹膜炎，产蛋鸡的输卵管坏死、增生，卵巢坏死、化脓。

雏鸭感染莫斯科沙门杆菌时，肝脏呈青铜色，有灰色坏死灶。北京鸭感染鼠伤寒沙门杆菌和肠炎沙门杆菌时，肝脏显著肿大，有时有坏死灶，盲肠内形成干酪样物。

【诊断】　根据流行病学、临诊和病理特征可作出初步诊断，确诊需做病原体的分离、鉴定。此外，凝集反应可以用作鸡白痢的大群检疫。凝集反应主要有全血平板法、血清平板法、卵黄平板法。其中全血平板法最为常用。

2. 防制：

严格执行一般性的卫生消毒和隔离检疫等综合措施。建立无白痢鸡群。定期检疫，淘汰带菌鸡。在健康的鸡群中，每年春秋两次对种鸡进行检疫，对检出的阳性鸡采取淘汰处理。入孵前，应对种蛋、孵化器进行消毒。对雏鸡应保持好育雏室的温度，注意通风，控制饲养密度，喂以全价饲料，环境场地定期消毒。同时筛选抗菌药物进行预防。

本病的药物治疗，可以应用氟苯尼考、硫酸新霉素、头孢类抗生素进行治疗，必要时应进行药敏试验筛选敏感性药物进行治疗。也可使用“促菌生”或其他活菌剂来预防雏鸡白痢。

第十节 巴氏杆菌病

巴氏杆菌病是由多杀性巴氏杆菌所引起的各种家畜、家禽、野生动物和人类的一种传染病的总称。动物急性病例以败血症和炎性出血过程为主要特征，慢性型常表现为皮下结缔组织、关节和各种脏器的化脓性病灶；人的病例罕见，几乎不发生败血症，且多呈伤口感染。

【流行病学】 多杀性巴氏杆菌对多种动物（家畜、野生动物、禽类）和人均有致病性。家畜中以牛（黄牛、牦牛、水牛）、猪、兔、绵羊多发，山羊、鹿、骆驼、马、犬等亦可发病，但较少见，禽类中以鸡、火鸡和鸭易感。

患病动物和带菌动物以及野生动物均为本病的传染源。人类感染多由犬、猫和马等家畜咬伤、抓伤所致。动物群中发病时，常查不到传染源。一般认为家畜在发病前已经带菌。据统计，屠宰的牛、羊和猪的扁桃体的带菌率分别为 45%、52%、63%。当家畜饲养不良，圈舍潮湿、拥挤，营养缺乏，气候骤变，长途运输等时，其机体抵抗力降低，使病菌迅速增殖，经淋巴液进入血流，发生内源性感染。病畜由其排泄物、分泌物不断排出有毒力的病菌，污染饲料、饮水、用具和外界环境。本病同种家畜间能互相传染，而不同的家畜种间偶见相互传播。

本病主要是通过消化道和呼吸道传播，也可通过吸血昆虫和损伤的皮肤、粘膜传播。

本病的发生一般无明显的季节性，但以冷热交替、气候骤变、闷热、潮湿、多雨的时期发生较多。一般为散发性，家禽，特别是鸭群发病时，多呈流行性。

一、猪巴氏杆菌病（猪肺疫）

猪肺疫多杀性巴氏杆菌病常呈最急性和急性经过。最急性型呈败血症变化，咽喉部炎性肿胀，呼吸极度困难；急性型呈纤维素性胸膜肺炎。而散发性多呈慢性经过，主要表现为慢性肺炎或慢性胃肠炎。

（一）诊断要点

【临床表现】 潜伏期为 1～5 天，临诊上一般分为最急性型、急性型和慢性型。

（1）最急性型：俗称“锁喉风”，多在流行的初期发生，突然发病，迅速死亡。病程稍长，可表现明显的症状，体温升高可达 41～42℃，精神沉郁，食欲减退或废绝，全身衰弱。颈下咽喉部发热、红肿、坚硬，严重者蔓延到耳根和前胸。病猪呼吸极度困难，伸长头颈呼吸，常呈犬坐势，发出喘鸣声，口鼻流出泡沫样的液体，可视粘膜发绀，腹侧、耳根和四肢内侧皮肤出现红斑，很快死亡。病程 1～2 天，病死率 100%。

（2）急性型：最常见，除具有败血症的一般症状外，主要表现急性胸膜肺炎。体温升高达 40～41℃，初发生痉挛性干咳，鼻腔流粘稠液体，呼吸困难；后变为湿咳，咳时感痛，触诊胸部有剧烈的疼痛。常有粘脓性结膜炎。病势发展后，呼吸更感困难，张口吐舌，作犬坐姿势，可视粘膜蓝紫，初便秘，后腹泻。病猪消瘦无力，卧地不起，多因窒息而死。病程 5～8 天，耐过的转为慢性。

（3）慢性型：主要见于流行后期，表现为慢性肺炎和慢性胃炎症状。病猪持续性咳嗽，呼吸困难，口鼻的粘液性或脓性分泌物减少。常有腹泻。渐进性营养不良，极度消瘦，有时有关节炎，如不及时治疗，可衰竭死亡，病程多超过 2 周。病死率可达 60%～70%。

【病理变化】 （1）最急性型：呈败血症变化。全身粘膜、浆膜和皮下组织有大量出血点，尤以咽喉部及其周围结缔组织的出血性浆液浸润最为明显。切开颈部皮肤时，可见大量胶冻样淡黄色或灰青色纤维素性浆液。水肿可蔓延至前肢。脾脏不肿大，常有出血。心外膜和心包膜有小出血点。肺急性水肿。全身淋巴结出血，切面红色。胃肠粘膜有出血性卡他性炎症。皮肤有紫红斑。

（2）急性型：除了上述败血性病变外，特征性病变是纤维素性肺炎。肺有不同程度的肝变区，周围常伴有水肿和气肿，病程长的在肝变区内还有大小不一的坏死灶，肺小叶间浆液浸润，切面呈大理石纹理。胸膜常有纤维素性附着物，严重的胸膜、心包与肺部粘连，胸腔及心包积液。胸腔淋巴结肿胀，切面多汁、发红。在支气管、气管内含有多量泡沫状粘液，气管粘膜发炎。

（3）慢性型：主要表现为慢性肺炎和慢性胃肠炎病变。肺肝变区进一步扩大，在肝变区上有黄色或灰色坏死灶，外面有结缔组织包囊，内含干酪样物质，严重的形成空洞，与支气管相通。心包与胸腔积液，胸腔有纤维素性沉着，胸膜肥厚，整个胸腔粘连。有时在肋间肌、支气管周围淋巴结、纵隔淋巴结以及扁桃体、关节和皮下组织见有坏死灶。胃肠道有卡他性炎症。

【诊断】 根据病猪的临床表现、病理变化可作出初步诊断。确诊需要采集病变的组织或胸腔液、血液等进行涂片，经瑞氏、姬姆萨法或亚甲蓝染色镜检，可见两极脓染的卵圆形小杆菌，结合临诊症状可以诊断。必要时可以通过动物接种来验证。

【鉴别诊断】 急性猪肺疫在流行的初期易与急性的猪瘟、猪丹毒、猪副伤寒、急性的猪链球菌感染相混淆，应注意区别。慢性的猪肺疫与猪支原体性肺炎较难区分，猪支原体性肺炎主要病变局限于肺和肺门淋巴结，在肺的尖叶、心叶、中间叶和膈叶的前缘有两侧不完全对称的融合性支气管肺炎。

（二）防制

加强饲养管理，改善猪舍的卫生环境，减少疾病的发生，对仔猪进行分群和早期断奶；采取全进全出式生产；封闭猪群，尽量减少从外地引猪（特别是育肥猪）混群、分群的应激；减少猪群的饲养密度，可有效地防止疾病的发生。

每年定期进行预防免疫接种。断奶仔猪皮下或肌内注射猪肺疫氢氧化铝苗 5 毫升/头，免疫期可达 6 个月；口服猪肺疫弱毒苗，免疫期为 3 个月。发病后应把病、健猪隔离治疗，早期用氟苯尼考、氟哌酸、盐酸土霉素、杆菌肽锌等药物有一定疗效。病死猪禁止食用，应进行无害化处理，同时圈舍应进行消毒。

二、兔巴氏杆菌病

兔巴氏杆菌病主要危害 2～6 月龄的家兔，潜伏期长短不一，一般自几小时至五天或更长。临床上可分为五型。

（1）鼻炎型：是常见的一种病型，临诊病兔咳嗽、打喷嚏，有浆液性、粘液性或粘液脓性鼻漏。鼻部的刺激常因兔用前爪擦揉外鼻孔，导致鼻孔周围的被毛潮湿并粘结。

（2）地方流行性肺炎型：最初的症状通常是食欲不振和精神沉郁；病程稍长的，有咳嗽，一般不表现出呼吸困难，常因败血症而迅速而亡。

（3）败血型：通常不见临诊症状，突然死亡。常见与鼻炎和肺炎联合发生，并可看到相应的临诊症状。

（4）中耳炎型：单纯的中耳炎常不出现临诊症状，如感染扩散到内耳或脑部，临床上有斜颈的临诊表现，故又称斜颈病。病兔的头部向一侧倾斜。严重的病例吃食、饮水困难，体重减轻，可能出现脱水现象。如感染扩散到脑膜和脑，则可能出现运动失调和其他神经症状。

（5）其他病型：除上述类型外，本病还表现为结膜炎、子宫炎、睾丸炎、附睾炎和全身皮下及内脏器官的脓肿。

【病理变化】 兔各个病型的变化不一致，但往往有两种或两种以上联合发生。

（1）鼻炎型：鼻腔积有多量的粘性或脓性分泌物。鼻孔周围皮肤发炎。鼻窦和副鼻窦内有分泌物，窦腔内层粘膜红肿。在较为慢性的阶段，仅见粘膜轻度至中度的水肿、增厚。

（2）地方流行性肺炎型：主要呈急性纤维素性肺炎变化，以肺的前下方最为明显。开始时呈急性炎症反应，表现为局部发生实变、膨胀不全。肺实质有出血，胸膜面有纤维素性渗出。有时有脓肿和小的灰色结节性病灶，脓肿为纤维组织所包围，形成脓腔或整个肺炎叶发生空洞，是慢性病程最后阶段常发生的现象。

（3）败血型：除一般败血症变化外，常见鼻炎和肺炎的变化。

肝脏变性，并有许多坏死小点。胸腔和腹腔器官可能有充血。

（4）中耳炎型：主要是一侧或两侧鼓室有奶油状的白色渗出物。初期鼓膜和鼓室内膜呈红色。有时鼓膜破裂，脓性渗出物流入外耳道。中耳或内耳感染如扩散到脑，可出现化脓性脑膜脑炎的病变。

【诊断】 兔的巴氏杆菌病应注意与兔病毒性出血症、葡萄球菌病、波氏杆菌病、副伤寒等区别。病毒性出血症主要侵害 2 月龄以上的青、壮年兔，有明显的季节性，常在冬季寒冷季节多发，发病急，死亡快；剖检可见实质器官淤血、出血和水肿，气管和肺脏严重、淤血和出血。葡萄球菌病、波氏杆菌病、副伤寒可通过病原学检查加以鉴别。

三、禽巴氏杆菌病

禽巴氏杆菌病又名禽霍乱、禽出血性败血症，是侵害家禽和野禽的一种接触性传染病。多发于鸡、火鸡、鸭和鹅，也见于捕获的野禽、伴侣鸟和其他鸟类等。其中以火鸡最易感，所有日龄的火鸡都有易感性，多发于年轻的成年火鸡。鸡霍乱呈散发，多发于成年鸡，16 周龄以下的鸡明显有抵抗力。鸭常呈流行性，常发于 4 周龄以上的鸭，死亡率可达 50%。急性型主要表现为败血症和下痢。发病率和死亡率均高。慢性型则表现为关节炎、鼻窦炎和肉髯肿胀。

（一）诊断要点

【临床表现】 自然感染的潜伏期一般为 2～9 天，人工感染的通常在 24～48 小时发病。

（1）最急性型：常见于流行初期，以高产蛋鸡最常见。病鸡常无症状，突然死亡。有的可见病鸡精神沉郁，突然倒地，拍翅挣扎抽搐、死亡。病程短者数分钟至数小时。

（2）急性型：最为常见。病鸡体温升高到 43～44℃，减食或不食，渴欲增加。呼吸困难，口、鼻流出粘液性分泌物。鸡冠和肉髯变青紫色，有的病鸡肉髯肿胀，有热痛感。常有腹泻，病初排白色水样便，稍后即为略带绿色并含有粘液的稀便。产蛋鸡停止产蛋。最后衰竭、昏迷而死亡。病程短的 1～3 天，病死率很高。

（3）慢性型：慢性禽霍乱可由急性型转化而来的，也可由低毒力菌株的感染而致，以慢性肺炎、慢性呼吸道炎和慢性胃肠炎较多见。肉髯、鼻窦、腿或翅膀、足垫和胸骨囊出现肿胀，有持续性下痢。有的病鸡还有慢性关节炎，导致关节肿大，引起跛行和翼翅下垂，病程 1 个月以上，病死率 50%～80%。

鸭与鸡的症状相似，主要以急性为主，发病后不愿下水，常独蹲岸边，缩头屈颈，闭眼昏睡，羽毛松乱，双翅下垂。口、鼻和咽喉部分泌物增多，不断从口鼻流出粘液，呼吸困难，病鸭频频摇头，俗称“摇头瘟”。腹泻，排黄白色或绿色的腹泻便。病程 1～3 天，病程长的发生关节炎，以腕、跗关节多见，关节肿大，跛行。

【病理变化】 （1）最急性型：死亡的病鸡无明显病变，有时能看见心外膜有少许出血点。

（2）急性型：急性型病变特征较为明显。通常表现全身性出血，病鸡的心外膜、心冠脂肪、浆膜下、腹膜、皮下组织及腹部脂肪有小点状出血。心包变厚，心包内积有多量不透明淡黄色液体，有的含纤维素性絮状液体。肺有充血和出血点。肝脏的病变具有特征性，肝稍肿，质变脆，呈棕色或黄棕色，肝表面散布有许多灰白色、针头大的坏死点。脾脏一般不肿或稍微肿大，质地较柔软。肌胃出血显著，肠道尤其是十二指肠呈卡他性和出血性肠炎，肠内容物含有血液。产蛋鸡的卵巢常遭到侵害，成熟卵泡呈现松软的外观，腹腔中可见破裂的卵泡的卵黄物质。未成熟的卵泡常呈枝状充血。

（3）慢性型：慢性型禽霍乱主要以局部感染为特点。当以呼吸道症状为主时，见到鼻腔和鼻窦内有多量粘性分泌物，某些病例见肺硬变。局部感染也可见关节炎和腱鞘炎，关节肿大变形，有炎性渗出物和干酪样坏死。公鸡的肉髯肿大，内有干酪样渗出物，母鸡常出现卵黄性腹膜炎，卵巢明显出血。

鸭、鹅的病变与鸡基本相似。

【诊断】 根据流行病学材料、临诊症状和剖检变化，结合对病畜禽的治疗效果，可对本病作出诊断，确诊有赖于细菌学检查。

鉴别诊断：急性鸡霍乱应注意与新城疫的区别，新城疫病程长，素囊积液，常发出“咯咯”的怪叫声，腺胃乳头有点状出血，肠道粘膜有“岛屿”状的坏死。急性鸭霍乱应注意与鸭瘟的区别，后者只感染鸭，主要表现头部肿大，眼流泪；剖检可见头颈部皮下有胶样液体浸润，口腔、咽、食道、泄殖腔粘膜上有一层黄色的伪膜，肠道有环状出血，肝脏坏死灶不规则。

（二）防制

平时应注意饲养管理，消除可能降低机体抗病力的因素，定期消毒。每年定期进行预防接种。由于多杀性巴氏杆菌有多种血清群，各血清群之间不能产生完全的交叉保护，因此，应针对当地常见的血清群选用相同血清群菌株制成的疫苗进行预防接种。免疫 2 周后，一般不再出现新的病例。

发病时可采用氟苯尼考、硫酸新霉素、头孢类抗生素进行治疗。喹乙醇对禽霍乱有治疗效果，可以选用。

第十一节　布鲁杆菌病

布鲁杆菌病简称布病，是由布鲁杆菌引起的人畜共患传染病。特征是生殖器官和胎膜发炎，引起流产、不育和各种组织的局部病灶。

（一）诊断要点

【流行病学】 病畜及带菌者是本病的主要传染源。特别是受感染的妊娠母畜，在流产或分娩时，大量的布鲁杆菌随着胎儿、羊水和胎衣排出。另外，流产后的阴道分泌物以及乳汁中长时间含有布鲁杆菌，容易造成环境污染、病原散播。患病公畜的精液中也有布鲁杆菌存在，可经交配传播。

本病的主要传播途径是消化道，也可经皮肤、粘膜和交配感染。吸血昆虫（蜱等）通过叮咬，可以传播此病。

本病的易感动物范围很广，但主要是羊、牛、猪。流产布鲁杆菌主要宿主是牛，而羊、猴、豚鼠有一定易感性。马耳他布鲁杆菌主要宿主是山羊和绵羊，可以由羊传人、牛群。猪布鲁杆菌主要宿主是猪。绵羊布鲁杆菌主要引起公绵羊附睾炎，也可侵犯孕母绵羊导致胎盘坏死，而对未孕母绵羊则常是一过性。狗是狗布鲁杆菌的主要宿主。其中牛、羊、猪三型布鲁杆菌对人有致病作用，人感染羊和猪型布鲁杆菌后病情严重，治疗困难。

人的传染源主要是患病动物，患者具有明显的职业特征，凡与病畜、污染的畜产品接触频繁的人员，如兽医、实验室人员、饲养员、毛皮和肉类加工人员等，其感染和发病率均高于其他从业人员。

本病无明显季节性，但在产仔季节多发，并表现出一过性流产特征。

【症状】 1. 牛：潜伏期为 2 周至 6 个月。母牛最显著的症状是流产。流产可以发生在妊娠的任何时期，最常发生在第 6 至第 8 个月，流产前出现阴唇、乳房肿大，荐部与胁部下陷，阴道粘膜发生粟粒大红色结节，由阴道流出灰白色或灰色粘性分泌液等表现。流产时常见胎衣滞留，特别是妊娠晚期流产者，常继续排出污灰色或棕红色分泌液，有时恶臭，分泌液迟至 1～2 周后消失。流产胎儿多为死胎、弱仔，不久死亡。公牛感染后多见睾丸炎及附睾炎。急性病例出现发热与食欲不振、睾丸肿胀疼痛和附睾肿大，触之坚硬。另外还有关节炎（常见于膝关节和腕关节）、滑液囊炎和轻微乳房炎等症状。大多数流产牛经 2 个月后可以再次受孕。

2. 羊：流产发生在妊娠后 3～4 个月。流产前可出现食欲减退，口渴，精神委顿，阴道流出黄色粘液等症状。此外可能还有乳房炎、支气管炎、关节炎及滑液囊炎而引起跛行。公羊感染后发生睾丸炎和附睾炎。

3. 猪：母猪的主要症状是流产，多发生在怀孕的第 4～12 周。有的在妊娠的第 2～3 周即流产；早期流产的胎儿和胎衣，多被母猪吃掉，常不被发现；流产前的症状也不明显，常见精神沉郁，阴唇和乳房肿胀，有时阴道流出粘性或粘脓性分泌液。流产的胎儿多为死胎，胎衣不下的情况较少，少数母猪可发生胎衣不下，引起子宫炎，影响其配种。重复流产的较少见，新感染猪场，流产数多。公猪主要症状是睾丸发炎和附睾发炎。一侧或两侧无痛性肿大。有的症状较急，局部热痛，并伴有全身症状。有的病猪睾丸发生萎缩、硬化，甚至性欲减退或丧失，失去配种能力。

无论病公猪还是病母猪，都可以发生关节炎，多发生在后肢。偶见于脊柱关节，局部肿大、疼痛、关节囊内液体增多，出现关节僵硬、跛行和后肢麻痹。

4．人：主要症状有长期低热，多汗，关节痛，脾肿大，一侧性睾丸炎，失眠，头痛，坐骨神经痛和多发性关节炎。病程长，反复发作，可终身不育。

【病理变化】 牛、羊的病理变化比较相同：胎衣呈黄色胶冻样浸润，表面覆有纤维蛋白絮片和脓液或出现增厚和出血点。绒毛叶贫血呈苍黄色，覆有灰色、黄绿色纤维蛋白絮片或脂肪状渗出物。胎儿皮下呈出血性浆液性浸润。淋巴结、脾脏和肝脏有程度不等的肿胀，有的散有炎性坏死灶。真胃内有淡黄色或白色粘液絮状物。膀胱的浆膜下可能见有点状或线状出血。浆膜腔有微红色液体，或覆有纤维蛋白凝块。公牛睾丸和附睾可能有炎性坏死灶和化脓灶。

猪的病变基本相似，但常见的病变是睾丸和附睾、前列腺脓肿以及流产猪子宫粘膜多发性灰黄色粟粒状脓肿结节。

【诊断】 根据流行病学、临诊症状和流产胎儿、胎衣的病理变化可作出初步诊断，但确诊需进行实验室检查。

（1）细菌学检查：取流产胎儿、胎盘、乳汁、阴道分泌物或脓肿部的渗出物等作为病料，革兰染色或柯氏染色后镜检，或者接种含 10%马血清的马丁琼脂培养基进行细菌的分离培养。

（2）血清学试验：常用的方法有凝集试验（包括试管凝集试验、虎红平板凝集试验、平板凝集试验和全乳凝集试验）和补体结合试验，两种方法互相补充，在临床结合使用可起到较好的检疫效果。另外，布鲁杆菌病感染后 20～25 天出现皮肤变态反应。此法可用于大群检疫（不宜用作早期诊断），目前广泛用于山羊、绵羊和猪群的检疫。

本病的鉴别诊断须与其他发生流产症状的疾病鉴别，如弯曲菌病、钩端螺旋体病、乙型脑炎、衣原体病以及弓形体病等疾病相区分。

（二）防制

本病应采取以加强检疫和隔离、培养健康种群以及免疫接种相结合的综合性防制措施。

1．严格检疫采取自繁自养方式饲喂家畜。用血清学方法定期进行检疫，一经发现阳性者，即应淘汰。必须引进种畜或补充畜群时，要严格执行检疫，隔离饲养 2 个月，并进行血清学检查，全群两次检查阴性者，方可混群。

在消灭布鲁杆菌病的过程中，要实施严格的消毒措施，以切断传播途径。对流产胎儿、胎盘应深埋或焚烧，污染的圈舍、用具和场地等用 2%烧碱进行彻底消毒；疫区的生皮、羊毛等畜产品及饲草饲料等也应进行消毒或放置 2 个月以上才可利用。

2．免疫接种：目前常用的疫苗有牛流产布鲁杆菌 19 号苗、猪布鲁杆菌 2 号弱毒活苗和马耳他布鲁杆菌 5 号弱毒活苗（简称 M5 苗）等。

猪布鲁杆菌 2 号弱毒活苗用于预防山羊、绵羊、猪和牛的布鲁杆菌病。猪口服 2 次，每次 200 亿活菌，间隔 1 个月；注射：皮下或肌内注射均可，猪注射 2 次，每次 200 亿菌，间隔 1 个月。免疫期：猪为 1 年。

预防职业人群感染，可用 M104 冻干苗接种，免疫期 1 年。

3．药物治疗：本病用抗生素疗法和化学疗法效果不好，抗生素治疗只在病的菌血症阶段有效。对一般病畜应淘汰，无治疗价值，对价值较昂贵的种畜可在隔离条件下进行治疗。对流产伴有子宫内膜炎的母畜，可用 0.1%高锰酸钾溶液冲洗阴道和子宫，每日早、晚各 1 次。另外，大剂量应用抗生素（如四环素、土霉素、链霉素等）治疗。

第十二节　绿脓杆菌病

绿脓杆菌病是由绿脓假单胞菌引起的一种人畜共患病。主要引起动物内脏器官脓肿，如乳牛子宫炎、乳房炎、出血性肺炎，常常导致幼龄动物的群体性暴发而大批死亡；人主要表现为外科术后、烧伤感染以及老年、重症患者的严重感染。

（一）诊断要点

【流行病学】 这种菌广泛存在于土壤、水和空气中，在正常人畜的肠道、呼吸道和皮肤上也普遍存在。因具有多种致病因子和较强的侵袭力，因此本菌被认为是完全致病菌。动物感染与使用免疫抑制剂、长期使用广谱抗生素、烧伤和手术后的体质衰弱有关。病畜及带菌动物是主要传染源，经消化道、呼吸道及伤口感染。在畜禽饲养管理条件低下或长途运输，因应激反应导致体质下降，特别是环境污染和注射用具消毒不严时，可引起本病的群体暴发流行。

【症状】 1．鸡：动物中以雏鸡发病最为常见。本病常突然发生，病雏精神沉郁、食欲减退、羽毛粗乱、卧地不起，随后出现不同程度淡黄绿色水样下痢，严重者带有血丝。病鸡常因脱水消瘦，胸腹皮下水肿，全身衰竭而很快死亡。个别鸡眼周围出现水肿、潮湿、流泪、角膜或眼前房混浊等症状。

2．兔：本病常突然发生。病兔精神沉郁、昏睡、呼吸困难、体温升高、鼻腔及眼内流出分泌物、下痢排出血样的稀粪，很快死亡。慢性病例有腹泻症状或皮肤出现脓肿，病灶中散发出特殊的气味。有的病兔生前无任何症状，死后剖检才见有病理变化。

3．貂：主要表现为急性出血性肺炎，病程 1～2 天，多以死亡告终。病貂死前精神沉郁、食欲废绝、体温升高、呼吸急促、流泪和鼻涕。个别呈现极度呼吸困难、腹式呼吸；还有个别病例出现咯血、口鼻流血等症状。

4．人：主要发生在烧伤后感染和老弱重症人群，患者可出现呼吸道、消化道局部感染，脑膜炎，菌血症和脓毒血症。

【病理变化】 1．鸡：雏鸡外观消瘦、羽毛粗乱，泄殖腔周围粪便污染。头颈、胸腹部皮下出现淡绿色胶冻样浸润，严重者皮下可见出血点或出血斑。实质器官出现不同程度的充血、出血。肝、脾肿大，肝脏可见米粒大小灰黄色坏死灶。肺脏充血、表面有出血点。气囊混浊，增厚。肠粘膜充血、出血严重。

2．兔：剖检可见病兔胃内有血样液体，肠道，尤其是十二指肠、空肠粘膜出血，肠腔内充满血样液体。内脏浆膜有出血点或出血斑；胸腔、心包腔和腹腔内积有血样液体。脾肿大，呈粉红色，肺有点状出血，肝脏有时会出现化脓灶。有些病例在肺部及其他器官形成淡绿色或褐色粘稠的脓液。

3．貂：特征性病变为出血性肺炎。肺脏充血、出血和肝变，严重者呈现典型的大理石样外观，切开后有泡沫状血液流出。脾脏明显肿大，呈紫红色，有出血斑。淋巴结出血、水肿。

【诊断】　根据发病年龄、群发表现等流行病学，临诊症状和病理变化等可作出初步诊断，确诊需进行细菌分离培养鉴定或血清学鉴定。

（1）细菌学检查：取化脓性病灶、心血、脓性分泌物、乳汁、实质器官或血便等材料进行增菌后，画线接种于普通琼脂平板或接种于 NAC 鉴别培养基，根据菌落特征、色素以及生化反应予以鉴定。

（2）血清学鉴定：可用玻板凝集试验进行所分离菌株的血清型鉴定。

（二）防制

1．预防预防本病，应从加强饲养管理措施和实施严格的兽医卫生措施入手，平时搞好饮水和饲料卫生，做好种蛋收集、保存和孵化环境、设备以及疫苗、药物接种器具的消毒和防鼠灭鼠等工作。接种马立克病疫苗时，一定要对所用的器械严格消毒。另外，进行外科手术时，应做好环境、用具的消毒工作和术后采取抗感染措施。有本病史的养殖场，可用绿脓假单胞菌单价或多价灭活苗进行免疫接种。

2．治疗绿脓杆菌对多种抗生素产生抗药性，为确保治疗效果，最好先做药敏试验，选用高敏药物。临床常用的药物有庆大霉素、多粘菌素 B、羧苄青霉素、复方新诺明等。

（1）鸡：恩诺沙星（或环丙沙星、氟哌酸）0.005%浓度饮水或加倍拌料，连用 3～5 天。庆大霉素 40 000～80 000 IU/升水，连用 3～5 天。也可用中药郁金 2 克、白头翁 2 克、黄柏 2 克、黄芩 2 克、黄连 1 克、栀子 2 克、白芍 2 克、大黄 1 克、诃子 1 克、甘草 1 克，共研细末，开水冲半小时后拌料。

（2）兔：庆大霉素，每次 2 万～4 万 IU/只，肌内注射，连用 3～5 天。多粘菌素 B，每千克体重 1 万 IU，肌内注射，每天 2 次。羧苄青霉素，20 万～40 万 IU/只，肌内注射，每天 2 次，连用 3 天。复方新诺明，每千克体重 200 毫克，口服，每天 2 次。

第十三节 链球菌病

链球菌病是主要由 β 溶血性链球菌引起的多种人畜共患病的总称。链球菌病的临床表现多种多样，可以引起各种化脓创和败血症，也可表现为各种局限性感染。

一、猪链球菌病

猪链球菌病是由多种不同群的链球菌引起的不同临诊类型传染病的总称。侵害各种年龄的猪，急性的表现为败血症和脑炎，慢性的表现为关节炎、心内膜炎。

【流行病学】 各种年龄、性别、品种的猪都易感。一年四季均可发生，通常以炎热的 7—10 月出现大面积流行，发病多，死亡率较高。病猪和带菌猪是重要的传染源。未经无害处理的病死猪肉、内脏和废弃物是散播本病的主要原因。主要通过消化道和呼吸道感染，也可经皮肤、粘膜创伤感染。

【症状】 根据临床表现，可分为以下几种类型：

（1）急性败血性型：多见于成年猪，病原为 C 群马链球菌兽疫亚种及类马链球菌，D 群（即 R、S 群）及 L 群链球菌也能引发本病。

潜伏期一般为 1～3 天，长的可达 6 天以上。最急性者不见任何异常表现的情况下突然死亡，或突然减食或停食，精神委顿，体温升高至 41～42℃，卧地不起，呼吸促迫，多在 6.5～24 小时内迅速死于败血症。急性者体温升高至 40～41.5℃，继而升高到 42～43℃，呈稽留热，全身症状明显，喜饮水，眼结膜潮红，有出血斑，流泪。呼吸促迫，间有咳嗽。鼻镜干燥，流出浆液性、脓性鼻液。颈部、耳郭、腹下及四肢下端皮肤呈紫红色，并有出血点。多在 1～3 天死亡，死前从天然孔流出暗红色血液。

（2）慢性型：多由急性型转化而来。主要表现为多发性关节炎，一肢或多肢关节发炎。关节周围肌肉肿胀，高度跛行，有痛感，站立困难。严重病例后肢瘫痪。最后因体质衰竭、麻痹死亡。

（3）脑膜炎型：多见于哺乳仔猪和断奶仔猪。病初发热（40～42.5℃），停食，便秘，有浆液性或粘液性鼻漏。病猪表现出神经症状，如共济失调、转圈、空嚼、盲目走动，继而后肢麻痹，前肢爬行，四肢做游泳状或昏迷不醒。急性型多在 30～36 小时死亡；亚急性或慢性病程稍长，主要表现为多发性关节炎，关节肿大，逐渐消瘦衰竭死亡或康复。

（4）淋巴结脓肿型：多由 E 群链球菌引起，以颌下、咽部、颈部等处淋巴结化脓和形成脓肿为特征。病程 2～3 周，一般不引起死亡。

【病变】 死于败血症的猪表现为天然孔流出暗红色血液，凝固不良，颈下、腹下及四肢末端等处皮肤有紫红色出血斑点。皮下、粘膜、浆膜出血，鼻镜、喉头及气管粘膜充血，内有大量气泡。肺充血肿胀，脾脏明显肿大，出血，色暗红或蓝紫。肾脏肿大、出血，皮质、髓质界限不清。胃肠粘膜、浆膜散在点状出血。全身淋巴结肿胀、出血。脑膜炎型主要表现为脑膜和脊髓软膜充血、出血。个别病例脑膜下水肿，脑切面可见白质与灰质有小点状出血。慢性病例可见关节腔内多有浆液纤维素性炎症。关节囊膜面充血、粗糙、滑液混浊，并含有黄白色奶酪样块状物。有时关节周围皮下有胶样水肿，严重病例周围肌肉组织化脓、坏死。

二、新生畜链球菌感染

新生畜链球菌感染是一群经脐感染链球菌而引起的新生幼畜急性败血性传染病。特征是脐遭受感染后发生菌血症，进而转移至其他器官，特别是关节。

（一）诊断要点

【症状】 1. 仔猪常见于 2～6 周龄，主要表现关节炎和脑膜炎。一窝仔猪中常有几头同时发病。许多病例出现极轻微的脐静脉炎症状。患脑炎的仔猪表现发热、厌食、耳下垂、精神沉郁。患关节炎时的表现与驹相似，步态僵硬、后躯摇摆、肌肉震颤，最后倒地侧卧，四肢猛烈划动死亡。

2. 犊牛在刚出生后即能出现眼炎。关节炎常为慢性经过，很少引起全身性疾病。患脑膜炎的犊牛表现感觉过敏、僵硬、发热。

3. 羔羊潜伏期常为 2～3 天，出生后迅即发病。关节出现肿胀后 1～2 天内，即出现严重跛行。关节囊积脓，常破裂，关节炎通常能恢复。偶可因败血症死亡。

【病变】 患病幼畜通常为脐化脓，严重的呈化脓性关节炎，实质脏器出现脓肿。羔羊可表现为瓣膜性心内膜炎。死于心内膜炎的猪，在瓣膜上还可见到大的增生性损害。患脑膜炎死亡猪，还可见到脑脊液混浊，脑膜充血、发炎，蛛网膜下腔积脓，多数病例脉络丛严重受损。有些病例脑内积水，呈现液化性坏死。

【诊断】 根据流行病学、临床特征和病理变化可作出初步诊断。确诊需进行实验室检查。

（1）细菌学检查：采取发病或病死动物的肝、脾、肾组织，血液、脓汁、关节液、乳汁等病料制成涂片或触片，亚甲蓝染色或革兰染色后镜检，可见革兰阳性的单个或成双或呈长链的球菌；或将上述病料接种于含血液的琼脂培养基，该菌呈现 β 型或 α 型溶血环（猪、羊、兔链球菌为 β 型，牛为 α 型）。

（2）生化试验：结合各类糖发酵试验和生化反应特性，与伯杰手册对照。

（3）动物试验：将病料 5～10 倍稀释或接种于马丁肉汤培养基 24 小时后的培养物，家兔皮下或腹腔注射 1～2 毫升，12～24 小时死亡后，采取死亡兔的心血和脏器进行细菌分离培养和鉴定。

（4）鉴别诊断：猪链球菌病和猪瘟、猪丹毒和猪肺疫等疾病有许多相似之处；羊链球菌病要与羊快疫、羊巴氏杆菌病和羊大肠杆菌病相区分；禽链球菌病易与沙门杆菌病、大肠杆菌败血症、葡萄球菌病等相混淆。

（二）防制

（1）预防：疫苗接种，对预防和控制本病有显著效果。猪可用猪链球菌 2 型-C 群 2 价灭活疫苗，妊娠母猪可于产前 4 周进行接种，仔猪分别于 30 日龄和 45 日龄各接种 1 次，后备母猪于配种前接种 1 次，有很好的预防效果；预防 C 群兽疫链球菌引起的猪链球菌病可用 ST171 株弱毒苗，皮下注射或口服，免疫后 7 天产生保护力，保护期半年。

（2）治疗：应用抗菌药物治疗有效。当分离出致病链球菌后，应立即进行药敏试验。根据试验结果，选出具有特效作用的药物进行全身治疗。如猪可选用对革兰阳性菌最有效的青霉素、土霉素和四环素等。青霉素，猪每千克体重 1.5 万～2 万 IU，2 次/天，连用 2～3 天；羊 80 万～160 万 IU，肌内注射 2 次/天，连用 2～3 天或 10%磺胺嘧啶注射或口服；兔 5 万～10 万 IU、红霉素 50～100 毫克肌内注射，连用 3～5 天。

（3）局部治疗：先将皮肤、关节及脐部等处的局部溃烂组织剥离，脓肿应予切开，清除脓汁，清洗和消毒。然后用抗生素或磺胺类药物以悬液、软膏或粉剂置入患处，必要时可施以包扎。

第十四节　李氏杆菌病

李氏杆菌病，又名旋转病，是由单核细胞增多性李氏杆菌引起的人畜共患病。表现为脑膜脑炎、败血症、孕畜流产、坏死性肝炎、心肌炎及血液中单核细胞增多。

（一）诊断要点

【流行病学】 本病的传染源主要是患病动物和带菌动物，可从粪、尿、乳汁、精液以及眼、鼻分泌物、流产胎儿、子宫分泌物等排菌。主要通过粪－口途径传染。自然感染包括通过消化道、呼吸道、结膜及损伤的皮肤等污染的土壤和饲料感染。pH 高于 5.5 的青贮饲料利于本菌的繁殖，是该病的重要感染来源，因此本病又称为“青贮病”。

本病具有非常广泛的宿主范围，至今已经从 42 种哺乳动物、22 种禽类、鱼类等动物中分离到本菌。牛、羊、猪、兔、鸡、犬、猫、马、骡、驴、老鼠、人等都有易感性。其中牛、兔、犬和猫最易感，羊、猪和鸡次之。各种年龄的动物都可感染，但幼龄动物和妊娠母畜较为易感。

本病一般为散发，偶尔呈暴发流行。无明显季节性，但牛、羊发病多在冬、春饲草缺乏季节。

【症状】 1．牛：病初患牛突然出现食欲废绝，精神沉郁，呆立，低头垂耳，体温升高 1～2℃，不久降为常温，流涎，流鼻液，流泪，不随群行动，不听驱使的症状。不久就出现头颈一侧性麻痹和咬肌麻痹，该侧耳下垂、眼半闭，沿头的方向旋转或做圆圈运动，遇障碍物，则以头抵靠不动。颈项强硬，有的呈现角弓反张。由于舌和咽麻痹，水和饲料都不能咽下，可见大量持续性的流涎，出现严重的鼻塞音。最后倒地不起，发出呻吟声，四肢呈游泳样动作，昏迷而死。病程短的 2～3 天，长的 1～3 周或更长。

犊牛除脑炎症状外，有时呈急性败血症，主要表现为发热，精神沉郁，虚弱，消瘦及下痢等。

2．兔：本病潜伏期为 2～8 天。病兔可表现为 3 种类型：

（1）急性型：多见于幼兔，病兔体温可达 40℃以上，精神沉郁，食欲废绝。鼻粘膜发炎，流出浆液性、粘液性、脓性分泌物，几小时或 1～2 天内死亡。

（2）亚急性型：病兔精神不振，食欲废绝，呼吸加快，中枢神经机能障碍，呈间歇发作，无目的地前冲或转圈，头颈偏向一侧，全身震颤，运动失调。孕母兔流产，胎儿皮肤出血。一般经 4～7 天死亡。

（3）慢性型：病兔主要表现为子宫炎，分娩前 2～3 天发病。病兔精神沉郁，拒食，流产，并从阴道内流出红色或棕褐色分泌物。有的出现头颈歪斜等神经症状，很快衰竭而死亡，但也有的病兔可延续数月之久。流产康复后的母兔长期不孕。

3．羊：病羊短期发热，精神抑郁，食欲减退，羔羊以败血症为主，致死率高。成年羊以脑炎为主，妊娠羊常发生流产。病初体温升高到 41～42℃，食欲减少或废绝，很快出现神经症状，无目的地运动，多数病羊做长时间转圈运动，眼球突出，视力障碍。病羊咀嚼吞咽困难，全身肌肉间歇性震颤。颈部强直，咀嚼肌痉挛。步态强拘，后肢叉开，运步艰难，严重者出现角弓反张状态，卧地不起，四肢游泳状运动。妊娠母羊发生流产，同时从阴道内流出污浊的液体。

4．猪：猪李氏杆菌病的症状很不一致，可分为败血型、脑膜脑炎型和混合型，常见的是混合型，多见于哺乳仔猪。病猪突然发病，初期体温升高至 41～42℃，吮乳减少或不吃，粪干尿少，中、后期体温降至常温或常温以下。多数病猪表现脑膜脑炎症状，兴奋不安，运动失调，步态踉跄，肌肉震颤，无目的地跑跳；有的病猪头颈后仰，四肢开张呈“观星”姿势；有的后肢麻痹不能站立；严重者躺卧，抽搐，口吐白沫，四肢乱划，病猪反应性增强，惊厥明显。病程 1～3 天，长的可达 4～9 天。幼猪病死率很高，成猪患病多为慢性型，表现为长期不食，消瘦，贫血，步态不稳，肌肉颤抖，体温低，病程拖延 2～3 周。孕猪常流产。有的在身体各部位形成脓肿。病猪多能痊愈，但成为带菌猪。

5．鸡：多危害 2 月龄以内的雏鸡，多呈败血症经过，主要表现为精神沉郁，食欲废绝，下痢，离群，无目的地乱跑，尖叫。随着病情发展，两翅下垂，两腿软弱无力，很快死亡。病程较长的有痉挛、斜颈等症状。病死率在 85%以上。

【病理变化】　（1）有神经症状的病畜，脑膜和脑充血、出血和炎性水肿，脑脊液混浊增多，脑干变软，组织学检查可见血管周围出现单核细胞浸润。脑组织有局部性脓性坏死灶，多见于脑桥和髓质部。

（2）流产病畜可出现子宫炎，表现为有脓性渗出物或暗红色液体，子宫壁增厚并有坏死灶。流产胎儿自溶，肝脏有大量小坏死灶。

（3）败血症病畜可出现败血症的典型病理变化。另外，肝脏、心肌、肾、脾可能有散在或弥漫性针尖大的淡黄色或灰白色坏死点，淋巴结肿大。

【诊断】 根据患畜神经症状、流产和血液中单核细胞增多以及结合流行病学、剖检变化等可作出初步诊断。确诊需进行实验室检查。临诊上需与牛、羊脑包虫病、伪狂犬病、猪传染性脑脊髓炎、兔巴氏杆菌病、野兔热等疾病相区别。牛、羊脑包虫病病程缓慢，剖检可见虫体；伪狂犬病除表现出神经症状外，还有局部奇痒症状。

（二）防制

（1）预防：严格执行兽医卫生防疫制度，搞好环境卫生，消灭老鼠及其他啮齿类动物；管好饲草、水源，防止污染；笼舍用具及场地用 4%烧碱、3%来苏儿、10%漂白粉进行环境消毒；不从疫区引种，引种时加强检疫；少喂或不喂青贮饲料，特别是劣质青贮饲料等，加强综合防疫和饲养管理措施。

（2）治疗：发生本病时应实施隔离、消毒、治疗等一般防疫措施。患病初期治疗有一定效果。可选用青霉素、链霉素、四环素、磺胺类药物、新霉素以及中药制剂。如猪可用 20%葡萄糖注射液 20 毫升、20%磺胺嘧啶钠注射液 6～10 毫升、安钠咖注射液 2 毫升，1 次静脉注射，2 次/天，连用 3～5 天；羔羊可用青霉素 20 万 IU、链霉素 25 万 IU、注射水 5 毫升，1 次肌内注射，2 次/天，连用 3～5 天；兔可用青霉素 10 万 IU 和庆大霉素 4 万 IU 联合使用，肌内注射，2 次/天，连用 3～5 天或肌内注射青霉素，同时口服磺胺嘧啶 0.2～0.3 克，3～4 次/天，连用 5～7 天；或金银花、栀子根、野菊花、茵陈、钩藤根、车前草各 3 克，水煎服。

第十五节　结核病

结核病是由结核分枝杆菌引起的一种人畜共患的慢性传染病，其病理特征是在多种组织器官形成结核性结节、干酪样坏死和钙化病变。

（一）诊断要点

【流行病学】　患病畜禽和病人是主要的传染源，通过其咳嗽、痰液、粪尿、乳汁和生殖道分泌物等向外排菌，污染饲料、食物、饮水、空气和环境而散播传染。

本病主要经呼吸道、消化道感染，也可经生殖道、胎盘和损伤的皮肤、粘膜感染。饲养管理不当与本病的传播有密切关系，畜舍通风不良、拥挤、潮湿、阳光不足、缺乏运动，最易患病。

本病可侵害人和多种动物。家畜中牛最易感，特别是奶牛，其次为猪和家禽。人结核分枝杆菌主要侵害人；牛分枝杆菌主要侵害牛，其次是猪、鹿和人，再次为马、狗、猫和羊；禽分枝杆菌主要侵害家禽和鸟类，其次是猪和羊。

【症状】　潜伏期长短不一，短者十几天，长者数月甚至数年。

1. 牛：牛结核病主要由牛结核分枝杆菌引起。牛常发生肺结核、乳房结核和淋巴结核，也可发生肠结核、生殖器结核和脑结核等。

患肺结核时，病初食欲、反刍无变化，但易疲劳，常发短而干的咳嗽，尤其当起立运动，吸入冷空气或尘埃的空气时易发咳，随后咳嗽加重，频繁且表现痛苦，呼吸次数增多或发气喘。病畜日渐消瘦、贫血，有的牛体表淋巴结肿大，常见于肩前、股前、腹股沟、颌下、咽及颈淋巴结等。当纵隔淋巴结受侵害肿大压迫食道，则有慢性臌气症状。病势恶化可发生全身性结核，即粟粒性结核。胸膜腹膜发生结核病灶即所谓的“珍珠病”，胸部听诊可听到摩擦音；病牛发生乳房结核时，可见乳房上淋巴结肿大无热无痛，泌乳量减少，乳汁初无明显变化，严重时呈水样稀薄；肠道结核多见于犊牛，表现消化不良，食欲不振，顽固性下痢，迅速消瘦；生殖器官结核，可见性机能紊乱；发情频繁，性欲亢进，慕雄狂与不孕。孕畜流产，公畜副睾丸肿大，阴茎前部可发生结节、糜烂等；脑结核主要是脑与脑膜发生结核病变，常引起神经症状，如癫痫样发作、运动障碍等。

2．禽：禽结核分枝杆菌主要危害鸡和火鸡，成年鸡多发，鸭、鹅、鸽也可感染。临诊表现贫血、消瘦、鸡冠萎缩、跛行以及产蛋减少或停止、腹泻等。病程持续较长，但病禽最终因衰竭或因肝变性破裂而突然死亡。

3．猪：猪对结核分枝杆菌、牛结核分枝杆菌和禽结核分枝杆菌都有易感性。猪感染结核主要经消化道感染，多表现在扁桃体，颌下、咽、颈等局部淋巴结发生肿大、化脓等病灶。当病灶发生在肠道时则表现为下痢。猪感染牛结核分枝杆菌则呈进行性病程，常导致死亡。

4．鹿：常因牛结核分枝杆菌所致。其症状与病变和牛基本相同。

5．人：人患结核时表现为全身不适，乏力，食欲不良，低热，盗汗，心悸等病状。常见的病型有肺结核、颈淋巴结核、肠结核、肾结核、结核性腹膜炎、结核性脑膜炎和结核性胸膜炎等。

【病理变化】 特征是在多种组织器官形成结核性结节、干酪样坏死和钙化病变。

1．牛可见肺脏或其他器官有很多突起的白色结节。切面为干酪化坏死，有的见有钙化，切开时有沙砾感。有的坏死组织溶解和软化，排出后形成空洞。胸膜和腹膜发生密集结核结节，胃肠粘膜可能有大小不等的结核结节或溃疡；乳房结核剖开后可见有大小不等的病灶，内含有干酪样物质，还可见到急性渗出性乳房炎的病变。

2．禽可在肠道、肝、脾、骨和关节等处出现结节病灶或干酪样物。

3．猪在颌下、咽、肠系膜淋巴结及扁桃体等处发生结核病灶。

4．鹿多在肺、肺门淋巴结、肝和脾等处出现结节病灶，但多无钙化现象。

【诊断】　在畜禽群中发生进行性消瘦，咳嗽，慢性乳房炎，顽固性下痢，体表淋巴结慢性肿胀等，可怀疑为本病。确诊需结合流行病学、临诊症状、病理变化、变态反应、细菌学试验和血清学试验等综合进行。

变态反应诊断：是目前动物结核病检疫的主要方法。

目前普遍使用提纯结核菌素诊断法。诊断牛结核病时，将牛结核分枝杆菌提纯菌素用蒸馏水稀释成 100 000 IU/毫升，颈侧中部上 1/3 处皮内注射 0.1 毫升；诊断鸡结核病用禽结核分枝杆菌提纯菌素，以 0.1 毫升（2 500 IU）注射于鸡的肉垂内 24 小时、48 小时判定，如注射部位出现增厚、下垂、发热，呈弥漫性水肿者为阳性；诊断猪结核病，用牛结核分枝杆菌提纯菌素 0.1 毫升（10 000 IU）或老结核菌素原液 0.1 毫升，在猪耳根外侧皮内注射，另一侧注射禽结核分枝杆菌提纯菌素 0.1 毫升（2 500 IU），48～72 小时后观察判定，明显发生红肿者为阳性；诊断马、绵羊、山羊结核病，同时应用牛、禽结核分枝杆菌提纯菌素，以 1∶4 稀释液分别皮内注射 0.1 毫升。马的部位与牛同，绵羊在耳根外侧，山羊在肩胛部。判定标准与牛检疫规程相同。

（二）防制

畜禽结核病应采取加强检疫，净化种群以及培育健康群体等综合防制措施。

（1）加强检疫：健康牛群（无结核病畜群），平时加强防疫、检疫和消毒措施。每年春、秋两季定期进行结核病检疫。

（2）净化群体：结核菌素反应阳性牛群，应定期与经常地进行临诊检查，必要时进行细菌学检查，发现开放性病牛立即淘汰。病牛所产犊牛出生后只吃 3～5 天初乳，以后则由检疫无病的母牛供养或喂消毒乳。犊牛应在出生后 1 月龄、3～4 月龄、6 月龄进行 3 次检疫，凡呈阳性者必须淘汰处理。如果三次检疫都呈阴性反应，且无任何可疑临诊症状，可放入假定健康牛群中培育。

（3）培育健康群体：假定健康牛群为向健康牛群过渡的畜群，应在第一年每隔 3 个月进行一次检疫，直到没有一头阳性牛出现为止。然后再在一年至一年半的时间内连续进行 3 次检疫。如果 3 次均为阴性反应即可称为健康牛群。

（4）加强消毒工作：每年进行 2～4 次预防性消毒，每当畜群出现阳性病牛后，都要进行一次大消毒。常用消毒药为 5%来苏儿或克辽林、10%漂白粉、3%福尔马林或 3%氢氧化钠溶液。

（5）药物治疗：价值较高的种畜可用异烟肼、链霉素和对氨基水杨酸钠等敏感药物进行治疗。

相关从业人员应注意个人防护，平时要养成良好的生活习惯，牛乳应煮沸后饮用；婴儿普遍注射卡介苗；治疗人结核病有多种有效药物，以异烟肼、链霉素和对氨基水杨酸钠等最为常用。

第十六节　炭疽

炭疽是由炭疽杆菌引起的家畜、野生动物和人的一种急性、热性、败血性传染病。临诊特征是突发高热，可视粘膜发绀和天然孔出血。其病变特点是呈败血症变化，以脾脏显著肿大，皮下及浆膜下结缔组织出血性浸润，血液凝固不良，呈煤焦油样为特征。

（一）诊断要点

【流行病学】　本病的主要传染源是患病动物，当患畜处于菌血症时，可通过粪、尿、唾液及天然孔出血及死亡动物尸体等方式向外排菌，污染周围环境，尤其是形成芽孢后，可能成为长久疫源地。

本病主要经消化道感染，也可经吸血昆虫叮咬而感染。此外，附着在空气和尘埃中的炭疽芽孢可以通过呼吸道感染易感动物。

各种野生动物、家畜和人均有易感性。自然条件下，草食兽最易感。家畜中，羊、马、牛易感性最强，骆驼和水牛次之。猪的感受性较低，犬、猫等肉食动物很少见，家禽几乎不感染，人对炭疽普遍易感，但主要发生于那些与动物及畜产品接触机会较多的畜牧兽医或相关领域从业人员。

本病呈世界性分布，一般为散发，有时呈地方性流行。一年四季均可发生，但干旱或多雨、吸血昆虫活动是促发因素，此外，从疫区输入病畜产品，如骨粉、皮革、羊毛等也常引起本病暴发。

【症状】 本病潜伏期一般为1～5天，最长的可达14天。

1．牛：

（1）最急性型：病牛突然倒地，呼吸极度困难，全身战栗，可视粘膜发绀，天然孔流出带泡沫的暗红色血液，常于数分钟内死亡。多见于使役或放牧中。

（2）急性型：最常见，病牛体温升高至42℃，表现兴奋不安，吼叫或顶撞人畜、物体，以后变为虚弱，食欲、反刍、泌乳减少或停止，呼吸困难，初便秘后腹泻带血，尿暗红，有时混有血液，乳汁量减少并带血，常有中度臌气，孕牛多迅速流产，一般1～2天死亡。

（3）亚急性型：常在颈部、咽部、胸部、腹下、肩胛或乳房等部皮肤，直肠或口腔粘膜等处发生炭疽痈，初期硬固有热痛，以后热痛消失，可发生坏死或溃疡，病程可长达1周。

2．羊：多为最急性炭疽。病羊突然倒地，全身战栗，摇摆，昏迷，磨牙，呼吸极度困难，可视粘膜发绀，天然孔流出带泡沫的暗红色血液，常于数分钟内死亡。

3．猪：多呈慢性经过，多不表现临诊症状，或仅表现食欲减退和长时间伏卧，在屠宰时才发现颌下淋巴结、肠系膜及肺有病变。有的发生咽型炭疽，呈现发热性咽炎。咽喉部和附近淋巴结肿胀，导致病猪吞咽、呼吸困难，粘膜发绀，最后窒息死亡。肠炭疽多伴有便秘或腹泻等消化道失常的症状。

4．兔：病兔体温升高，呼吸困难，粘膜发绀，食欲不振，行走不稳，战栗，血尿和腹泻，在粪便中常混有血液和气泡。病程稍长，病兔的喉部、头部可发生水肿，导致呼吸困难。死后天然孔出血。

【病理变化】 急性炭疽为败血症病变，尸僵不全，尸体极易腐败，天然孔流出带泡沫的黑红色血液，粘膜发绀。剖检时，血凝不良，粘稠如煤焦油样，全身多发性出血，皮下、肌间、浆膜下结缔组织水肿，脾脏变性、淤血、出血、水肿，肿大 2～5 倍，脾髓呈暗红色，煤焦油样，粥样软化。局部炭疽死亡的猪，咽部、肠系膜以及其他淋巴结常见出血、肿胀、坏死，邻近组织呈出血性胶样浸润，还可见扁桃体肿胀、出血、坏死，并有黄色痂皮覆盖。局部慢性炭疽，肉检时可见限于几个肠系膜淋巴结的变化。膀胱积尿，粘膜出血。

【诊断】 根据死因不明，急性死亡，死后天然孔出血，凝血不良等败血症特征，可怀疑为本病。确诊须进行实验室检查。

（1）细菌学检查：取末梢血液或脾脏等病料制成涂片后，用瑞氏或姬姆萨（或碱性亚甲蓝）染色，发现有多量单在、成对或 2～4 个菌体相连的短链排列、竹节状有荚膜的粗大杆菌，即可确诊。或将新鲜病料直接于普通琼脂或肉汤中培养，对分离的可疑菌株可做串珠试验，如出现特异的“串珠反应”，即可确诊。

（2）血清学试验：常用环状沉淀试验。肝、脾、血液等制成抗原于 1～5 分钟内两液接触面出现清晰的白色沉淀环，而生皮病料抗原于 15 分钟内出现白色沉淀环。此外，还可用琼脂扩散试验和荧光抗体染色试验。

（二）防制

在疫区或常发地区，每年定期进行免疫接种，常用的疫苗是无毒炭疽芽孢苗和炭疽芽孢Ⅱ号苗。

发生本病时，要立即向上级有关兽医和卫生防疫部门报告，同时采取有效的封锁、消毒措施，防止本病传播、蔓延。对可疑患畜可用青霉素等抗生素或抗炭疽血清注射，对发病羊群可全群预防性给药，受威胁区及假定健康动物作紧急接种。

严格遵守兽医卫生制度，对病畜要彻底烧毁或深埋。被污染的场地和用具等，要用 4%氢氧化钠或 20%的漂白粉、0.1%升汞进行彻底消毒。

治疗可用青霉素、链霉素、磺胺类药物，可同时应用抗炭疽血清，效果更好。

第十七节　破伤风

破伤风又名“强直病”，俗称“锁口风”，人医又称牙关紧闭症。是由破伤风梭菌经伤口感染后产生的外毒素引起的一种人畜共患的急性、中毒性传染病。其特征为全身骨骼肌呈现持续地痉挛性收缩。病畜对外界刺激反射兴奋性增高，但仍保持其意识和敏感性。本病分布于世界各国。

（一）诊断要点

【流行病学】　各种家畜均有易感性，其中马、驴、骡易感性最强，猪、牛、羊次之，犬和猫仅在例外情况下发病，家禽和兔有抵抗力。人对破伤风易感性也很高。实验动物中豚鼠最敏感，其次为小白鼠。

由于本菌广泛存在于自然界中，因而可以通过各种创伤感染。如在被刺伤、割伤、断尾、断脐、去势、剪毛、骨折和产后等条件下均可感染。在临床上有少数病例见不到伤口，这可能是因为在破伤风潜伏期中伤口已经愈合，或可能是经消化道粘膜损伤和子宫感染。

破伤风是一种由创伤感染的中毒性传染病，一般不能由病畜直接传染健畜。因此本病常以零星散发形式出现，无季节性。

【症状】　潜伏期一般为7～16天，短至24小时（新生幼畜），长的达1个月以上。

1. 马：感染初期，出现运动稍显强直，咀嚼和吞咽缓慢，随后出现全身肌肉痉挛。在头部，因咬肌痉挛，轻则采食和咀嚼障碍，重则牙关紧闭，开口困难，口腔流涎，口内有恶臭气，吞咽困难；耳肌、眼肌、鼻肌及咽喉肌等痉挛时，两耳竖立，眼睑半闭，瞬膜外露（如将头部高举或刺激头部更为明显），瞳孔散大，鼻孔扩张呈喇叭口状；颈肌痉挛时，头颈伸直，运动不灵活，有时颈部向前上方反屈。背部长肌痉挛时，背肌坚硬，形成凹背。也有的出现相反症状，表现弓腰或角弓反张，尾根高举，全身肌肉硬固如板，腹围收缩，沿肋软骨部形成陷沟，大小便潴留。病畜四肢强直开张如木马，运动显著困难，重的不能站立。

病畜神志清楚，在病的过程中有饮食欲，因开口困难，牙关紧闭而不能饮食；但应激性高，当受到轻微刺激（如触摸、声响、强光等），表现惊恐不安，痉挛和大量出汗，瞬膜外露。体温一般正常，死前体温上升到42～43℃。病后期，心脏跳动加快，节律不齐，脉搏细弱，粘膜发绀，肠蠕动音减弱，排粪迟滞，粪球干硬。因呼吸肌痉挛，使呼吸浅表，气喘，严重者引起窒息而死亡。

2．牛：症状略同于马属动物，稍缓和。因反刍和嗳气停止，腹肌紧缩而影响瘤胃活动，使瘤胃发生臌气，腰背弓起，运动不灵活。

3．羊：初期症状不明显，仅出现卧下或起立不灵活的现象。病到后期，出现四肢强硬，高跷步态，牙关紧闭，流涎，角弓反张，瘤胃臌胀，发生急性肠炎，引起腹泻，最后因营养不良、心力衰竭而死亡。

4．猪：头部肌肉出现痉挛，叫声尖细，牙关紧闭，口流白沫，颈部伸直，四肢强硬，尾巴发硬，行走困难，站立时发呆，倒卧不能起立；咽部肌肉痉挛，表现为吞咽及采食困难，眼部变化呈现瞬膜外露症状。粪便干结，尿闭，有的滴尿。最后呼吸困难，心跳加快，缺氧而死亡。

【诊断】 根据病畜的特殊症状，如反射兴奋性增高，肌肉强直，神志清醒，体温正常，并多有创伤史，较易诊断。但临床上对经过轻慢的轻症病例或病初期症状不明显时，应注意和下列疾病鉴别诊断。

脑炎、狂犬病：临床上病畜有时也出现牙关紧闭，角弓反张，肌肉痉挛，腰发硬等现象。但瞬膜不突出，尾巴不高举，有意识紊乱或昏迷不醒现象以及麻痹症状。

急性肌肉风湿症：病畜头部伸直，四肢僵硬，但体温升高 1℃以上，患部肌肉强直，并有结节性肿胀和痛感，缺乏兴奋性，无创伤史和牙关紧闭及瞬膜外露等症状。

马前（钱）子中毒：病畜出现兴奋性增高，肌肉强直，牙关紧闭。但马前子中毒肌肉痉挛发生迅速，有间歇期，能导致病畜迅速死亡或痊愈，并有中毒史。

（二）防制

1．预防：平时加强饲养管理，圈舍要干净卫生，防止家畜受伤。一旦发生外伤，尤其严重创伤时，应及时清理伤口和消毒，或注射破伤风抗毒素血清。动物阉割及外科手术时要严格消毒，并在手术前后注射抗生素或破伤风抗毒素，避免本病发生。发病较多的地区或养殖场，每年定期给家畜免疫接种破伤风类毒素。大家畜皮下注射 1 毫升，注射后 1 个月产生免疫力，免疫期为 1 年，第二年再注射 1 毫升，免疫力可持续 4 年。

2．治疗：本病须早发现，早治疗。

（1）全身疗法：解毒，解痉镇静，补液，消灭病原。

中和破伤风毒素用破伤风抗毒血清 1 万～20 万 IU，静脉和肌内注射各半，连用 3～5 天。病情严重的可加大剂量到 30 万 IU。为提高解毒和排毒的效果，可同时静脉注射 40%乌洛托品。成年家畜量 50 毫升，幼畜减半，每天 1 次，连用 1 周。在注射破伤风抗毒血清的同时，也可皮下注射破伤风类毒素 5～10 毫升，来提高本病的治愈率。

解痉镇静用 10%葡萄糖生理盐水，加 25%硫酸镁 100 毫升，一次静脉注射，每天 1～2 次，或用氯丙嗪 300～500 毫克肌内注射，每天 1～2 次。

补液用 10%葡萄糖生理盐水、5%碳酸氢钠静脉注射。如病畜心脏衰弱，可用 20%樟脑水 25～30 毫升肌内注射。

消灭病原，可肌内注射抗生素或磺胺类药物；胃肠紊乱时用健胃剂；体温升高或有继续感染时（如肺炎等）可采用青霉素、链霉素和磺胺类药物。此外，可用加减千金散、防风散等中药治疗。

（2）创伤处理：创伤部位要及时进行清创。创伤深、创口小的要进行扩创，然后用 3%高锰酸钾溶液消毒，彻底清除创内脓液、异物、坏死组织及痂皮等，再用 5%～10%碘酊溶液消毒创面，以彻底清除产生破伤风毒素的根源，之后撒布碘仿磺胺粉。

（3）加强病畜护理：方法是将病畜置于光线较暗的隔离厩舍内，避免各种刺激，减少病毒痉挛发作次数和强度；对采食困难的病畜给予易消化的饲料和饲草，并注意补给食盐和饮水，以防机体脱水和酸中毒；不能采食的病畜，用胃管给予流质食物。

第十八节　肉毒梭菌毒素中毒症

肉毒梭菌毒素中毒症是由肉毒梭菌分泌的肉毒毒素引起的一种人畜共患病。特征是运动中枢神经麻痹。该病呈世界性分布，动物的发病多数是由于食入含有毒素的饲料所致。

（一）诊断要点

【流行病学】　各种动物都可发病，其中以鸭、鸡、牛、马较为多见，绵羊、山羊次之，猪、犬、猫少见。实验动物中兔、豚鼠和小鼠都很敏感。人也易感。

肉毒梭菌广泛分布于自然界，该菌的芽孢存在于牧场、蔬菜、干草以及与土壤直接接触的各种物品中，也存在于某些健康动物的肠道和粪便中，但通常不引起任何病理作用。但在适当的条件下可大量繁殖产生毒素，人和动物食入后即可发生中毒。饲料中毒时，因毒素分布不均匀，因此同批动物发病情况可出现差异，体格健壮、食欲较好的个体发病较为严重。

【症状】　1．牛和羊：病初表现兴奋不安，继而出现软弱无力。病畜表现共济失调，起立困难，步态僵硬或卧地不起，头部常偏向一侧。有的病例出现咀嚼和吞咽困难，下颌麻痹。还有的病例胃肠蠕动音减弱，甚至无蠕动音，粪便秘结。有的病例仅昏迷数小时即死亡。

2．家禽：鸡、鸭、火鸡和鸵鸟都可发病。以运动神经麻痹为主要特征，病禽瘫痪，反应迟钝，颈部肌肉软弱无力，向下低垂，不能抬起，故称为“软脖病”。翅膀下垂，腿肌麻痹，行动困难。羽毛松乱，闭目昏睡，多于数小时或3～4天死亡。轻者可以康复。

3．猪：临床很少见，常由于吞食含毒素的腐败动植物或饲料引起，主要表现为肌肉进行性衰弱和麻痹。

4．人：人发病主要是由于误食污染本菌的食品，表现乏力，头昏，视物模糊，吞咽困难，但神志清楚，体温正常，无感觉障碍，最后因呼吸麻痹死亡。

【病理变化】 动物肉毒梭菌毒素中毒症多无特异的病理解剖变化。有时可见胃肠粘膜有卡他性炎症和小点出血，心内外膜可能有小点出血，肺可能有充血、水肿变化。

【诊断】 根据有与含毒饲料、食物的接触史，同群中多数动物发生典型的麻痹症状，体温、意识、反射正常，剖检无明显变化可作出初步诊断。确诊需采集病畜血清、胃肠内容物及可疑饲料，检查有关毒素。

鉴别诊断：应注意与霉玉米中毒、有毒植物中毒以及乙型脑炎、狂犬病、家禽传染性脑脊髓炎等疾病相区别。

（二）防制

预防本病的主要措施是搞好环境卫生，在牧场和畜舍中发现动物尸体、残骸时应及时清除；调制和保存饲料时应防止腐败，禁止动物饲料中加入腐败的肉食。在常发地区可用同型类毒素或明矾菌苗预防接种。

发病早期可用多价抗毒素治疗，如毒型确定则可选用同型抗毒素治疗。对确诊或可疑动物，应立即用 5%碳酸氢钠洗胃、灌肠，以清除摄入的毒素。发生本病时，应立即查明毒素来源，及时更换饲料。另外，盐酸胍和维生素 E 单醋酸酯能促进神经末梢释放乙酰胆碱和加强肌肉的紧张性，对本病有良好的疗效。

第十九节　坏死杆菌病

坏死杆菌病是由坏死杆菌引起的各种哺乳动物和禽类的一种慢性传染病。病的特征是在受损伤的皮肤和皮下组织、消化道粘膜发生坏死，有的在内脏形成转移性坏死灶。

（一）诊断要点

【流行病学】 坏死杆菌广泛存在于自然界，健康动物胃肠道、患病动物及其坏死组织内，以及被坏死组织和患畜的分泌物、排泄物污染的环境中，都有本菌的存在，沼泽、水塘、污泥、低洼地更适宜于坏死杆菌的生存。

患病和带菌动物是本病主要的传染源。本病主要经损伤的皮肤和口腔粘膜而感染，新生畜有时经脐带感染。人多经外伤感染。

多种畜禽和野生动物均有易感性，家畜中以猪、绵羊、山羊、牛、马最易感，禽易感性较小，人也可感染。本病多发生于低洼潮湿地区，常发于炎热、多雨季节，一般散发或呈地方流行性。饲养管理不善或环境条件较差，矿物质特别是钙磷缺乏、维生素不足、营养不良、长途运输等，均可促进本病的发生与发展。

【症状与病变】 潜伏期为数小时至1～2周，一般1～3天。

1．猪：猪互相咬架，饲养场污泥很深，场地有突出的尖锐物体时，最易发生本病。多发于多雨、潮湿及炎热的季节，一般为散发。根据发病部位不同，可分为四型。

（1）坏死性皮炎：此型最常见。仔猪和架子猪多见。以体表皮肤及皮下发生坏死和溃疡为特征。多发生于体侧、臀部及颈部，患部脱毛，皮肤变白。创口流出灰黄色或灰棕色恶臭液体；有的病猪发生耳或尾干性坏死，最后脱落；个别病猪全身或大块皮肤干性坏死，如盔甲般覆盖体表，最后从其边缘逐渐剥离脱落。病猪全身症状不明显，严重者减食或拒食，体温升高，消瘦，常因恶病质而死亡。

（2）坏死性口炎：多发于仔猪。病猪不安，厌食，腹泻，消瘦，舌、齿龈、颊及扁桃体粘膜出现溃疡，上面附有伪膜或痂皮，下有淡黄色的化脓性坏死性病变。

（3）坏死性鼻炎：在鼻粘膜上出现溃疡，并附有伪膜，有的还伴发鼻软骨和鼻骨的坏死，影响吃食和呼吸，还可蔓延到气管和肺。

（4）坏死性肠炎：常继发于猪瘟和猪副伤寒，生前症状不明显，病猪严重下痢和消瘦。剖检时，可见胃、肠粘膜有溃疡。

2．牛：多发生于乳牛，犊牛较成年牛易感。凡牛舍、运动场潮湿、泥泞或夹杂碎石、煤渣，饲料质量低劣，人工哺育不注意用具消毒等，均可引起本病。临床上常见的有腐蹄病和坏死性口炎。

（1）腐蹄病：多见于成牛。当叩击蹄壳或钳压病部时，可见小孔或创洞，内有腐烂的角质和污黑臭水。这种变化也可见于蹄的其他部位，病程长者还可见蹄壳变形。严重者可导致病牛卧地不起，蹋匣、趾端脱落，化脓性关节炎等，进而发生脓毒败血症而死亡。

（2）坏死性口炎：多见于犊牛。病初厌食、发热、流涎、鼻漏、口臭和气喘。口腔粘膜红肿，增温，在齿龈、舌、腭、颊或咽等处，可见粗糙、污秽的灰褐色或灰白色的伪膜；发生在咽喉者有颌下水肿、呕吐，不能吞咽及严重的呼吸困难。病变有时蔓延至肺部，引起致死性支气管炎或在肺和肝形成坏死性病灶，常导致病牛死亡，病程 5～20 天。

3．羊：绵羊患坏死杆菌病多于山羊，因患病部位和组织不同而有不同的病名，如腐蹄病、坏死性口炎、肝肺坏死杆菌病等。腐蹄病初呈跛行，多为一肢患病，开始红肿、热痛，而后溃烂，挤压肿烂部有发臭的脓样液体流出。以后可波及腱、韧带和关节，有时蹄匣脱落。肝肺坏死杆菌病表现肝脏质地坚硬，均匀散布蚕豆至胡桃核大的坏死病灶，颜色灰白，肺脏实变，有大小不等的白色坏死灶，形成典型的肺脓肿。

4．兔：病兔废食、流涎。可在唇部、口腔粘膜、齿龈、颈部、头面部及胸部等处出现坚硬肿块，随后出现坏死、溃疡，形成脓肿；也可在病兔腿部和四肢关节的皮肤内繁殖，发生坏死性炎症，或侵入肌肉和皮下组织形成蜂窝织炎。病兔体温升高，最后衰竭死亡。

剖检可见病兔口腔、齿龈、颈部和胸前皮下组织及肌肉组织等坏死。肝、脾、肺等处有坏死灶。腿部有深层溃疡病变。皮下肿胀，内含粘稠脓性或干酪性物质。

5．鸡：多为坏死性口炎。病鸡精神委顿，不食，呼吸困难。在舌、咽、喉头和食道等处存在覆盖黄白色假膜的坏死灶。有的病例坏死也发生在呼吸道、胃肠粘膜和爪部。

6．人：主要表现为手部皮肤、口腔、肺形成脓肿。与口腔感染、牙周炎、妇女生殖道感染及肠穿孔、创伤性感染有关。

【诊断】 根据本病临诊症状，再结合流行病学资料，可以作出初步诊断。确诊需进行实验室检查。

（1）细菌学检查：从坏死病灶的病健交界处采取病料制作涂片，以石炭酸复红或碱性亚甲蓝染色后，镜检可见佛珠状的菌丝，即为坏死杆菌，或将未被污染的病料接种于葡萄糖血琼脂平板进行细菌的分离鉴定。

（2）动物试验：可用生理盐水或肉汤制取病料的悬液，接种兔耳外侧或小鼠尾根皮下，2～3 天后，接种动物逐渐消瘦，局部坏死，8～12 天死亡，从死亡动物实质器官易于获得分离物。

（二）防制

本病预防应采取综合性防制措施，加强饲养管理，搞好环境卫生和消除发病诱因，避免皮肤和粘膜损伤。畜群发病时及时隔离，并根据病型不同采取全身治疗和局部治疗。全身治疗可肌内或静脉注射磺胺类药物、四环素、土霉素、金霉素、螺旋霉素等，有控制本病发展和继发感染的双重功效。此外还应配合强心、解毒、补液等对症疗法，以提高治愈率。如用土霉素按每千克体重 20～40 毫克，肌内注射，每天 2 次，连用 3 天：磺胺二甲嘧啶按每千克体重 50～100 毫克，肌内注射，每天 2 次，连用 3 天。

腐蹄病的治疗，首先要清除坏死组织，用食醋、3%来苏儿或 1%高锰酸钾溶液冲洗，或用 6%福尔马林或 5%～10%硫酸铜溶液泡蹄，然后用抗生素软膏涂抹，为防止硬物刺激，可将患部用绷带包扎。

对“白喉”病畜，应先除去伪膜，再用 1%高锰酸钾液冲洗，然后用碘甘油涂抹患处，每天 2 次至痊愈；或用硫酸铜溶液轻擦患处至出血为止，隔日 1 次，连用 3 次。

坏死性皮炎患畜，首先彻底清除创内的坏死组织，露出红色创面，然后用 1%高锰酸钾液或 3%过氧化氢液冲洗，最后涂擦抗生素药膏或用雄黄 30 克、陈石灰 100 克，加桐油调成糊状，填充创口。

第二十节　钩端螺旋体病

钩端螺旋体病，简称钩体病，又称细螺旋体病，是一种重要的人畜共患传染病和自然疫源性疾病。动物多阴性感染，急性病例主要表现为贫血、黄疸、发热、血红蛋白尿、皮肤粘膜坏死和孕畜流产。人对钩体病普遍易感，我国以长江以南诸省比较常见。

（一）诊断要点

【流行病学】 各种家畜和野生的哺乳动物以及人等均可感染，特别是鼠类最易感。病畜和带菌动物是传染源，特别是带菌鼠和感染猪在本病的传播上起着重要的作用。

畜禽中以猪、水牛、犬和鸭感染率较高。猪和犬是易感动物重要的感染源。动物感染后，病原体从尿液排出，污染周围的水源、土壤，主要通过损伤的皮肤、粘膜和消化道而传染，也可通过交配、人工授精和吸血昆虫叮咬而传播。

农业劳动者，接触污染的田水，钩端螺旋体常经皮肤（特别是破损的皮肤）进入人体，引起本病的流行。在洪水泛滥或大雨后，也可有本病的流行，主要是猪的含菌排泄物污染水源所致。此外，污染的水或食物亦可经消化道粘膜引起感染；患本病的孕妇，钩端螺旋体还可经过胎盘使胎儿受染。

本病多发生于夏、秋季节，以气候温暖、潮湿多雨、鼠类繁多的地区发病较多。一般为散发或地方流行。饲养管理不善、导致机体抵抗力下降的各种因素都可促使本病的发生。

【症状】 钩端螺旋体侵入动物机体后进入血液，动物出现轻重不一的临床反应。

猪潜伏期为2～5天，可分为4种类型。

（1）急性黄疸型：常发生于肥育猪，呈散发性。病猪精神沉郁，体温升高，厌食，皮肤干燥，大便秘结，呈羊粪状，颜色深褐，尿呈茶褐色或血尿，眼结膜及巩膜发黄。有时无明显症状，在食欲良好的情况下突然死亡。

（2）水肿型：俗称“大头瘟”，常发生于中小猪。病初有不同程度体温升高，食欲减退，精神沉郁，眼结膜潮红，黄疸，几天后，部分病猪头部、颈部发生水肿，尿如浓茶或血尿。病死率 50%～90%。耐过的猪往往生长缓慢，成为僵猪。

（3）神经型：有些病猪发生抽搐，肌肉痉挛，行动僵硬，摇摆不定症状。

（4）流产型：在本病流行期间，怀孕母猪出现流产，死胎腐败或呈木乃伊状，或产下弱仔，常于生后不久死亡。

【病变】 皮肤、皮下组织、浆膜和粘膜有程度不同的黄疸，胸腔和心包有黄色积液。肠系膜、肠、膀胱粘膜等出血。肝肿大呈棕黄色，胆囊肿大，淤血，膀胱积有血红蛋白尿和浓茶样蛋白尿，肾肿大淤血。慢性型有散在的灰白色病灶。水肿型，上、下颌，头颈、背、胃壁出现水肿。成年猪肾皮质出现 1～3 毫米的灰白色病灶，病程稍长，肾萎缩变硬，表面凹凸不平或呈结节状，被膜粘连不易剥离。

1．牛：本病发生于任何年龄的牛，但以幼牛发病率较高。饥饿、饲料质量差、饲喂不合理，管理混乱或其他疾病使牛体抵抗力下降时，常常引起本病的暴发和流行。潜伏期一般为 2～20 天。

（1）急性型：为突发高热，食欲废绝，呼吸和心跳加速，粘膜发黄，尿呈红褐色，有大量白蛋白、血红蛋白和胆色素，常见皮肤干裂、坏死和溃疡。常于发病后 2～4 天内死亡，死亡率很高。

（2）亚急性型：常见于奶牛，体温有不同程度的上升，精神沉郁、食欲下降、粘膜发生黄染，产奶量明显下降或停止，乳汁变为黄色并常有血凝块。病牛死亡率低，经 2 周后可逐渐恢复，但产奶量往往须经较长时间才能恢复正常。

剖检，可见皮肤、粘膜和皮下组织黄染，各器官有出血点，肝、肾等有坏死灶。

2．马：急性病例高热稽留数日，不食，皮肤和粘膜发黄，有点状出血，皮肤干裂和坏死。后期出现血尿，死亡率约 50%；慢性病例表现为发热、委顿和黄疸，死亡率较低。

3．羊：本病潜伏期为 2～20 天。羊通常表现为隐性传染，临床表现体温升高，呼吸和心跳加速，结膜发黄，粘膜和皮肤坏死，消瘦，黄疸，血尿，迅速衰竭而死；孕羊流产。剖检病变部位可见皮下组织发黄，内脏广泛发生出血点；肾脏表面有多处散在的红棕色或灰白色小病灶，肝肿大，有坏死灶；膀胱内有红色尿液；淋巴结肿大，皮肤和粘膜坏死或溃疡。

4．犬：本病潜伏期为 10～20 天；患病犬以发热、黄疸、贫血、出血、眼炎、蛋白尿和血红蛋白尿为特征。分为出血性黄疸型和犬伤寒型两种。

（1）出血性黄疸型：精神沉郁，发热，食欲废绝，血便，呕吐，眼结膜和口腔粘膜充血或出血；尿呈豆油色，可视粘膜和皮肤黄染，出现黄疸，往往于发生黄疸后 3～5 天死亡。

（2）犬伤寒型：以肾炎为主要特征。精神沉郁，体温升高，肌肉僵硬疼痛，四肢无力，常呈坐姿而不愿动，眼结膜和口腔粘膜充血形成溃疡。发展为尿毒症的犬出现呕吐、血尿、无尿、尿臭及脱水；如果肝脏受到侵害，部分病犬出现黄疸。病情严重的病犬于发病后 5～7 天死亡。

剖检，除见黄疸外，脾脏、肾脏、淋巴结肿胀，浆膜下、粘膜、肺脏等器官组织出血。

5．人：人感染后表现为高热，全身酸痛，乏力，眼结膜充血，淋巴结肿大和明显的腓肠肌疼痛。重者可并发肺出血、黄疸、脑膜脑炎和肾功能衰竭等。

【诊断】　本病的临诊症状和病理变化多种多样，钩端螺旋体的血清群和血清型又十分复杂。感染的菌型不同，会有明显的差异，单靠临诊症状和病理解剖难以确诊，因此，本病的确诊需进行实验室检查。

（1）细菌学检查：可采取血液、尿液、脑脊液、肝、肾、脾、脑等病料。血液、尿、脊髓液以 3 000 转/分离心 30 分钟，取沉淀物制成压滴标本，在暗视野显微镜下检查；肝、肾、脾组织先制成 1∶10～1∶5 悬液，经 1 500 转/分离心 5～10 分钟，其上清液再以

3 000 转/分离心 30 分钟，沉淀物制片镜检。或将病料接种于柯索夫、希夫纳培养基或鸡胚培养进行病原体的分离培养鉴定。

（2）血清学检查：凝集溶解试验、补体结合试验、间接血凝试验及酶联免疫吸附试验，均可用于诊断。

（3）动物试验：采用鲜血、尿或肝、肾等组织制成乳剂，取 1～3 毫升接种于幼龄仓鼠、豚鼠或仔兔，3～5 天后体温升高，减食，黄疸，剖检见有广泛性黄疸和出血，且肝、肾涂片见有大量钩端螺旋体，即可确诊。

（二）防制

（1）预防：预防本病应采取综合管理措施。注意环境卫生，做好灭鼠、排水工作，预防鼠与猪之间及猪与猪之间的传播，管好犬、牛等其他家畜，防止钩端螺旋体污染水和食物；严防病畜尿液污染周围环境，对污染的场地、用具、栏舍可用 1%石炭酸或 0.1%升汞或 0.5%甲醛液消毒；严禁从疫区引种，必要时应隔离观察 1 个月确认无病后才能混群；常发地区应预防接种钩端螺旋体菌苗或接种本病多价苗。

（2）治疗：本病要做到早期诊断、早期治疗。链霉素、青霉素和四环素族等抗生素对钩端螺旋体较为敏感。如链霉素每千克体重 15～25 毫克，每日 2 次，肌内注射，连用 3～5 天；土霉素每千克体重 15～30 毫克，口服或注射，每天 1 次，连用 3～5 天。在进行上述治疗的同时，也应采取利尿、强心和补液等对症疗法，对提高治愈率有重要作用。

第二十一节　附红细胞体病

附红细胞体病是由附红细胞体引起的一种热性、溶血性人畜共患传染病，以发热、贫血和黄疸为特征。

（一）诊断要点

【流行病学】　附红体寄生的宿主有鼠类、绵羊、山羊、牛、猪、狗、猫、鸟类、骆驼、马和人等。

该病多经吸血昆虫、注射器、针头等器具注射时发生感染，或因打耳号、剪毛、人工授精等血源传播，也可经胎盘传染给幼畜。本病一年四季都可发病，但以夏秋或雨水较多季节，各种吸血昆虫活动繁殖的高峰时期多发。

【症状与病变】　猪：病初体温升高至 40℃～40.7℃，精神沉郁，食欲消失，贫血和呼吸困难。后期乏力，严重黄疸。可能出现末端发绀，如耳朵发紫等。繁殖母猪表现流产，母猪不发情或配种后返情率很高，皮肤毛色黄染或苍白，分娩延迟。母猪产后发热、乳房炎和缺乳症。仔猪贫血，无活动能力。生长猪出现拉稀，生长缓慢，皮肤黄染或苍白，黄色腹部，黄疸，贫血，尿呈黄褐色，常与其他呼吸道疾病并发引起死亡。

剖检可见全身性黄疸，贫血，肝黄红色，脾显著肿大，肝肿大呈土黄色或棕黄色，质脆，并有出血点或坏死点，有的表面凹凸不平，有黄色条纹坏死区。肺和肾有小出血点。有时有腹水、心包积水。

【临床表现】　（1）临诊症状：血尿，很多比较严重，但是传染性不够强，有的无血尿；采食量减少、绝食；外观贫血，苍白，黄疸较少或无。

（2）病理变化：肾脏略肿大，黑色或紫色，正剖面见肾盂周围放射状的蓝色肾小管痕迹；脾脏肿大，淤血或者有点状的坏死，剖面见到管状的白色坏死灶；胃肠道基本正常，有的胃底充血，呼吸道正常。

【诊断】　根据贫血、黄疸、发热等临诊症状，且温暖季节多发，结合镜检即可确诊。

病原体检查：患畜采血（不用酒精棉球擦拭，以防红细胞变形）滴于载玻片上，抹片后用瑞氏染色后用高倍镜检，可看到红细胞呈星芒状，或锯齿状，表面有蓝黑色颗粒 1～3 个，多者可有 3～5 个或 10 个，即可确诊。

（二）防制

【预防】

① 预防该病的重点工作是灭蚊、驱蚊和驱除体内外寄生虫。

② 阉割、断尾时应注意器械的消毒工作。

③ 注射时应注意更换针头，减少人为传播的机会。

④ 提高饲养管理水平，做好通风降温。针对夏季高温多湿的特点，宜多饲喂一些青绿多汁的富含维生素类的饲料，同时注意降低饲养密度，加强通风降温工作。

⑤ 药物预防。在空怀和妊娠前中期母猪的饲料中添加阿散酸 90×10^{-6}～100×10^{-6}，妊娠后期母猪的饲料中添加 50×10^{-6}。土霉素（或四环素）按每千克体重 10 毫克，给分娩前母猪肌内注射，防止母猪发病；按每千克体重 50 毫克，给 1 日龄仔猪注射。

【治疗】 对病人和各种患病动物可用贝尼尔、黄色素及四环素类抗生素对本病的治疗效果较好，而青霉素、链霉素、庆大霉素药物无效。

贝尼尔每千克体重 4 毫克分点肌内注射，对严重的病畜间隔 48 小时重复注射 1 次，或用 0.9%生理盐水 10 毫升稀释，加入 10%葡萄糖 100～300 毫升，再加 25 毫克维生素 C 2～4 毫升静脉注射；黄色素每千克体重 3 毫克静脉注射；盐酸四环素每千克体重 25 毫克口服；或用阿卡普林每千克体重 2 毫克/次，皮下注射。

在病情严重时，进行补液、消炎、退热、强心、止血、保肝等辅助治疗也是必要的。针对贫血临诊症状，可肌内注射维生素 B_{12} 或内服硫酸亚铁，以促进机体造血机能的恢复；用维生素 C、维生素 K_3、止血敏等止血。这些均可促进患畜的早日康复。

思考题

1. 简述口蹄疫病毒的主要类型及其重要特性，以及本病的流行特点，牛、猪口蹄疫的主要症状，如何防治？
2. 绵羊痘的典型症状及经过是什么？
3. 狂犬病的主要传播方式是什么？
4. 流行性乙脑的流行季节，猪本病的诊断要点和预防措施是什么？
5. 禽流感的诊断要点和发生后的扑灭措施是什么？

6. 轮状病毒感染的流行特点是什么？

7. 疯牛病的临床症状是什么？

8. 猪大肠杆菌病的流行病学特点、临床表现有哪些类型？

9. 鸡大肠杆菌临床表现有哪些类型，如何预防？

10. 猪沙门杆菌病的流行病学特点、临床表现和病理变化是什么？

11. 鸡白痢的流行病学特点、临床表现是什么？

12. 猪巴氏杆菌病的临床表现和病理变化是什么？

13. 牛巴氏杆菌病常见的临床表现类型有哪些？

14. 鸡鸭巴氏杆菌病的诊断要点是什么？

15. 兔巴氏杆菌病临床表现有哪些类型，如何预防？

16. 牛布鲁杆菌病常用的特异性诊断方法和判断标准是什么？

17. 猪布鲁杆菌病的主要临床症状有哪些？

18. 怎样防制牛布鲁杆菌病？

19. 雏鸡绿脓杆菌病流行病学特点、临床表现是什么？

20. 鸡葡萄球菌病流行病学特点、临床表现是什么？

21. 猪链球菌病的临床表现和病理变化是什么？

22. 李氏杆菌病的临床表现是什么？

23. 简述结核病常用的检疫方法和判定标准，以奶牛为例叙述防制结核病的措施。

24. 家畜炭疽的主要病理变化是什么？

25. 炭疽的实验室检查方法和依据是什么？

26. 破伤风的临床表现和治疗原则是什么？

27. 简述肉毒梭菌毒素中毒症的主要症状，如何诊断？

28. 坏死杆菌病的诊断要点是什么？

29. 钩端螺旋体病流行病学特点是什么？

30. 猪附红细胞体病流行病学特点、临床表现有哪些，如何治疗？

第四章　猪的传染病

第一节　猪细小病毒病

猪细小病毒病是一种由猪细小病毒引起的母猪繁殖障碍性疾病。其特征是妊娠母猪（尤其是头胎）发生死产、畸形胎、木乃伊胎、胚胎死亡、偶有流产，而母猪本身并不表现临诊症状。本病一般呈地方流行性或散发，有时也呈现流行性（或称为“暴发”），这种暴发多见于猪群初次感染的情况。

（一）诊断要点

【流行病学】　猪是已知的唯一易感动物，不同年龄、性别的家猪和野猪都可感染。不同的猪，猪细小病毒的阳性率不尽相同。经产母猪的阳性率高达 80%～100%，初产母猪一般为 60%～80%，后备猪为 40%～80%，肥育猪为 60%，公猪为 30%～50%。

本病的传染源主要来自感染猪细小病毒的母猪。猪细小病毒能通过胎盘垂直传播。感染猪细小病毒的种公猪也是该病最危险的传染源，往往在配种时，公猪将猪细小病毒传染给易感母猪。仔猪、胚胎、胎猪通过感染猪细小病毒母猪发生垂直感染；公猪、肥育猪和母猪主要是通过污染的饲料环境经呼吸道和消化道感染；初产母猪的感染多数是经与带猪细小病毒的公猪配种时发生的；鼠类也能传播猪细小病毒。

母猪妊娠早期感染时，胚胎、胎猪死亡率可高达 80%～100%。母猪在妊娠期的前 30～40 天最易感染，孕期不同时间感染分别会造成死胎、流产、木乃伊胎、产弱仔猪和母猪久配不孕等不同临诊症状。

猪细小病毒主要发生于春、夏季节。主要是初产母猪发生繁殖障碍，呈散发或地方流行性，如猪场初产母猪比例较大时，则损失较重。

【症状】　猪细小病毒感染猪主要临诊症状是妊娠母猪出现繁殖障碍。妊娠母猪可同时出现流产、死胎、木乃伊胎、产后久配不孕等临诊症状。其他猪感染后无任何明显的临诊症状。

妊娠 30 天内感染（早期），胚胎死亡、吸收使产仔数减少，胎猪、胚胎死亡率高，危害大。妊娠 30～70 天感染（中期），木乃伊化，有时出现大小不一的软死胎，有畸形胎（八字腿、唇裂），产弱仔，死胎，妊娠 70 天以上感染（中后期）胎儿能产生免疫力，产出时外观正常，这些仔猪带有病毒和抗体，可长期或终生带毒、排毒。公猪性欲、受精率无明显影响。母猪发情周期不规律。

【病理变化】　主要表现在妊娠母猪妊娠期在 70 天以前感染的胎儿，70 天以后感染细小病毒的胎猪具有免疫能力时，其病理变化就不明显，甚至没有病理变化。

母猪子宫内膜有轻微炎症，胎盘有部分钙化现象，胎儿在子宫胎盘内有被溶解、吸收的现象。感染胎儿还可看到充血、水肿、出血、体腔积液、木乃伊化（脱水）及坏死等病理变化。

【诊断】　一旦猪场发现母猪有流产、死产、胎儿发育异常、木乃伊等情况，而没有其他临诊症状，应考虑到猪细小病毒感染的可能性。并结合流行病学的特点、临诊症状和病理变化作出初步诊断。但要确诊，还需做进一步的实验室检查。

实验室检查主要分为病原检查和抗体检查，前者主要用于有流产、死产、木乃伊胎和急性感染期产生病毒血症时的病原学诊断，后者可用于可疑猪抗体的诊断及流行病学调查。

抗体检查：猪感染猪细小病毒后，7 天左右就能查出血凝抑制抗体，其抗体可以保持 4 年以至于终生。因此，用 HI 来检查猪细小病毒感染情况和流行病学调查是非常有用的。

（二）防制

引种时加强检疫（HI 抗体低于 256），不引种阳性后备母猪，不留有繁殖障碍的同一窝猪作种，适当推迟配种时间对预防初产母猪的繁殖障碍有一定作用。

一般后备种猪在 6 月龄接种灭活或弱毒疫苗一次，配种前 3 周再接种一次，其他种猪每年 2 次或配种前 3 周接种一次；在污染场，也可采取将后备母猪与经产母猪同居或放入老母猪居住过的舍内，使之在配种前自然感染，获得免疫力。

第二节 猪繁殖与呼吸综合征

猪繁殖与呼吸综合征是近年来国内外引人注目的一种新的猪传染病，该病以母猪繁殖障碍、仔猪的呼吸道临诊症状和高死亡率为特征，特别是感染本病后容易导致免疫抑制而继发其他疾病。

（一）诊断要点

【流行病学】 仅猪易感并出现临诊症状，不分年龄、品种均可感染。

病猪和隐性感染的猪是本病的主要传染源。病猪可通过尿、粪、鼻液、精液等排毒，主要通过呼吸道接触感染，也可经精液、胎盘传播，病猪排毒达 60～99 天之久，易感猪可经口、鼻、肌肉、腹腔、子宫、接种等多种途径感染。人工感染后公猪在 3 天至 2 个月后的精液中可查出病毒，可通过人工授精或自然交配传播至易感猪群，引起血清阳转。妊娠早期，病毒可通过胎盘感染胎儿，可能感染的母猪通过胎盘进入胎儿体内。绿头鸭、珍珠鸡、杂交肉鸡人工饮水感染后，可在 5～24 天后从粪便中分离到病毒。

【症状】　1．母猪主要表现为流产、死胎、早产、木乃伊胎等繁殖障碍，产弱仔，间情期延长或不孕，产后无乳，胎衣不下等。发热，40～40.5℃（占猪群 30%），昏睡，无精神、食欲不振（后者占 50%），发绀（在病猪耳朵、阴门、尾巴、腹部、鼻孔等处）占 30%左右。不同程度呼吸困难（很少咳嗽），结膜炎，鼻炎。

2．仔猪新生仔猪呼吸困难，腹式呼吸（在哺乳与断奶猪亦可见），体温升高至 40～41℃，部分猪耳部等处发绀，皮毛粗糙，挤集一堆，眼眶水肿，结膜炎，也可见顽固性腹泻，新生弱仔死亡率特别高。断奶后仔猪死亡率可达 30%（20%～50%），以保育阶段猪最易感染和最为严重，特别是易于继发多种疾病，整个育成期发育不良，易死亡。

3．育肥猪临诊症状不明显，有时厌食和轻度呼吸困难，部分猪出现发绀，易继发感染，生长缓慢，体重下降 15%。

4．公猪厌食，精液质量下降，精子运动力下降，畸形精液的数量和质量下降。

【病理变化】　单纯感染，以肺脏为主，肺水肿，有出血斑，或有肝变病灶（暗红色），腹股沟、肺门等淋巴结肿大、出血，胸、腹腔积液，脑积液。如继发感染，则病理变化复杂化，临诊症状多样性。组织病理变化为弥漫性间质性肺炎。

2006 年，我国发现由高致病性蓝耳病变异病毒（猪繁殖与呼吸综合征变异病毒）引起的高致病性猪蓝耳病，病猪体温明显升高，可达 41℃以上；眼结膜炎、眼睑水肿；咳嗽、气喘等呼吸道症状；部分猪表现后躯无力、不能站立等神经症状；仔猪发病率可达 100%，死亡率可达 50%以上，母猪流产率可达 30%以上，成年猪也可发病死亡。病猪的病理变化是可见脾脏边缘或表面出现梗死灶，肾脏呈土黄色，表面可见针尖至小米粒大出血点斑，皮下、扁桃体、心脏、膀胱、肝脏和肠道均可见出血点和出血斑。显微镜下见肾间质性炎，心脏、肝脏和膀胱出血性、渗出性炎等病变；部分病例可见胃肠道出血、溃疡、坏死。

【诊断】　本病急性暴发时，流产或早产超过 8%，死胎率大于

20%，仔猪新生后第一周死亡率大于 25%，这 3 项若有 2 项出现于 14 天内，则成立。发病仔猪出现间质性肺炎是特征性组织病理学变化。因本病临诊症状不典型，且差异性甚大，最后确诊须依靠实验室检查。

（二）防制

（1）阳性场控制措施：早期病畜断奶，分地饲养，生产环节均全进全出。两处或三处饲养：配种、妊娠、分娩在一处，保育与育肥在另一处或两处，各处间距 0.5～1 公里；10 日龄断奶转入保育舍，保育舍饲养 7 周转育成舍（三处饲养时）。

（2）保育舍空栏法：所有猪清出猪舍，用清水和消毒剂（甲醛和苯酚）彻底清洗和消毒，封闭空闲 14 天，再接收仔猪。每批猪清出后均应进行此项工作。

（3）免疫接种：仔猪 20 天前第一次接种 PRRS 疫苗，断乳后第二次接种。母猪应在配种前 20 天免疫一次，间隔 10～20 天同剂量再免疫一次，以后每 6 个月免疫一次。使用本疫苗前要恢复到常温，摇匀，注射部位应严格消毒。建议使用获国家批准的正规的高致病性蓝耳病疫苗。

（4）药物预防：用新型广谱高效抗生素和抗病毒药物对症治疗、控制混合和继发感染，如赛有利、泰必隆等。

第三节　猪瘟

猪瘟是由猪瘟病毒引起的猪的一种高度接触性传染性和致死性传染病，其特征为发病急，高热稽留，小血管变性引起广泛出血、梗死和坏死。

自 1810 年发现本病以来，各养猪国家都有不同程度流行，因传染性强，病死率高，造成的损失极为严重。

（一）诊断要点

【流行病学】　仅猪易感。病猪和带毒动物均是传染源，尿、粪、多种分泌物（口、鼻、泪液）排毒整个病程直至抗体产生。屠宰时则由血、肉、内脏、废料、水散布，通过多种途径传染给易感猪。一般由口鼻粘膜、结膜、生殖道粘膜及皮肤擦伤粘膜感染，也可以进行垂直感染。常发原因是引入潜伏期或恢复期病猪；废水、废料直接喂猪；还可通过器械、工具、人、动物、吸血昆虫、蚯蚓、肺丝虫的感染。

新疫区发病、死亡率均很高，老疫区则均较低，因猪群有一定的免疫性，免疫母猪新产仔猪 1 月龄以内很少发病。猪瘟流行呈波浪式、周期性、小规模、散在发生，经过缓慢的增多，不像从前那样的大流行；非典型、温和型或慢性型的无名高热症，隐性感染增多。

【症状】　潜伏期为平均 5 天（2～21 天）。

（1）最急性型：突然发病，高热稽留，皮肤、粘膜发绀，有出血点。病程 1～8 天。

（2）急性型：最常见。体温 40～41℃或更高，稽留，畏寒，白细胞数减少。眼有多量粘、脓性分泌物，清晨可见两眼粘封。先便秘，后腹泻，时有呕吐。皮肤病初充血，紫绀，出血，鼻端、耳、四肢、腹下、会阴等处明显。公猪包皮积尿，有些仔猪可见神经临诊症状，磨牙，运动障碍。病程 10～20 天。

（3）亚急性型：较缓和，病程可达 30 天。

（4）慢性型：消瘦，贫血，衰弱，常伏卧，行走无力，时有轻热，咳嗽，食欲时好时差，便秘与腹泻交替。有时皮肤出现紫斑或结痂，病程 100 天以上（国外分为 3 期）。

（5）温和型：由低毒株引起，是非典型猪瘟，也有划归为慢性型。皮肤无出血，死亡多是幼猪，通过易感猪传代后，毒力增强，则引起典型猪瘟临诊症状与病理变化。体温一般 40～41℃，少数 41℃以上，鼻干，口渴，减食，尿黄。便秘呈长期性，粪便混有血液、粘液或伪膜。部分病猪四肢下及腹下呈淤血斑，为“紫斑蹄”、“紫斑症”。耳朵、尾巴干枯，甚至坏死脱落，称为“干耳病”、“干尾巴”。口腔咽喉、软腭、扁桃体出现坏死点或溃疡，称为“烂喉病”。发育停滞，后肢瘫痪，行站不稳，部分猪跗关节肿大。

（6）繁殖障碍型（迟发性）：母猪妊娠时感染低毒，可流产、死胎、木乃伊胎、畸形胎，弱仔可存活半年。先天感染的正常仔猪，可终生病毒血症，长期带毒。

【病理变化】

（1）急性、亚急性猪瘟：呈现多发性出血为特征的败血症变化。淋巴结水肿，周边出血，呈大理石样或血瘤。脾不肿大，边缘梗死，稍突出，紫黑色（猪瘟所特有）。肾脏不肿大，土黄色。肾脏有针尖大小出血点，皮质严重，呈现“麻雀蛋”外观。有时在髓质或肾盂、乳头也有出血点，皮肤有出血斑，喉头、膀胱粘膜也有出血。

（2）慢性猪瘟：出血、梗死变化不明显。坏死性肠炎一般见于回肠末端、盲肠、结肠。炎症从淋巴滤泡开始，向外发展，形成纽扣状肿（坏死），色褐色或黑色，中央低陷，突出粘膜面，同心轮层状，有的脱落，是原发猪瘟又继发细菌感染而致，是慢性猪瘟的特征。肋骨末端与软骨交界处骨化障碍，可见黄色骨化线。纤维素性肺炎。

（3）温和型猪瘟：肾、膀胱、淋巴结出血等少见。扁桃体充血、水肿、化脓性坏死、溃疡。“纽扣状肿”，脾梗死，胆囊肿胀、出血、溃疡，胃底有片状充血、出血。

（4）繁殖障碍型猪瘟：经先天感染，死产胎儿全身水肿，头、肩、前肢状似水牛，胸、腹水增多，头、四肢畸形。小脑、肺发育不全，肝坏死灶，表皮出血。弱仔死亡后可见内脏器官和皮肤出血。胸腺萎缩。淋巴结肿大。

组织学病理学变化非化脓性脑炎，表现为血管周边袖套现象，小胶质细胞增生和局灶坏死。

【诊断】 典型病例根据流行病学、临诊症状和病理变化可作出初步诊断，确诊需要实验室检查。

鉴别诊断：

① 急性猪丹毒：传播较慢，多发生于 3～12 月龄猪，夏季多见，病程短，有食欲，眼清亮有神，步态僵硬或有跛行，很少腹泻，肾、淋巴结淤血肿大，樱桃红色，胃、小肠严重出血，治疗有显著

效果。病料染色镜检可见到猪丹毒杆菌。

② 猪副伤寒：主要发生于 2～4 月龄仔猪，发病率不高，慢性病猪顽固性下痢，体温不高，剖检皮肤有红紫斑，脾、肠系膜淋巴结肿大，肝有灰黄色坏死灶，大肠糠麸状坏死，治疗有效。

③ 最急性猪肺疫：多发于气候多变季节，与饲养管理有关。急性咽喉肿胀，口鼻流粘沫，咳嗽、呼吸困难。剖检见急性肺水肿或广泛的肺炎。病理变化咽、颈淋巴结出血，切面红色，病料染色镜检可见巴氏杆菌。

④ 败血性链球菌病：多见于仔猪，常有多发性关节炎和脑膜脑炎临诊症状，病程短。剖检各器官充血、出血，心包液增量，脾肿大，有神经临诊症状，脑膜充血、出血，脾有化脓性炎症变化。脑脊髓液增量，病料染色镜检可见链球菌。

⑤ 弓形体病：也见高热稽留，皮肤有紫红斑、出血点，大便干燥等。但本病呼吸极度困难，腹股沟淋巴结明显肿大，白细胞总数增加，初期磺胺治疗有效。剖检见肺水肿，肝、淋巴结肿大，脾肿或萎缩，肺、肝、脾均有出血点、坏死灶，肺实质有充血、水肿、变性、坏死。取肺、支气管淋巴结涂片染色镜检，可查出弓形虫。

⑥ 牛病毒性腹泻病毒感染：该病毒与猪瘟病毒有共同抗原，用荧光抗体技术、免疫扩散试验有交叉反应及低度中和反应，故欧洲、美国、中国都存在猪感染牛病毒性腹泻病毒问题。这给猪瘟的诊断、防制带来干扰，现初步查明内蒙古、河南、湖南、湖北的牛羊有粘膜病。有人认为牛病毒性腹泻病毒可能是猪瘟病毒的一个特殊血清学变种，它对猪已为弱毒，但猪能隐性感染，且产生对猪瘟的中和抗体。

近年来猪瘟流行和发病已出现新的变化：

① 波浪式、周期性小规模，经过缓慢，散在发生较多，不像从前那样大流行。

② 非典型、隐性、温和型、慢性猪瘟及无名高热增多，其临诊症状显著减轻，具有多样性、病程长，病理变化无特征，死亡率较低，必须通过实验室检查。四川农大余广海（1982）报道，四川

无名高热病例中分离出猪瘟病毒，猪瘟表现为脓性结膜炎，在猪阴鞘积浊尿，皮肤广泛性出血较少见，但可见烂耳，四肢末端皮肤坏死脱落，当地称为“干耳病”、“烂喉病”、“紫斑蹄”，死后病理变化仅少数见肾、膀胱出血，淋巴结大理石样出血也少见，而特征性病理变化在扁桃体、大肠、回盲瓣、胆囊、胃、脾。扁桃体病理变化严重：充血、水肿，甚至化脓坏死、溃疡。分离的病毒回归猪三代以上则引起猪瘟的临诊症状与病理变化。

③ 母猪发生流产、死胎、木乃伊胎等繁殖障碍，新生仔猪发病、死亡和免疫耐受增多。现已知：猪瘟病毒可感染胎儿，早期感染者多发生流产、死胎、木乃伊胎。妊娠 70 日龄感染可产出弱仔，表现为先天性震颤，皮肤发绀等，多在 1 周内死亡，称为“抖抖病”。90 日龄感染者，出生后死亡时间延长或长期存活，多数可活 6 个月，长达 11 个月，但为持续性感染，可终生带毒，散毒，且因胚胎期免疫系统遭到严重破坏，往往表现为免疫无能，相反常继发猪瘟，这种猪若留为种用就会成为后代持续感染、免疫无能的总祸根，对周围接触者具有潜在感染性。

（二）防制

在有猪瘟流行的地区，常用疫苗接种辅以扑灭措施以控制本病。

① 超前免疫：不吃初乳，先注射兔化弱毒苗，该法在集约化管理、季节性产仔猪场、疫区、受威胁区较适用。

② 农业部推荐的猪瘟免疫法：20～25 日龄初次免疫，65 日龄再次免疫。

近年来，有许多关于注苗时引起近期发病、死亡的报道，经兔体交互免疫实验证实为猪瘟，因为隐性感染、持续感染，往往由于动态平衡破坏，继发猪瘟。

免疫失败多是亚临床感染的妊娠母猪，病毒经胎盘感染胎儿所致，早期感染流产，中期感染产弱仔，后期感染产表面健康的仔猪，但持续感染终身带毒，具有免疫耐受性，抗体水平低下。防止猪群亚临床感染，可加大免疫剂量。

在已发生猪瘟的猪群或地区，对假定未感染猪群用猪瘟弱毒苗紧急接种，可使大部分猪获得保护，控制疫情，对疫区周围的猪群进行逐头免疫，形成安全带防止猪瘟蔓延，还应注意针头消毒，以防止人为传播。

第四节　猪伪狂犬病

猪伪狂犬病是由伪狂犬病毒引起的急性传染病。病猪的年龄不同，其临床表现也有差异，但都无明显的皮肤瘙痒表现，哺乳仔猪表现发热和神经临诊症状，病死率较高，青年猪有轻度呼吸机能障碍，母猪流产、死胎、返情和屡配不孕，成年猪呈隐性感染。目前该病对养猪业影响很大，在许多国家，共负面影响仅次于猪瘟。本病也可以发生于其他家畜和野生动物。

本病与狂犬病临床上有类似之处，初期还误认为是狂犬病，后来通过实验认定是不同于狂犬病的一种独立疾病，才改用伪狂犬病这一病名。

本病在世界各地均有发生，除澳大利亚等极少数国家外，凡养猪地方几乎都有。

（一）诊断要点

【流行病学】　自然条件下，猪、牛、羊、猫、犬、兔、禽类、野生动物（水貂、雪貂、狐狸）均可感染，人有良性感染的报道，马属动物抵抗力较强。病猪、带毒的猪和鼠是本病的传染源。除成年猪外，对其他动物都是高度致死性疾病，为终末感染动物，之间不发生接触感染。耐过猪和成年猪呈潜伏性感染，完全与猪隔离的牛、羊发病及猪群之间的传播，鼠类起着重要作用。传播途径猪有水平传播（消化道、损伤的皮肤粘膜、交配等）和垂直传播（子宫、泌乳），其他动物主要通过消化道。本病冬、春多发，猪群发生为地方性流行。

【症状】　潜伏期为3～6天，少数达10天。

因年龄不同，发病后病状和死亡率有很大的不同，但不出现奇痒。

新生仔猪（2 周龄内）感染后表现为最急性型，死亡率达 100%，发热 41～42℃，呼吸困难，不食，大量流涎。间有呕吐，腹泻，精神高度沉郁，昏睡，病程不超过 3 天。部分猪有神经临诊症状，倒地抽搐。

断奶至 4 月龄似感冒，神经临诊症状较少出现，极少数猪发热，咳嗽，便秘，呕吐，肌震颤，运动失调等。

成年猪一般为隐性感染，有些表现呼吸系统的临诊症状。

妊娠母猪可引起流产（头月）和死产、木乃伊胎（中后期流产死胎发生率高达 50%），生下弱仔表现吐泻，痉挛，角弓反张，很快死亡（24～36 小时）。

【病理变化】 猪皮下可见广泛的出血性水肿，肺淤血、水肿，肾脏和脾脏有小点出血坏死灶，脑膜充血，脑脊髓液增量。

【诊断】 除猪以外的动物，由于呈现特征性奇痒症而死亡，对此可作出初步诊断，猪通常必须做实验室检查。

（1）动物接种试验：将病死动物的脑组织制成乳剂，1～2 毫升皮下接种家兔，2～5 天后接种部位出现剧痒，最后家兔麻痹而死，也可接种猫。还可接种 8～12 天刚断乳的小鼠，可引起有规律性死亡并可连续传代。接种 9～11 日龄鸡胚绒毛尿囊膜，3～4 天后，出现白色痘斑。鸡胚头部有小点出血。

（2）血清学：血清中和，乳胶凝集和 ELISA 最为常用。

（二）防制

疫苗接种有灭活苗、弱毒苗及基因缺失苗等（缺失 gE 糖蛋白的基因工程苗已成为世界首选使用的疫苗）。接种后 7 天即可产生免疫力，免疫期达 1 年。一般无本病的猪场禁用疫苗，灭活苗适用于种猪，弱毒苗可用于各种年龄的动物。研究证明，当猪同时接种两种不同的基因缺失疫苗后，病毒会发生基因重组现象，应引起注意。

根除本病的方法有多种：屠宰、捕杀，适用于经济力量雄厚，疫点少或根除后期时；血清学检查，从 16 周龄开始，隔 4 周进行一次血清学检查，淘汰阳性猪，阴性猪合群；培育健康猪群，产仔断乳后，不混窝；注意消毒。

第五节　猪流行性腹泻

猪流行性腹泻是由猪流行性腹泻病毒引起猪的一种急性肠道传染病，临床上以腹泻、呕吐和脱水为特征，各种年龄猪均易感。该病在流行特点、临诊症状和病理变化等方面均与猪传染性胃肠炎相似，但哺乳仔猪死亡率较低，在猪群中的传播速度相对缓慢。

（一）诊断要点

【流行病学】　病猪是主要的传染源。猪流行性腹泻病毒主要是通过被感染动物的粪便或病毒污染物传播，猪经口摄取了污染的粪便或病毒污染物是发生自然感染的主要途径。但是，猪场中该病的暴发常常是在出售或买进猪后 4～5 天内。病毒传入的途径可能为运输卡车、被病毒污染的靴子或其他携带病毒的污染物。一般来说，该病的流行无明显季节性，但多在寒冷季节流行。

【症状】　初生猪的潜伏期为 24～36 小时，育肥猪 2 天以上。年龄较大的猪感染后出现食欲不振、呕吐、腹泻，而一些成年猪可能只表现沉郁、厌食和呕吐，一般经 4～5 天即可好转。最主要的临诊症状为水样或稀糊状腹泻，在腹泻时也可能出现呕吐，其临诊症状与猪传染性胃肠炎相似，但程度较轻。另外，该病在同窝猪群中传播的速度也较慢。但感染猪流行性腹泻病毒的猪在腹泻初期或在腹泻出现以前，会发生急性死亡。而应激性高的猪死亡率会更高。在一些种猪场，所有年龄的猪都可发病，发病率高达 100%。1 周龄以上仔猪在持续 3～4 天腹泻后可能会死于脱水，平均死亡率为 50%～90%，而部分康复猪会出现发育受阻变成僵猪；育肥猪的死亡率为 1%～3%。

【病理变化】　主要病理变化为小肠扩张、内充满黄色液体，小肠粘膜、肠系膜充血，个别试验猪小肠粘膜有轻度点状出血，其他实质性器官均未见有肉眼病理变化。组织学检查可见，接种后 24

小时开始有小肠绒毛细胞的空泡形成和表皮脱落；此时肠绒毛开始短缩。肠细胞发生的变化，主要在胞浆中的内细胞器减少。随后，微绒毛和内质网消失，部分胞浆凸进肠腔，细胞变得扁平，紧密连接消失，细胞脱落进入肠腔。在结肠可见到肠细胞有流行性腹泻病毒颗粒，但没有组织病理学的变化。

【诊断】 由于猪流行性腹泻病毒与轮状病毒等感染的猪引发消化道的传染病较为相似，因此，不能单靠临诊症状来诊断该病，尚需借助于血清学和病原学作出诊断。常用的方法有直接免疫荧光抗体法、微量血清中和试验、Dot-ELISA 间接法。

（二）防制

为控制猪流行性腹泻病毒的入侵，其预防措施应从无流行性腹泻的猪场引进种猪，并且经血清学检验和隔离检疫 4～6 周后，病原检验为阴性的猪方可引进。

免疫接种是预防和控制本病的主要措施。可用猪流行性腹泻氢氧化铝灭活疫苗，妊娠母猪产前 20～30 天注射 3 毫升，仔猪注射 0.5 毫升，10～25 千克猪注射 1 毫升，25～50 千克猪注射 2 毫升。妊娠母猪产前 20～30 天注射 3 毫升，仔猪注射 0.5 毫升，10～25 千克猪注射 1 毫升，25～50 千克 2 毫升。在易发生猪传染性胃肠炎病毒和猪流行性腹泻病毒混合感染的地区，可选用猪传染性胃肠炎和流行性腹泻二联弱毒苗免疫。

本病目前尚无特效药物和疗法，主要是通过包括隔离消毒、加强饲养管理、减少人员流动、采用全进全出制等措施进行预防和控制。

治疗小猪可利用葡萄糖、甘氨酸及电解质溶液。疾病暴发后应采取的控制措施包括：隔离所有 14 天内将分娩的母猪；用病猪的粪便或小肠内容物人工感染分娩前 3 周的妊娠母猪，使其产生母源抗体，以保护新生仔猪，缩短本病在猪场中的流行，但该方法存在扩散病原的危险。

凡污染了猪流行性腹泻病毒的场地、运输工具、饲养用具和衣源性物品，应作全面的消毒处理。有关的场地、用具、运输工具可用0.2%过氧乙酸或各种复合酚1%消毒处理2次/天，连续3天。污染的衣源性物品及鞋物等，可用甲醛液熏蒸消毒处理，然后根据需要将衣服等物作高压或120℃以上热消毒处理后，可重新使用。

第六节　猪传染性胃肠炎

猪传染性胃肠炎是由传染性胃肠炎病毒引起的一种急性胃肠道传染病，临诊上以发热、呕吐、严重腹泻、脱水和2周龄以内仔猪高死亡率为特征的病毒性传染病。该病可发生于各种年龄的猪，病势依日龄而异，日龄越小，病情愈重，死亡率也愈高，2周龄内的仔猪死亡率达90%～100%。康复仔猪发育不良，生长迟缓，在疫区的猪群中，患病仔猪较少，但断奶仔猪有时死亡率达50%。

（一）诊断要点

【流行病学】　猪对传染性胃肠炎病毒最为易感。各种年龄的猪都可感染，而猪以外的动物如狗、猫、狐狸、燕八哥、苍蝇等不致病，但它们能带毒、排毒。病猪和带毒猪是本病的主要传染源，通过粪便、乳汁、鼻分泌物、呕吐物以及呼出的气体排出病毒，污染饲料、饮水、空气、土壤、用具等。该病主要经消化道、呼吸道在猪群中水平传播。本病主要发生在冬、春寒冷季节。

【症状】　本病的潜伏期很短，一般为12～18小时。一般2周龄以内的仔猪感染后，12～24小时会出现呕吐，继而出现严重的水样或糊状腹泻，粪便呈黄色，常夹有未消化的凝乳块，恶臭，体重迅速下降，仔猪明显脱水，发病2～7天死亡，死亡率达100%；在2～3周龄的仔猪，死亡率0～10%。

断乳猪感染后2～3天发病，表现水泻，呈喷射状，粪便呈灰色或褐色，个别猪呕吐，在5～8天后腹泻停止，极少死亡，但体重下降，常表现发育不良，成为僵猪。

有些母猪与患病仔猪密切接触反复感染，临诊症状较重，体温升高，泌乳停止，呕吐，食欲不振和腹泻，也有些哺乳母猪不表现临诊症状。

【病理变化】 尸体脱水明显，主要病理变化在胃和肠，从胃到直肠可见程度不一的卡他性炎症。胃肠充满凝乳块，胃粘膜充血；小肠充满气体，肠壁弹性下降，管壁变薄，呈透明或半透明状；肠内容物呈泡沫状、黄色、透明；肠系膜淋巴结肿胀，淋巴管没有乳糜。心、肺、肾未见明显的肉眼病理变化。病理组织学变化可见小肠绒毛萎缩变短，甚至坏死，与健康猪相比，绒毛、隐窝之比从7∶1 变为 1∶1；肠上皮细胞变性，粘膜固有层内可见浆液性渗出和细胞浸润。肾由于曲细尿管上皮变性尿管闭塞而发生浊肿，脂肪变性。

【诊断】 在冬、春季节，猪发生水样腹泻、呕吐，尤其是 2 周龄仔猪发病率和死亡率高等特点可以作出初步诊断。但猪流行性腹泻病毒、轮状病毒等肠道病毒也常常引起类似的猪腹泻临诊症状。所以仅仅依靠临诊症状作为诊断该病的依据是不足的，必须进行病原学和血清学方法的诊断，才能确诊。

电子显微镜检查：将传染性胃肠炎感染的猪小肠粘膜及内容物制成的乳剂或制备粪便稀释液，经 3 000 g 离心，30 分钟取上清液，用磷钨酸负染技术，在电镜下观察，可见到冠状病毒粒子。如将感染猪小肠或病毒细胞培养物制成超薄切片在电镜下观察，则可从平面上观察到病毒的内部结构、形态大小、复制方式等，只不过时间上稍长一点。但由于该病毒与猪流行性腹泻病毒粒子在形态上尚难以区分，要做到鉴别及准确定性尚需借助于免疫电镜技术。如直接免疫荧光法、血清中和试验、ELISA 等。

（二）防制

参照猪流行性腹泻病毒的方法进行。

第七节 猪圆环病毒感染

猪圆环病毒感染（PC）是由猪圆环病毒引起的猪的一种新的传染病。其临诊表现多种多样，主要特征为体质下降、消瘦、贫血、黄疸、生长发育不良、腹泻、呼吸困难、母猪繁殖障碍、内脏器官及皮肤的广泛病理变化，特别是肾、脾脏及全身淋巴结的高度肿大、出血和坏死。本病还可导致猪群产生严重的免疫抑制，从而容易导致继发或并发其他传染病。

目前，本病已遍及世界各养猪国家和地区，成为严重危害世界养猪业的一种新的重要传染病。我国从 2001 年发现该病以后，在我国猪群中已广泛流行，给养猪业造成了巨大的经济损失。

（一）诊断要点

【流行病学】 猪是 PC 病毒的主要宿主。猪对 PC 病毒有较强易感性，各种年龄的猪均可感染，但仔猪感染后发病严重。胚胎期或生后早期感染的猪，往往在断奶后才发病，一般集中在 5～18 周龄，尤其在 6～12 周龄最多见。妊娠母猪感染 PC 病毒后，可经胎盘垂直传染给仔猪，并导致繁殖障碍。感染猪可自鼻液、粪便等废物中排出病毒，经消化道、呼吸道引起感染。

【症状与病变】 与圆环病毒Ⅱ型（PCV-Ⅱ）感染有关的猪病主要有以下 5 种疾病，其临床表现如下：

（1）猪断奶后多系统衰弱综合征（PMWS）：通常发生于断奶仔猪，PCV-Ⅱ是 PMWS 的重要病原，繁殖与呼吸综合征病毒、细小病毒、伪狂犬病病毒等病原混合感染和免疫刺激可以加重该病的危害程度。

患猪表现精神不振，食欲不佳，体温略偏高，肌肉衰弱无力，下痢，呼吸困难，眼睑水肿，黄疸，贫血，消瘦，生长发育不良，皮肤湿疹，全身淋巴结病理变化，尤其是腹股沟、肠系膜、支气管以及纵隔淋巴结肿胀明显，发病率为 5%～30%，死亡率为 5%～40% 不等，康复猪成为僵猪。剖检可见淋巴结肿大、肝硬变、多灶性粘液脓性支气管炎。肺脏衰竭或萎缩，外观灰色至褐色呈斑驳状，质地似橡皮。脾肿大、坏死、色暗。肾苍白、肿大、有坏死灶。心包炎，胸腔积水并有纤维素性渗出。胃、肠、回盲瓣粘膜有出血、坏死。

（2）皮炎和肾炎综合征（PDNS）：通常发生于 8～18 周龄的猪。发病率为 0.15%～2%，有时可高达 7%。以会阴部、四肢、耳朵等处的皮肤上出现红紫色隆起的不规则斑块为主要临诊特征。患猪表现皮下水肿，食欲丧失，有时体温上升。通常在 3 天内死亡，有时可以维持 2～3 周。

剖检见肾肿大、苍白，表面有出血点或坏死点。有些病猪出现胸水和心包积液。

（3）增生性坏死性间质性肺炎：此病主要危害 6～14 周龄的猪，与 PCV-Ⅱ有关，还有其他病原参与。发病率为 2%～30%，死亡率为 4%～10%。多见于保育期和育肥期的猪，病猪咳嗽，流鼻液，呼吸加快，精神沉郁，食欲不振。眼观病理变化为弥漫性间质性肺炎，呈灰红色。

（4）繁殖障碍：PCV-Ⅰ（圆环病毒Ⅰ型）和 PCV-Ⅱ感染均可造成繁殖障碍，导致母猪体温升高至 41～42℃，食欲减退，出现返情率增加、流产、死胎、弱仔、木乃伊胎。其中以 PCV-Ⅱ引起的繁殖障碍更严重。

【诊断】 本病的临诊症状和病理变化有一定特征性，具有一定的诊断价值。但猪圆环病毒易与其他病毒、细菌混合感染，确诊本病需实验室检查。

（二）防制

本病没有有效的治疗方法，但抗生素的使用和良好的饲养管理，有助于控制二重感染，如使用支原净、金霉素、阿莫西林、多西环素等。目前还没有疫苗可供应用，必要时可试用自家灭活苗预防。主要采取的对策是：加强饲养管理，降低饲养密度，实行严格的全进全出制，减少环境应激因素，如温度变化、贼风和有害气体。实施严格生物安全措施，防止 PCV 和其他感染因子的混合感染。用早期发现疑似猪进行检查、淘汰。避免从疫区引进猪，严格控制来访者、车辆、货物进入猪场。

PMWS 严重影响猪的生长发育，但对其发病机制、传染源等问题还不完全清楚，许多问题亟待解决。我国是一个养猪大国，且 PMWS 已在我国广为流行，应引起我国兽医工作者的高度重视，及早开展 PMWS 的研究和调查。

第八节　猪痢疾

猪痢疾是由致病性猪痢疾短螺旋体引起的猪的一种肠道传染病，以粘液性或粘液出血性腹泻为特征，大肠粘膜发生卡他性出血性炎症，有的发展为纤维素性坏死性炎症。该病在猪群中的发病率和病死率相当高，病猪生长发育受阻，耗料增加，给各地养猪业造成了很大的经济损失。

该病遍布五大洲的 50 多个国家和地区。在我国，许多省、市都有该病的存在，并且一旦传入猪群，若不采取严格的处理措施，很难根除。

（一）诊断要点

【流行病学】　不同年龄、品种的猪均易感，但以 7～12 周龄的幼猪多发，小猪的发病率和病死率比大猪高。一般发病率约 75%，病死率为 5%～25%。

在自然情况下未见其他动物感染或发病。病猪和带菌猪是主要传染源，康复猪带菌率很高，带菌时间可达 70 天以上，这些猪从粪便中排出病原体，污染周围环境、饲料、饮水和用具等，经消化道传播。另外，犬、小鼠、大鼠、野鼠和鸟等经口感染后均可从粪便中排菌，苍蝇亦可带菌与排菌。因此，这些动物也是不可忽视的传染源和传播媒介。

本病一年四季均可发生。其传播缓慢，流行期长，可长期危害猪群。各种应激因素如饲养管理不当、饲料不足、阴雨潮湿、气候多变、拥挤、饥饿等均可促进本病的发生和流行。本病一旦传入猪群，很难根除，用药可暂时好转，停药后往往又会复发。

【症状】　潜伏期可为 3 天至 2 个月以上，一般为 1～2 周。根据病猪的临床表现可分为急性型和慢性型两种。

（1）急性型：往往先有个别猪突然死亡，随后出现病猪。病初精神稍差，食欲减少，粪便变软，表面附有条状粘液。以后迅速下痢，粪便黄色柔软或水样。重病例在 1～2 天内粪便充满血液和粘液。在出现下痢的同时，腹痛，体温升高，维持数天，以后下降至常温，死前体温下降至常温以下。随着病程的发展，病猪精神沉郁，体重减轻，渴欲增加，粪便恶臭带有血液、粘液和坏死上皮组织碎片。病猪迅速消瘦，弓背吊腹，起立无力，极度衰弱，最后死亡。病程约 1 周。

（2）慢性型：病猪表现时轻时重的粘液出血性腹泻，粪便呈黑色，具有不同程度的脱水表现，生长发育受阻。慢性病猪的病死率虽低，但生长发育不良，饲料报酬低，部分康复猪经一定时间还可复发。病程在 2 周以上。哺乳仔猪通常不发病，或仅有卡他性肠炎临诊症状，并无出血。

【病理变化】 病死猪一般显著消瘦，被毛为粪便污染。病理变化主要在大肠（结肠和盲肠），回盲瓣为明显分界。急性型病猪的大肠壁和肠系膜充血、水肿，淋巴滤泡增大，肠粘膜肿胀，并覆盖有粘液、血块及纤维素性渗出物。随着疾病进一步发展，肠壁水肿减轻，而粘膜炎症加重，自粘液出血性炎症发展为出血性纤维素性炎症，粘膜表层坏死，形成粘液纤维蛋白性假膜，外观呈麸皮样或豆腐渣样，剥去假膜则露出浅表的糜烂面。其他脏器无明显变化。

【诊断】 根据本病流行缓慢，多发生于 7～12 周龄的中猪，哺乳仔猪及成年猪少见，临床上表现为病初的黄色或灰色稀粪，以后下痢并含有大量粘液和血液，病理变化局限于大肠，可作初步诊断。必要时可进行实验室细菌学检查和血清学试验。

鉴别诊断：本病应与猪增生性肠炎鉴别。猪增生性肠炎主要病理变化在小肠，确诊在于增生性肠炎病理变化特点和肠上皮细胞有劳氏胞内菌的存在。另外，本病还应注意与仔猪黄痢、仔猪白痢、猪副伤寒、仔猪红痢、猪传染性胃肠炎、猪流行性腹泻和猪轮状病毒感染相鉴别。

（二）防制

本病尚无菌苗可供预防，药物虽可控制猪群的发病率，减少死亡，但停药后容易复发，在猪群中难以根除。因此，应采取综合性预防措施，并配合药物防治才能有效地控制或消灭该病。

（1）禁止从疫区引进种猪，必须引进时应进行严格的检疫，并至少隔离观察 1 个月。

（2）在非疫区发现本病应采取全群淘汰或选择淘汰阳性猪的防制策略，经彻底清扫和消毒，并空圈 2～3 个月后再由无病猪场引进新猪。

（3）对无病猪群，应加强饲养管理和清洁卫生，保持栏圈干燥、洁净，并实行“全进全出”的肥育制度；发病猪数量多、流行面广而难以全群淘汰时，对猪群采用药物治疗，并结合消毒、隔离、合理处理粪尿等措施，可有效地降低猪群的发病率。

（4）采用药物防治该病。可用于防治猪痢疾的药物包括痢菌净、痢立清、新霉素、泰乐菌素、泰妙菌素、杆菌肽等。

第九节　仔猪梭菌性肠炎

仔猪梭菌性肠炎又称仔猪传染性坏死性肠炎，俗称仔猪红痢，是由 C 型和/或 A 型产气荚膜梭菌引起的 1 周龄仔猪高度致死性肠毒血症，以血性下痢，病程短，病死率高，小肠后段的弥漫性出血或坏死性变化为特性。

（一）诊断要点

【流行病学】 本病主要侵害 1～3 日龄仔猪，1 周龄以上仔猪很少发病。病死率一般为 20%～70%，有时可达 100%。本菌常存在于母猪肠道中，随粪便排出，污染哺乳母猪的奶头及垫料，当初生仔猪很短时间内吮吸母猪的奶或吞入污染物，细菌进入空肠繁殖，引起仔猪感染。本病除猪和绵羊易感外，还可感染马、牛、鸡、兔等。

本菌在自然界分布很广，存在于人畜肠道、土壤、下水道和尘埃中，猪场一旦发生本病，不易清除，这给根除本病带来一定困难。

【症状】 本病按病的经过分为最急性型、急性型、亚急性型和慢性型。

（1）最急性型：仔猪出生后，1 天内就可发病，临诊症状多不明显，病猪虚弱，很快变为濒死状态，最终死亡。

（2）急性型：较常见。病猪不断排出含有灰色组织碎片的红褐色液状稀粪，且日渐消瘦和虚弱，病程常维持 2 天，一般在第 3 天死亡。

（3）亚急性型：病猪呈持续性腹泻，病初排出黄色软粪，以后变成液状，内含坏死组织碎片。病猪极度消瘦和脱水，一般 5～7 天死亡。

（4）慢性型：病猪在 1 周以上时间呈现间歇性或持续性腹泻，粪便呈黄灰色糊状。

【病理变化】 眼观病理变化见于空肠，有的可扩展到回肠。空肠呈暗红色，肠腔充满含血的液体，空肠部绒毛坏死，肠系膜淋巴结鲜红色。病程长的以坏死性炎症为主，粘膜呈黄色或灰色坏死性假膜，容易剥离，肠腔内有坏死组织碎片。脾边缘有小点出血，肾呈灰白色。腹水增多呈血性，有的病例出现胸水。

【诊断】 根据流行病学、临诊症状和病理变化特点，如本病发生于 1 周龄内的仔猪，红色下痢、病程短、病死率高、肠腔充满含血的液体，以坏死性炎症为主，可作初步诊断。进一步确诊必须进行实验室检查。取离心的内容物上清液静脉注射一组小鼠，并取滤液与 C 型产气荚膜梭菌抗毒素血清混合，注射另一组小鼠做对照实验，如单注射滤液的小鼠死亡，而另一组小鼠健活，即可确诊。

（二）防制

搞好猪舍和周围环境的卫生和消毒工作，特别是产房更为重要。接生前应对母猪的奶头进行清洗和消毒，可以减少本病的发生和传播。目前多采用给妊娠母猪注射 C 型魏氏梭菌氢氧化铝菌苗和仔猪红痢干粉菌苗，在临产前 1 个月肌内注射 5 毫升，2 周后再注射 10 毫升，使母猪免疫，仔猪出生后吸吮母猪初乳可获得被动免疫，这是预防本病最有效的办法。仔猪出生后注射抗猪红痢血清，每千克体重肌内注射 3 毫升，可获得充分保护，但注射要早，否则效果不佳。

第十节 猪接触传染性胸膜肺炎

猪接触传染性胸膜肺炎又称坏死性胸膜肺炎。是由胸膜肺炎放线杆菌所致的一种高度接触传染性呼吸道疾病，以急性出血性纤维素性肺炎和慢性纤维素性坏死性胸膜炎为特征。急性者病死率高，慢性者常能耐过。

本病的危害主要为病猪死亡和医疗费用开支，其次为屠宰时废弃率增加。急性型的发病率为8.5%～100%，死亡率为0.4%～100%。感染本病的猪要比未感染猪延长4～5周达到上市体重。

（一）诊断要点

【流行病学】 各种年龄猪均易感，以2～5月龄、体重为30～60千克的猪多发。本病在猪群之间的传播主要由引进带菌猪引起。主要传播途径是气源感染，通过猪对猪的直接接触或通过短距离的飞沫小滴使疾病传递。拥挤、气温急剧改变、相对湿度高和通风不良等应激因素可促进本病的发生和传播，使发病率和死亡率升高。一般来说大群比小群更易发生本病。老疫区的猪群发病率和病死率趋于稳定，如又突然暴发是由于饲养管理突变或新的血清型入侵所致。本病有明显的季节性，多在4—5月和9—11月发生。

【症状】 本病的病程可分为最急性型、急性型、亚急性型和慢性型。

（1）最急性型：多见于断奶仔猪，同圈或不同圈的几头猪突然发病，病情严重。体温升高，可至41.5℃，沉郁、厌食，有短暂轻微腹泻和呕吐。开始呼吸临诊症状不明显，但心跳加快，发展为心脏衰竭。病的后期呈犬坐势，张口呼吸，耳、鼻、腿及全身皮肤发红，出现紫斑。一般经24～36小时死亡，死前从口和鼻孔流出带泡沫血样渗出物。

（2）急性型：同圈或不同圈的许多猪同时发病，体温40.5～41.0℃，沉郁、拒食、咳嗽、呼吸困难，有时张口呼吸，常出现心脏衰竭。病程依据肺部病理变化和开始治疗时间而不同，可发生死亡，也可转为亚急性或慢性。

（3）亚急性型和慢性型：常由急性转化而来，体温不升高或略有升高，食欲不振，阵咳或间断性咳嗽，增重率降低。在慢性感染群中，常有许多亚临诊症状病猪，如有其他呼吸道感染，临诊症状加剧。

【病理变化】 病理变化主要存在于呼吸道，肺炎大部为两侧性，涉及心叶、尖叶和部分膈叶，肺炎病理变化为局灶性，且界限分明，肺炎区色暗、坚实，切面脆弱（最急性）或呈颗粒状（急性或亚急性病程）。纤维素性胸膜炎很明显，胸腔内有血样液体。在急性死亡病例，气管和支气管充满泡沫状血样粘液性渗出物。在较慢性病例，形成不同大小结节，少数在膈叶，这些脓肿样结节被一层厚结缔组织膜包裹。有些区域胸膜粘连，在许多病例肺部病理变化消失，只残留部分病灶与胸膜粘连。

【诊断】 根据特征的临诊症状和剖检变化可以作出初步诊断，确诊需作细菌学检查。

（二）防制

（1）免疫接种：免疫母猪通过初乳传递的母源抗体可在 5～9 周内保护仔猪免受感染。预防本病最好用从当地分离的菌株制成灭活苗，仔猪 6～8 周首次免疫，隔 2 周再次免疫。每次 2～4 毫升，种猪在引入时或 6 月龄免疫，3 周后再次免疫。这些抗体在免疫 10 天后产生，在 4～6 周达到高峰，能减少病死率和降低胸膜肺炎的流行。

（2）治疗：早期用抗生素治疗有效，可减少死亡。该菌对青霉素、氨苄青霉素、头孢噻呋、替米考星、氟甲砜霉素、先锋霉素、阿莫西林、丁胺卡那霉素、庆大霉素、卡那霉素、复方新诺明等都有一定敏感性。一般采取注射治疗。泰妙灵单用、壮观霉素与林肯霉素联合使用效果令人满意。恩诺沙星、半合成先锋霉素或头孢噻呋钠有特效。在病的早期治疗效果较好，为维持血液中的有效浓度，应根据所用抗菌药物的特性反复注射。若猪吃食和饮水正常，也可采取注射与口服同时给药。

（3）猪群净化：根除本病应将抗体阳性率高的猪群全部捕杀，再从血清学阴性猪场引入新猪。对于阳性率比较低的种猪群，应在仔猪断奶时不断清除血清学阳性母猪，并在以后对猪群进行血清学检查，这种方法证明是成功的。

第十一节　副猪嗜血杆菌病

副猪嗜血杆菌病是由副猪嗜血杆菌引起的猪的多发性浆膜炎和关节炎。主要临诊症状为发热、咳嗽、呼吸困难、消瘦、跛行、共济失调和被毛粗乱等。剖检病理变化表现为胸膜炎、肺炎、心包炎、腹膜炎、关节炎和脑膜炎等。此外，副猪嗜血杆菌还可引起败血症，并且可能留下后遗症，即母猪流产、公猪慢性跛行。

特别是规模化猪场在受到蓝耳病、圆环病毒等感染之后免疫功能下降时，副猪嗜血杆菌病伺机暴发，导致较严重的经济损失。

（一）诊断要点

【流行病学】　副猪嗜血杆菌主要发生在断奶后和保育阶段的幼猪，发病率一般在 10%～15%，严重时死亡率可达 50%。该细菌寄生在鼻腔等上呼吸道内，属于条件性细菌，可以受多种因素诱发。患猪或带菌猪主要通过空气、直接接触感染其他健康猪，其他传播途径如消化道等亦可感染。

该病主要与猪场的猪体抵抗力、环境卫生、饲养密度有极大关系，如果猪发生过蓝耳病等，抵抗力下降时，副猪嗜血杆菌易趁虚而入；猪群密度大，过分拥挤，舍内空气浑浊，氨气味浓，转群、混群或运输时多发。猪有呼吸道疾病，如支原体肺炎、猪流感、伪狂犬病和猪呼吸道冠状病毒感染时，副猪嗜血杆菌的存在可加剧它们的病情，使病情复杂化。

【症状】　急性病例，往往首先发生于膘情良好的猪，病猪发热 40.5～42℃，精神沉郁，食欲下降，呼吸困难，腹式呼吸，皮肤发红或苍白，耳发紫，眼睑皮下水肿，行走缓慢或不愿站立，腕关节、跗关节肿大，共济失调，临死前侧卧或四肢呈划水样。有时会无明显临诊症状突然死亡。慢性病例多见于保育猪，主要是食欲下降，咳嗽，呼吸困难，被毛粗乱，四肢无力或跛行，生长不良，直至衰竭而死亡。母猪发病可流产，公猪有跛行。哺乳母猪的跛行可能导致母性的极端弱化。

【病理变化】 死亡时体表发紫，肚子大，有大量黄色腹水。剖检病死猪胸膜炎明显（包括心包炎和肺炎），有关节炎、腹膜炎和脑膜炎。以浆液性、纤维素性渗出性炎症（严重的呈豆腐渣样）特征。肺可有间质水肿、粘连，心包积液、粗糙、增厚，腹腔积液，肝脾肿大，与腹腔粘连，关节病理变化亦相似。最明显的是心包积液，心包膜增厚，心肌表面有大量纤维素渗出，喉管内有大量粘液，后肢关节切开有胶冻样物。

【诊断】 疾病诊断通常建立在畜群病史调查，临诊症状和尸体解剖的基础上，细菌的分离培养对确诊是必要的，但往往不能成功，这是因为副猪嗜血杆菌十分娇嫩，相对于标本中同时可能出现的其他细菌，难以满足其生长需要。现在，已建立了副猪嗜血杆菌的快速聚合酶链式反应（PCR）诊断技术，可对该病作出迅速的诊断。

鉴别诊断：要将副猪嗜血杆菌与败血性细菌感染相区别，能引起败血性感染的细菌有链球菌、红斑丹毒丝菌、猪放线杆菌、猪霍乱沙门杆菌、胸膜肺炎放线杆菌以及埃希大肠杆菌等。另外，3～10周龄猪的支原体多发性浆膜炎和关节炎能出现与副猪嗜血杆菌感染相似的损伤。

（二）防制

（1）消除诱因，加强饲养管理与环境消毒，减少各种应激，在疾病流行期间有条件的猪场仔猪断奶时可暂不混群，对混群的一定要严格把关，把病猪集中隔离在同一猪舍，对断奶后保育猪“分级饲养”，这样也可减少蓝耳病、圆环病毒在猪群中的传播。

（2）免疫接种：用自家苗（最好是能分离到该菌，增殖、灭活后加入该苗中）、副猪嗜血杆菌多价灭活苗能取得较好效果。种猪用副猪嗜血杆菌多价灭活苗免疫能有效保护小猪早期发病，降低发病的可能性。母猪：初免猪产前 40 天第 1 次免疫，产前 20 天第 2 次免疫。经免猪产前 30 天免疫一次即可。受本病严重威胁的猪场，小猪也要进行免疫，根据猪场发病日龄推断免疫时间，仔猪免疫一般安排在 7～30 日龄内进行，每次 1 毫升，最好一次免疫后过 15 天再重复免疫一次。

第十二节　猪支原体肺炎（气喘病）

猪支原体肺炎（MPS），又称猪地方流行性肺炎，俗称猪气喘病，是由猪肺炎支原体所引起的猪的一种慢性呼吸道传染病。主要临诊症状为咳嗽和气喘，生长缓慢或成为僵猪，病理变化特征是肺的尖叶、心叶、中间叶和膈叶前缘呈肉样或虾肉样实变。

本病分布于世界各地，我国许多地区都有发生，患猪生长发育缓慢，造成大量人力和饲料的浪费，如果饲养管理不好，或在流行暴发初也可造成严重死亡，被认为是世界上最主要的猪传染病。

（一）诊断要点

【流行病学】　猪是本病的自然宿主，各种品种、年龄、性别的猪均可感染。病猪和带菌猪是本病的传染源。病猪与健康猪直接接触，通过病猪咳嗽、气喘和喷嚏将含病原体的分泌物喷射出来，形成飞沫，经呼吸道而感染。如给健康猪皮下、静脉、肌内注射或胃管投入病原体都不能发病。

本病一年四季均可发生，但在寒冷、多雨、潮湿或气候骤变时较为多见。饲养管理和卫生条件是影响本病发病率和死亡率的重要因素，尤以饲料的质量，猪舍潮湿和拥挤、通风不良等影响较大。

【症状】　潜伏期一般为 11～16 天，最长可达 1 个月以上。根据病的经过，大致可分为急性型、慢性型和隐性型 3 个类型。

（1）急性型：主要见于新疫区和新感染的猪群，病初精神不振，头下垂，病猪呼吸困难，呼吸数剧增，可达每分钟 60～120 次。严重者张口喘气，发出哮鸣声，有明显腹式呼吸，或呈犬卧姿势。体温一般正常，如有继发感染则可升到 40℃以上。病程一般为 1～2

周，病死率也较高。

（2）慢性型：急性转为慢性，也有部分病猪开始时就取慢性经过，常见于老疫区的架子猪、育肥猪和后备母猪。主要临诊症状为咳嗽，站立不动，拱背，颈伸直，头下垂，用力咳嗽多次，严重时呈连续的痉挛性咳嗽。食欲变化不大，病势严重时减食或完全不食。病期较长的小猪，身体消瘦而衰弱，生长发育停滞。病程长，可拖延 2～3 个月，甚至长达半年以上。

（3）隐性型：可由急性或慢性转变而成。有的猪在较好的饲养管理条件下，感染后不表现临诊症状，但用 X 射线检查或剖解时发现肺炎病理变化，在老疫区的猪中本型占相当大比例。

【病理变化】 主要病理变化见于肺、肺门淋巴结和纵隔淋巴结。急性死亡见肺有不同程度的水肿和气肿。在心叶、尖叶、中间叶及部分病例的膈叶出现融合性支气管肺炎，以心叶最为显著，尖叶和中间叶次之，然后波及膈叶。病理变化部的颜色多为淡红色或灰红色，半透明状，病理变化部界限明显，像鲜嫩的肌肉样，俗称肉变。随着病程延长或病情加重，病理变化部颜色转为浅红色、灰白色或灰红色，半透明状态的程度减轻，俗称胰变或虾肉样变。肺门和膈淋巴结显著肿大，有时边缘轻度充血。继发感染细菌时，引起肺和胸膜的纤维素性、化脓性和坏死性病理变化，还可见其他脏器的病理变化。

【诊断】 对临诊症状明显的猪，可以根据临诊症状、特征性病理变化，结合流行病学可确定诊断。由于本病的隐性感染较多，因而在诊断时应以猪群为单位，如发现一头病猪，即可认为该群是病猪群。

对慢性和隐性猪，X 射线检查有重要价值。X 射线诊断对隐性猪、早期病猪均可确诊，病猪肺野的内侧区和心膈角区呈现不规则云絮状的阴影，密度中等，边缘模糊。但对阴性猪应隔 2～3 周后再复检。

鉴别诊断：本病应注意与猪流感、猪肺疫、肺丝虫病、蛔虫病相区别。肺丝虫和蛔虫的幼虫虽都可以引起咳嗽，也可能引起支气管肺炎，但病理变化部位多位于膈叶下垂部，仔细检查时可发现虫体。

（二）防制

只要彻底清除病猪、带菌猪，配合消毒，并采用自繁自养办法，可以控制或消灭本病。

（1）无病地区预防措施：坚持自繁自养原则，尽量不从外地购进猪；必须引种时应隔离观察 3 个月，此期间选择健仔猪 3～4 头混养，观察临诊症状。有条件的还应引进 X 射线检查，确无本病方可混养。此外应加强饲养管理，做好经常性防疫卫生和消毒工作。

（2）有病猪场的防疫措施：

① 早期诊断，早期发现，及时隔离和清除。

② 假定健康猪隔离饲养，继续观察和治疗，改为肉用催肥出栏。

③ 培育健康猪群。康复种母猪，单个隔离，人工授精，同时执行三固定（饲养员，母、仔猪同圈，仔猪圈内喂料），使母猪互不见面，仔猪互不窜圈，至小猪断奶时，如未发现临诊症状，X 射线检查也未见病理变化，则继续培育；如果多次 X 射线检查均为阴性或经过 1 年临诊观察，无病猪，屠宰猪未见到病理变化，就可以定为健康猪群。

（3）免疫接种：

① 弱毒苗：对无临诊症状种猪和后备猪，每年春、秋各注射一次；仔猪于 15 日龄后首次免疫，如作种用需 3～4 月龄时再免疫一次。引种猪前确定健康后注射疫苗。疫苗要注入胸腔，注射疫苗前 15 天至注射疫苗后 2 个月内不得注射或饲喂土霉素、卡那霉素。

② 灭活苗：1～2 周龄首次免疫，隔 2 周再次免疫。可以肌内注射 2 毫升剂量。

（4）治疗：加强营养，注意防寒保暖、卫生，可以提高药效，有利于康复。土霉素、卡那霉素、金霉素、四环素均有一定疗效。恩诺沙星、单诺沙星、诺氟沙星治疗本病效果较好，可用兽用卡那霉素每千克体重 3 万～4 万 IU 肌内注射，每天 1 次，连续 5 天为 1

个疗程，必要时连用 2～3 个疗程。利高霉素按每吨饲料 0.25～1 千克拌料或泰妙灵按每千克体重 20 毫克拌料服用，连用 5 天为 1 个疗程。

第十三节　猪传染性萎缩性鼻炎

猪传染性萎缩性鼻炎（AR）是由支气管败血波氏杆菌和产毒素多杀性巴氏杆菌引起猪的慢性接触性呼吸道传染病。临床上以鼻炎、鼻中隔扭曲、鼻甲骨萎缩和病猪生长迟缓为特征。临诊表现为打喷嚏、鼻塞、流鼻涕、鼻出血、颜面部变形或歪斜，常见于 2～5 月龄猪。该病的危害主要是造成病猪的生长受阻，饲料报酬降低，一度给不同国家和地区养猪业造成严重的经济损失。

（一）诊断要点

【流行病学】　各种年龄的猪都可感染，但以仔猪的易感性最大，1 月龄以内仔猪感染通常在几周内出现鼻炎和鼻甲骨萎缩临诊症状，1 月龄以上感染时通常无临床表现。

该病通常为水平传播，主要通过直接接触和气溶胶传染。传染源主要是感染或发病的母猪，常使出生后仔猪发生早期感染。猫、鼠、兔、犬和人等均可带菌。

猪舍空气中氨气、尘埃和微生物浓度在本病发生和严重程度上起重要作用，活动受限、过度拥挤、通风不良和卫生条件差等都可促进本病的扩散和蔓延。

【症状】　临诊症状依赖于疾病的不同发展阶段。早期病例的表现是 3～9 周龄仔猪出现喷嚏，少数病猪出现浆液性、粘液脓性渗出物以及一过性的单侧或两侧鼻出血。喷嚏频率可作为衡量发病严重程度的指标。随着病程的发展，严重病例出现呼吸困难、发绀；由于受到局部炎症的刺激，鼻孔周围瘙痒，病猪不断摩擦鼻端；由于鼻炎导致鼻泪管阻塞，泪液增多，从而在眼内角下面皮肤上形成半月状、因尘土粘结而呈灰黑色的斑块，俗称“泪斑”。病情再进一步地发展，病猪在打喷嚏时会喷出粘稠分泌物；出现面部变形，鼻骨和上颌骨缩短，嘴巴向上弯曲，下切齿突出。最后，脸部变形扭曲，严重凹陷和多余皮肤形成皱纹，或者两眼间距变小，整个头部轮廓发生改变；如果是鼻甲骨单侧性萎缩则上颌扭向一侧。若鼻炎蔓延到筛板，则可使大脑感染而发生脑炎临诊症状。有时病原体可侵入肺部而引起肺炎。这些变化最常见于 8～10 周龄的仔猪，偶尔也可发生于年龄更小的仔猪。发病仔猪体温一般正常，生长发育受阻，饲料报酬降低，甚至形成僵猪。

【病理变化】　病理变化限于鼻腔和邻接组织，最有特征的变化是鼻腔软骨组织和骨组织的软化和萎缩，主要是鼻甲骨萎缩，特别是鼻甲骨的下卷曲最为常见。严重病例，鼻甲骨完全消失，鼻中隔弯曲或消失，鼻腔变成为一个鼻道。鼻粘膜常附有粘液脓性或干酪样渗出物。鼻窦粘膜充血，有时鼻窦内充满粘液脓性分泌物。

【诊断】　依据频繁喷嚏，吸气困难，鼻粘膜发炎，鼻出血，生长停滞和鼻面部变形易作出现场诊断。有条件者，可用 X 射线作早期诊断。用鼻腔镜检查也是一种辅助性诊断方法。

类症鉴别：应注意与传染性坏死性鼻炎和骨软病相区别。前者由坏死杆菌所致，主要发生外伤后感染，引起软组织及骨组织坏死、腐臭，并形成溃疡；骨软病表现头部肿大变形，但无喷嚏和流泪临诊症状，有骨质疏松变化，鼻甲骨不萎缩。

（二）防制

（1）免疫接种：母猪产仔前 2 个月及 1 个月分别接种灭活油剂苗，以提高母源抗体滴度，保护初生仔猪几周内不感染。也可给 1～3 周龄仔猪进行免疫，间隔 1 周进行二次免疫。

（2）药物防治：为了控制母仔链传染，应在母猪妊娠最后 1 个月内给予预防性药物。乳猪在出生 3 周内，最后选用敏感的抗生素注射或鼻内喷雾，每周 1～2 次，直到断乳为止。

（3）改善饲养管理：产仔、断奶和育肥各阶段均采用全进全出饲养体制；对于已有本病存在的猪场，则应做到就地控制和消灭，不留后患。

第十四节 猪丹毒

猪丹毒也叫“钻石皮肤病”或“红热病”，是由红斑丹毒丝菌引起的一种急性、热性传染病。临诊症状表现为急性败血型、亚急性疹块型和慢性心内膜炎型。

（一）诊断要点

【流行病学】 猪最易感，各种年龄均可感染，但以架子猪（3～6 月龄猪占 55%～89%）发病率最高。其他如牛、羊、马、犬、鼠、家禽及鸟类也能感染发病。人可感染，称为类丹毒。实验动物中鸽、小白鼠最敏感，肌肉或皮下接种后 3～5 天死亡，死后剖检脾肿大，肝有坏死灶。

病猪和各种带菌动物是主要的传染源，病猪内脏（肾、脾、肝）、分泌物和排泄物都含菌。在健猪的扁桃体和回盲口腺体处也可发现本菌，其他畜禽、两栖类、爬行类、野生动物也可成为带菌者。

传播途径以消化道感染为主，也可通过皮肤创伤（特别是屠宰工人等），带菌猪在不良条件下抵抗力降低，也可引起内源性感染、发病。

本菌在鱼类体表粘液、腐败的动植物、土壤、污水中进行某种程度的增殖，这在流行病学上值得注意。流行特点是多发生于夏季，5～8 月是流行的高峰期。

【症状】 潜伏期为 1～7 天（平均 3～5 天），临床上可分为三型。

（1）急性型：较多见。初期个别猪无临诊症状突然死亡，大多以发热 42～43℃，稽留，寒战，食欲下降，结膜充血，两眼清亮有神，很少有分泌物，粪便干硬，粟粒状，后期可能下痢。呼吸迫促，粘膜发绀。耳尖、鼻端、腹、腿内侧皮肤出现大小、形状不一的红斑，指压褪色，病程 2～4 天，病死率达 80%～90%。

（2）亚急性型（荨麻疹型）：除轻微表现急性败血症临诊症状外，其特征是在皮肤上出现疹块，俗称“打火印”，疹块大小、形状不一，数量不等，菱形多见，可出现于胸、腹、肩、背、四肢等处，色紫红，稍突起，可于数日内消退，自行恢复。

（3）慢性型：常见的有慢性关节炎、慢性心内膜炎和皮肤坏死。关节的损害最常见于肘、髋、跗、膝、腕关节，受害关节肿胀，跛行。病猪生长缓慢，消瘦；慢性心内膜炎型通常不表现临诊症状，常无先兆，突然倒地死亡或在宰后检查时发现。也有呈进行性消瘦，喜卧厌走，强行运动时见心率加快，呼吸迫促，听诊有心杂音。皮肤坏死常发生于背、肩、耳、蹄、尾部，局部皮肤变黑，干硬如革，最后脱落遗留瘢痕。

【病理变化】　（1）急性型：主要为败血症的变化，全身淋巴结肿胀充血，切面多汁，常见小点出血，脾脏充血性肿大，呈樱桃红色，被膜紧张，边缘钝圆，质地柔软，呈暗红色，脾髓易于刮下。肾常发生出血性肾小球肾炎变化，肿大，色暗红，皮质部有小红点，称为“大红肾”。胃肠道有卡他性或出血性炎症，以胃或十二指肠较明显。肺淤血、水肿。

（2）亚急性型：以皮肤上出现疹块为特征，内脏变化与急性型略同。

（3）慢性型：关节炎病例可见肿大，关节囊内充满多量浆液、纤维素性渗出物，滑膜充血、水肿，病程较长者，肉芽组织增生，关节囊肥厚。心内膜炎，在房室瓣形成各种灰白色的菜花形疣状物，使瓣口狭窄、变形、闭锁不全。

【诊断】　亚急性型根据皮肤上出现特征性疹块作出诊断。慢性心内膜炎型病例不易与链球菌性心内膜炎区别，往往需要死后剖检，做微生物检查确诊，慢性关节炎也要与类症鉴别。败血型要与猪瘟、猪肺疫、猪副伤寒急性型相鉴别。

（二）防制

一般性综合检疫措施同猪瘟。平时要防止带菌猪的引入，定期预防注射，以提高猪群抗病力；发生后及时治疗，猪圈及用具要认真消毒，粪便、垫草最好烧毁，病尸要深埋或化制，受威胁猪立即预防注射。我国生产使用的疫苗有灭活苗、弱毒苗，可在每年春、秋或冬、夏二季定期进行预防注射，仔猪免疫应于断乳后进行，以后每隔6个月免疫1次。

早期治疗效果较好，以青霉素为首选，配合高免血清效果更好。

思考题

1. 猪细小病毒病应注意和哪些疾病鉴别？

2. 猪繁殖与呼吸障碍综合征的临床表现和病理变化有哪些，如何防制？

3. 猪伪狂犬病的临床表现有哪些，如何防制？

4. 猪流行性腹泻流行病学特点、临床表现是什么？

5. 猪传染性胃肠炎流行病学特点、临床表现是什么，如何防制？

6. 猪圆环病毒感染临床表现是什么？

7. 猪痢疾的诊断及类症疾病鉴别要点有哪些？

8. 仔猪梭菌性肠炎的流行病学特点、临床表现类型是什么？

9. 猪传染性胸膜肺炎的病理变化是什么？

10. 副猪嗜血杆菌病的临床表现和病理变化是什么？

11. 猪支原体肺炎流行病学特点、临床表现和病理变化是什么？

12. 猪传染性萎缩性鼻炎流行病学特点、临床表现和病理变化是什么？

13. 猪丹毒流行病学特点、临床表现类型和病理变化是什么？

第五章 家禽主要传染病

第一节 鸡新城疫

鸡新城疫（ND）又名亚洲鸡瘟、伪鸡瘟，是由新城疫病毒引起的鸡和火鸡的急性高度接触性传染病，常为败血症经过。主要临诊特征为下痢、呼吸困难、产蛋下降和神经症状。病理剖检常见粘膜和浆膜红肿、出血和坏死性变化。

本病 1926 年首次发现于印度尼西亚，同年发生于英国新城，故名新城疫。1928 年我国就有本病的记载，于 1946 年证实有 ND 存在，但据载 1935 年我国河南地区首先有该病流行。本病发病急，死亡率高，呈世界性分布，是严重危害养鸡业的重要疾病之一。因此，被国际兽疫局（OIE）定为 A 类传染病。

（一）诊断要点

【流行病学】 鸡、火鸡、珍珠鸡、鹌鹑及野鸡对本病都有易感性，其中以鸡的易感性最高，其次是野鸡，鸽、鹌鹑及观赏鸟也有流行的报道。水禽也可感染，但很少表现或不表现症状，近年有鹅发病死亡的报道。

人类感染新城疫病毒后，偶尔发生眼结膜炎、发热、头痛等不适症状。

鸡新城疫的主要传染源是病鸡和带毒鸡。野禽、鹦鹉类的鸟类常为远距离的传染媒介。

本病的传播途径主要是呼吸道，其次是消化道感染，但不发生垂直传播。非易感的野禽、外寄生虫、人、畜均可机械地传播本病毒。

本病一年四季均可发生，但春秋两季较多，在易感鸡群中迅速传播，呈毁灭性流行，发病率和病死率可高达90%。

非典型性新城疫多发生于免疫鸡群，以30～40日龄的雏鸡和产蛋高峰期的鸡发病较多，雏鸡或成鸡的发病率与病死率均不高。免疫鸡群发生新城疫的因素很多，主要包括：饲养环境被强毒严重污染；忽视局部免疫；首免时母源抗体水平过高；疫苗质量不佳和保存不当；免疫程序不合理；多种免疫抑制病的干扰等。

【症状】 在临诊表现上可以将新城疫分为典型性和非典型性两种

1．典型新城疫：最急性型往往头晚食欲、活动正常，次日清晨发现死于鸡舍内。急性型是新城疫常见的一种典型类型，体温升至43～44℃，精神沉郁，食欲减少或不食，饮欲增加。不愿走动，羽毛松乱，头颈卷缩或下垂，或藏于翅下。嗜眠，翅膀和尾羽下垂，眼半闭或全闭，鸡冠和肉髯不同程度的发紫。呼吸困难，有时张口吸气，常发出“咯咯”的喘鸣声。口腔、嗉囊和鼻腔中蓄积大量粘液，如将病鸡两腿倒提，则从口腔流出稀薄液体，有酸臭味。病鸡常甩头和作吞咽动作。病鸡常排出混有血液或含有纤维蛋白及坏死组织的稀便。母鸡产蛋下降或产软壳蛋。在临死前常见症状有共济失调、震颤、体温降至常温以下、昏迷等。慢性型常见于成年鸡和流行末期。初期的病状与急性的大致相同，但较轻。神经症状明显，病鸡翅、腿瘫痪和麻痹，把头颈偏向一侧或后仰而嘴向上，站立不稳，失去平衡，共济失调，转圈运动或后退，伏地旋转，反复发作。

2．非典型新城疫：症状不典型，仅表现呼吸道症状和神经症状。雏鸡主要表现为明显的呼吸道症状：张口伸颈、气喘、呼吸困难、发出“呼噜”声、咳嗽、口中有粘液，有摇头和吞咽动作，并出现零星死亡。1 周左右，大部分病鸡趋向好转，而少数鸡出现扭颈、歪头或头向后仰呈现观星状，共济失调，翅下垂或腿麻痹等神经症状，安静时恢复常态，但稍遇刺激或惊扰，神经症状又复发作。成年鸡发病轻微，主要表现为产胆量急剧下降，一般为 30%，同时软壳蛋和小蛋（鸽蛋）增多，褐壳蛋颜色变淡，有时伴有呼吸道症状，但不易见到神经症状，病死率很低。

【病理变化】 1．典型新城疫：本病的主要病理变化是败血症。全身粘膜和浆膜出血，以消化道最为严重。典型病变是腺胃乳头明显出血；腺胃与肌胃交界处点状出血；腺胃与肌胃内有大量酸臭稀薄液体。小肠粘膜呈紫红色的枣核形出血和坏死，病灶表面有黄色和灰绿色纤维素性假膜覆盖，假膜脱落后形成溃疡；盲肠扁桃体常见肿大、出血和坏死；直肠粘膜常呈条纹状出血；脑膜充血或出血；心冠脂肪点状出血；喉、气管粘膜充血、出血、肺可见瘀血或水肿；产蛋鸡卵泡和输卵管显著充血，卵泡膜极易破裂以致引起卵黄性腹膜炎。

2．非典型新城疫：其病变不很明显，可见有的病鸡腺胃乳头有少数出血点，直肠粘膜和盲肠扁桃体出血的比例增多。

【诊断】 感染了新城疫的鸡，发病率和死亡率都很高，蔓延迅速，冬春流行最多。临诊上呈现严重下痢，呼吸困难，有“咯咯”声，病鸡有神经症状。病理剖检见有腺胃、肠道粘膜及扁桃体的弥漫性出血。腺胃与肌胃交界处点状出血；腺胃与肌胃内有大量酸臭稀薄液体。心冠脂肪点状出血等症状。根据以上综合特征即可作出初步诊断。但免疫鸡群或雏鸡群发病时，因缺乏典型病变，尚需进行实验室诊断。

1．实验室检查：采取病死鸡的脾、脑、肺等病料混合磨碎，加生理盐水制成 5～10 倍组织乳剂，每毫升加入青霉素、链霉素各 1 000 IU，作用 2～4 小时，经离心沉淀，取上清液 0.1 毫升接种于 9～10 日龄鸡胚的尿囊腔内。取 24 小时后死亡的鸡胚收集尿囊液，用配制好的 0.5%～1%红细胞液与之进行血凝试验和血凝抑制试验。对于耐过鸡可做血凝抑制试验，若抗体水平明显升高，超过 9 log2，即可确定本病。如果抗体水平参差不齐，且有高抗体的鸡出现，再结合发病情况，可以诊断为非典型性新城疫。

2．鉴别诊断。特别要与禽流感、禽霍乱相区别。根据我国近些年鸡新城疫发生的新动向，要特别重视非典型性鸡新城疫的诊断，这已是我国鸡新城疫发生的主要方式。

（二）防制

目前对于新城疫尚无有效治疗方法，因其传播快，死亡率高，往往给养鸡业造成巨大损失，因此控制新城疫发生的根本措施是要贯彻预防为主和综合防制的措施。

1．切实做好平时的防疫工作：不要买进病鸡和带毒鸡，家禽屠宰单位要建立检疫制度，并切实落实，严禁出售病鸡及死禽肉。饲养场应采取全进全出的饲养方式。强化防疫部门的管理，保证疫苗正常供应。重视和加强环境和鸡舍的清洁卫生，定期进行消毒。

2．定期进行预防注射，增强鸡群的特异免疫力：坚持预防注射的制度是预防该疾病的重要措施之一，可以提高禽群的特异免疫力，减少强毒的传播，降低损失。各地预防经验反复证明，只要坚持科学的预防注射的鸡场，就可以不发病或少发病，忽视预防注射工作，就可能遭受很大损失。任何免疫程序都受母源抗体高低、感染毒力强弱、鸡群抗体消长和其他感染情况等多种因素影响，因此必须根据鸡群免疫监测结果，来确定免疫时间。

目前，预防接种的疫苗及特点如下：

（1）鸡新城疫Ⅰ系疫苗：为中等毒力的疫苗，用于接种 2 月龄以上的鸡。使用的方法有两种，一是注射法；把疫苗用蒸馏水或冷开水作稀释，胸肌注射。另一是刺种；将疫苗稀释，用清洁沾水钢笔笔尖或刺种针蘸取疫苗，在鸡翅下无毛处避开血管刺种几下即可。三是滴眼 1～2 滴。四是作气雾免疫。接种疫苗后 5～6 天即产生免疫力。免疫期一般不低于 6 个月。

接种Ⅰ系疫苗的鸡群，少数鸡只可能发生轻重不等的反应，如精神不好，食欲减退，产蛋减少或产软壳蛋等。故对产蛋母鸡最好在产蛋期前或休卵期接种，以免造成减产。

疫苗必须在临用时稀释，稀释后必须在当天用完。用不完的疫苗要消毒处理。疫苗要冷冻保存。

（2）鸡新城疫Ⅱ系疫苗：其毒力比Ⅰ系疫苗弱，适用于初雏和不同日龄的鸡。一般采用滴鼻或点眼接种，临用时将疫苗用冷开水或蒸馏水稀释，对每只雏鸡鼻孔或眼内滴入 2 滴。接种后 6～7 天即产生免疫力。为避开母源抗体，雏鸡 7～10 日龄时接种，免疫比较确实。Ⅱ系疫苗对鸡的免疫期较短，免疫持续期因鸡本身的免疫状态和日龄有所不同。成鸡免疫，肌注即可。

（3）鸡新城疫Ⅲ系（F 系）弱毒疫苗：对各种日龄的鸡均可使用，一般用于 7 日龄以上的雏鸡，滴鼻、点眼、饮水均可。这种疫苗生产和应用较少。

（4）鸡新城疫Ⅳ系（LaSota 系）弱毒疫苗：这种疫苗比Ⅱ系苗毒力稍强，是国内普遍应用的一种疫苗，可以滴鼻、点眼、气雾、饮水等方式免疫，效果较好。

克隆-30 与此疫苗相似，也在较大范围内使用。

近年，我国生产并使用新城疫油佐剂灭活苗，是用Ⅳ系苗毒株灭活制成的死苗，优点是安全，不散毒，免疫期长；只能肌肉注射，可用于雏鸡和成年鸡的免疫。我国还生产有二联苗或三联苗，如新城疫-减蛋综合征、新城疫-支气管炎灭活苗、新城疫-支气管炎-减蛋综合征三联苗等。

免疫程序是预防鸡新城疫免疫十分重要的内容。由于我国幅员辽阔，情况复杂，不可能有一个适合我国不同地区、不同类型鸡场统一的免疫程序，应该因时、因地、因情况等制定适合本场的免疫程序，并要经常进行检查和调整。为了确定最适宜的免疫程序，必须利用监测技术予以保证，通过对该鸡群的监测，根据鸡群 HI 抗体水平决定免疫接种时间，通过监测结果适时免疫，才能使该鸡群始终处于有效的免疫水平，同时，通过监测，还可得知免疫效果和用于流行病学调查和诊断。

3．鸡新城疫的发病控制措施：一旦鸡群发生鸡新城疫后，若缺乏有效的治疗药物，要采取紧急措施，防止疫情扩大，及时控制。

（1）发现可疑病鸡时，应立即进行确诊后，淘汰。高温处理，其内脏、羽毛、污水等高温处理后作肥料，或深埋、烧毁。所用工具应彻底消毒。多年经验证明，确诊后尽早采取果断的淘汰措施，常可阻止疫病蔓延，缩短疫情，减少损失。严禁病鸡及污染肉品出售。

（2）对尚未出现临诊症状的鸡群，立即用Ⅰ系或Ⅳ系弱毒疫苗，进行紧急接种，接种后数天，就会停止出现新的病鸡，这是制止本病蔓延的一项积极可行的措施。在潜伏期的病鸡，注射后可能发病和死亡，应予注意。

（3）发病场要进行封锁。凡病鸡污染的鸡舍、饲槽、饮水器、用具、栖架、运动场等，必须进行清扫和消毒。对垃圾、粪便、垫草及吃后剩余饲料等堆积发酵、深埋或烧掉。

第二节　传染性喉气管炎

传染性喉气管炎（ILT）是由病毒引起的鸡的一种急性呼吸道传染病，其特征为呼吸困难，咳嗽，咳出含有血液的渗出物，产蛋鸡产蛋量下降，传播快，病死率较高。剖检可见喉部和气管粘膜肿胀、出血并形成糜烂，有时可见黄白色纤维素性假膜，在病的早期患部细胞可形成核内包涵体。

(一）诊断要点

【流行病学】　自然条件下，主要侵害鸡，各种年龄的鸡均可感染，雏鸡感染后最严重，育成鸡也有发生，但以成年鸡的临诊症状最为特征。野鸡、孔雀、幼火鸡也可感染。

病鸡和康复后的带毒鸡是主要传染源，约有 2%的康复鸡能带毒 2 年。传播途径主要是上呼吸道和眼内感染。病毒主要存在于气管和上呼吸道中，通过咳出血液和粘液经上呼吸道传播，被污染的垫草、饲料、饮水及用具，可成为传染媒介。人及野生动物的活动，也可机械地传播。种蛋也可能传播。强毒疫苗接种鸡群后，能造成散毒污染环境，易感鸡与接种活苗的鸡长时间接触，也可感染本病。

鸡群拥挤、通风不良、饲养管理不善、维生素 A 缺乏和寄生虫感染等，都可促进本病的发生和传播。

本病一年四季均可发生，秋、冬寒冷季节多发。感染率可高达 90%～100%，死亡率 5%～50%不等，耐过本病的鸡可获得免疫力。此病在同群鸡传播速度快，群间传播速度较慢，常呈地方流行性。但致死率较低。

【症状】 自然感染的潜伏期为 6～12 天。人工气管内接种为 2～4 天。由于病毒毒力和侵害部位不同，可分为喉气管型和眼结膜型。

（1）喉气管型（急性型）：由高致病性病毒株引起，主要发生于成年鸡。病鸡鼻孔有分泌物，呈半透明状，流泪，伴有结膜炎。其后表现为特征性的呼吸道临诊症状，即呼吸时发出湿性啰音，咳嗽，有喘鸣音。病鸡蹲伏地面或栖架上。每次吸气时头和颈向前、向上、张口，呈尽力吸气的姿势。严重病例，高度呼吸困难，痉挛咳嗽，可咳出带血的粘液。若分泌物不能咳出而堵住气管时，可窒息死亡。病鸡食欲减少或废绝，消瘦，鸡冠发紫，有时排出绿色稀粪，最后多因衰竭死亡。产蛋鸡的产蛋量下降 10%～20%或更多，康复后 1～2 个月才能恢复。病程 5～10 天或更长，不死者多经 8～10 天恢复，但成为带毒鸡。

（2）眼结膜型（温和型）：由低致病性病毒株引起，主要发生于 30～40 日龄的鸡。临诊症状较轻，发病缓和，呈地方流行性。其临诊症状为生长迟缓，眼结膜红肿，1～2 天后流眼泪，眼分泌物从浆液性到脓性，最后导致眼盲，严重病例见眶下窦肿胀。产蛋鸡产蛋率下降，畸形蛋增多。病鸡偶见呼吸困难，生长迟缓，死亡率一般为 5%。

【病理变化】 （1）喉气管型：特征性病理变化在喉头和气管。喉和气管内有卡他性或卡他出血性渗出物，渗出物呈血凝块状堵塞喉和气管。或有纤维素性干酪样物质，呈灰黄色附着于喉头周围，很容易从粘膜剥脱，堵塞喉腔，特别是堵塞喉裂部。干酪样物从粘膜脱落后，粘膜急剧充血，轻度增厚，散在点状或斑状出血，气管的上部气管环出血。鼻腔和眶下窦粘膜发生卡他性或纤维素性炎。产蛋鸡卵泡变软、变形、出血等。

（2）眼结膜型：既可单独侵害眼结膜，又可与喉、气管病理变化合并发生。结膜病理变化主要呈浆液性结膜炎，表现为结膜充血、水肿，有时有点状出血。有些病鸡的眼睑，特别是下眼睑发生水肿，而有的则发生纤维素性结膜炎，角膜溃疡。

【诊断】 根据流行特点、特征性临诊症状和典型病理变化，即可作出诊断，确诊须进行实验室检查。

（1）动物接种：取病鸡的气管渗出物或组织悬液，或用有痘斑的绒毛囊乳剂，在易感鸡和免疫鸡的气管内接种，易感鸡于接种后2～4 天出现 ILT 的典型临诊症状，免疫鸡则不发病。此外用含病毒的材料涂擦易感鸡的泄殖腔粘膜，4～5 天后涂擦处出现红肿等炎症反应。

（2）鉴别诊断：易与传染性支气管炎、鸡毒支原体病、传染性鼻炎、粘膜型鸡痘、维生素 A 缺乏症等混淆，应注意区别。

（二）防制

（1）严格执行隔离、消毒等措施是防止本病流行的有效方法。实行全进全出制。野毒感染和疫苗接种都可造成 ILT 病毒潜伏感染，因此避免将康复鸡或接种疫苗的鸡与易感鸡混群饲养尤其重要。

（2）免疫接种。在本病的常发地区或鸡场，应定期接种传染性喉气管炎疫苗。目前使用的疫苗有 2 种：一种是弱毒疫苗，经点眼、滴鼻免疫，一般毒力较强，接种后可出现轻重不同的反应，甚至引起死亡，接种途径和接种量应严格按说明书进行；另一种是强毒苗，采用涂肛法接种，4～5 天后，泄殖腔粘膜出现水肿和出血性炎症，表示接种有效，但排毒的危险性很大，一般只用于发病鸡场。灭活疫苗的免疫效果一般均不理想。

无论疫苗的毒力强弱，都只能在疫区或发生过该病的地区使用，因为接种过疫苗的鸡群可向外界排出病毒。有的疫苗仍有较强的毒力，幼鸡接种后出现肿眼、流泪等不良反应，甚至对雏鸡生长、育成鸡或鸡的产蛋量产生一定影响。

（3）发病后的控制措施：

① 用抗生素防止继发感染，减少死亡。

② 对症治疗，应用平喘药物如盐酸麻黄素碱、氨茶碱、氯化铵等饮水或拌料缓解临诊症状。

③ 利用传染性喉气管炎疫苗紧急接种是控制本病的最好方法，或肌内注射传染性喉气管炎高免卵黄抗体 2 毫升，隔天再肌内注射 1 次。

④ 中药喉症丸或六神丸对治疗喉气管炎效果也较好，2～3 粒/只，每天 1 次，连用 3 天。

第三节　传染性支气管炎

传染性支气管炎（IB）是由冠状病毒科冠状病毒属的传染性支气管炎病毒引起的鸡的一种急性、高度接触传染性呼吸道和泌尿生殖系统疾病。特征是雏鸡咳嗽，打喷嚏，气管啰音，流涕，呼吸困难。产蛋鸡表现产蛋量及蛋品质下降，输卵管受到永久性损失而丧失产蛋能力。肾型传染性支气管炎可见白色水样下痢，肾脏苍白、肿大，肾小管和输尿管内有尿酸盐沉积。腺胃型传染性支气管炎可见病鸡消瘦，生长迟缓，腺胃炎。本病具有高度传染性，感染鸡生长受阻，耗料增加，产蛋和蛋质下降，死淘率增加，给养鸡业造成巨大的经济损失。

（一）诊断要点

【流行病学】　鸡是 IB 病毒的自然宿主，不同品种和品系的鸡均可发生，但易感性存在差异。除鸡感染外，小雉也可感染，其他家禽易感性差。各种年龄的鸡都可发病，但以雏鸡和产蛋鸡发病较多，其中雏鸡发病最为严重。有母源抗体的雏鸡有一定抵抗力。鸡群拥挤、过热、过冷、通风不良、温度过低、缺乏维生素和矿物质，以及饲料供应不足或配合不当，均可促使本病的发生。

主要传播途径是呼吸道，病鸡从呼吸道排出病毒，经空气飞沫传染给易感鸡。此外，也可通过污染的饲料、饮水等经消化道传染。病鸡康复后可带毒 49 天，在 35 天内具有传染性。

本病一年四季均可发生，但以冬、春寒冷季节最严重。且传播迅速，几乎在同一时间内有接触史的易感鸡都发病。发病率和死亡率与毒株和不良的环境因素有很大关系。

【症状】 自然感染的潜伏期大约为 36 小时或更长，人工感染为 18～36 小时。IBV 由于血清型较多，且易变异，导致传染性支气管炎临诊表现类型复杂，通常可分为呼吸型、肾型等。

（1）呼吸型：主要侵害雏鸡，引起呼吸器官功能障碍。无明显的前驱临诊症状，常突然发病，出现呼吸道临诊症状，并迅速波及全群。幼雏表现为伸颈，张口呼吸，咳嗽，有“呼噜”音，尤以夜间最清楚。随着病情发展，全身临诊症状加剧，病鸡精神委靡，食欲废绝，羽毛松乱，翅下垂，昏睡，怕冷，常拥挤在一起。2 周龄以内的病雏鸡，还常见鼻窦肿胀，流粘性鼻液，流泪等临诊症状，病鸡常甩头。产蛋鸡感染后产蛋量下降 25%～50%，恢复期 6～8 周，且多数情况下恢复不到原来的水平，同时蛋品质下降，产软壳蛋、畸形蛋、砂壳蛋、薄壳蛋、粗壳蛋，蛋清稀薄如水，蛋黄与蛋清分离等。如产蛋鸡在幼龄时感染 IB，相当多的雌雏输卵管发育受阻，造成生殖器官永久性损伤，成为表现上正常但不下蛋的“假母鸡”。

（2）肾型：主要发生于 2～6 周龄的雏鸡。感染肾型支气管炎病毒后其典型临诊症状分 3 个阶段。第Ⅰ阶段：病鸡表现轻微呼吸道临诊症状，被感染后 24～48 小时气管发出啰音，打喷嚏及咳嗽，并持续 1～4 天，这些呼吸道临诊症状一般很轻微，有时只有在晚上安静的时候才听得比较清楚，因此常被忽视。第Ⅱ阶段：病鸡表面康复，呼吸道临诊症状消失，鸡群没有可见的异常表现。第Ⅲ阶段：受感染鸡群突然发病，并于 2～3 天内逐渐加剧。病鸡挤堆，厌食，排白色稀便，粪便中几乎全是尿酸盐，迅速消瘦，脱水。雏鸡死亡率为 10%～30%，6 周龄以上鸡死亡率在 0.5%～1%。病程比呼吸型稍长。

此外，有些鸡只表现渐进性消瘦，羽毛松乱，呆立，垂翅，体重减轻，有时伴有呼吸道临诊症状，表现咳嗽，啰音等，被人们称为“腺胃型传支”。

【病理变化】 IB 的病理变化主要发生在呼吸、泌尿和生殖系统。此外，也有一些发生于肌肉、肠道、肌胃的病理变化报道。

（1）呼吸型：主要病理变化见于气管、支气管、鼻腔、肺等呼吸器官。表现为气管环出血，管腔中有黄色或黑黄色栓塞物。幼雏鼻腔、鼻窦粘膜充血，鼻腔中有粘稠分泌物，肺脏水肿或出血。产蛋鸡的腹腔内可以发现液状卵黄物质，卵泡充血、出血、变形，甚至破裂。18 日龄以内幼雏感染时，可致输卵管发育异常，致使成熟期不能正常产蛋，剖检时见输卵管呈稚型或萎缩，变细、变短、变薄或成囊状，长度平均为 15～18 厘米，同龄正常鸡为 30～60 厘米。

（2）肾型：可见肾脏肿大，呈苍白色，肾小管充满尿酸盐结晶，扩张，外观呈斑驳状，俗称“花斑肾”。严重的病例在心包和腹腔脏器表面均可见白色的尿酸盐沉着。有时还可见法氏囊粘膜充血、出血，囊腔内积有黄色胶冻状物；肠粘膜呈卡他性炎变化，全身皮肤和肌肉发绀，肌肉失水。

（3）腺胃型：患腺胃炎的鸡腺胃严重肿大，如乒乓球，胃壁明显增厚，乳头水肿或脱落，呈平板状，少数粘膜出现溃疡、出血。肝脏淤血肿大，脾稍肿，肺充血。

【诊断】 根据流行特点、临诊症状和病理变化，可作出初步诊断。进一步确诊则有赖于病毒分离与鉴定及其他实验室诊断方法。

鉴别诊断：应注意与新城疫、传染性喉气管炎及传染性鼻炎相区别。新城疫一般发病较本病严重，在雏鸡常可见到神经临诊症状。传染性喉气管炎的呼吸道临诊症状和病理变化比传染性支气管炎严重；传染性喉气管炎很少发生于幼雏，而传染性支气管炎则幼雏和成年鸡都能发生。传染性鼻炎的病鸡常见面部肿胀，这在本病很少发生。肾型传染性支气管炎常与痛风相混淆，痛风时一般无呼吸道临诊症状，无传染性，且多与饲料配合不当有关，通过对饲料中蛋白的分析、钙磷分析即可确定。

（二）防制

（1）严格执行隔离、检疫、消毒等卫生防疫措施。加强饲养管理，降低饲养密度，避免鸡群拥挤，注意温度、湿度变化，避免过冷、过热。加强通风，防止有害气体刺激呼吸道。合理配比饲料，防止维生素和矿物质，尤其是维生素A的缺乏，以增强机体的抵抗力。

（2）适时接种疫苗是预防本病的主要措施。一般免疫程序为：对呼吸型传染性支气管炎，首次免疫可在 5～7 日龄用传染性支气管炎 H120 弱毒疫苗点眼或滴鼻；二次免疫可于 30 日龄用传染性支气管炎 H52 弱毒疫苗点眼或滴鼻；开产前用传染性支气管炎灭活油乳疫苗或新支减三联苗肌内注射。对肾型传染性支气管炎，可于 4～5 日龄和 20～30 日龄用肾型传染性支气管炎弱毒苗进行免疫接种，或用灭活油乳疫苗于 7～9 日龄颈部皮下注射。而对传染性支气管炎病毒变异株，可于 20～30 日龄、100～120 日龄接种 4/91 弱毒疫苗或皮下及肌内注射灭活油乳疫苗。除此之外还有多价（2～3 个型毒株）灭活油剂苗，按 0.2～0.3 毫升/雏、0.5 毫升/成鸡皮下注射。

使用弱毒苗应与新城疫病毒弱毒苗同时使用或间隔 10 天再进行新城疫病毒弱毒苗免疫，以免发生干扰作用。

本病目前尚无特异性治疗方法。改善饲养管理条件，降低鸡群密度，饲料或饮水中添加抗生素，对防止继发感染具有一定的作用。

第四节　鸡马立克病

马立克病（MD）是由疱疹病毒引起的鸡的一种最常见淋巴组织增生性肿瘤疾病，以外周神经、性腺、虹膜、各种脏器肌肉和皮肤的单核性细胞浸润为特征。该病传染性强，在病原学上与鸡的其他淋巴肿瘤病不同。具有传播速度快、范围广、潜伏期长（1～6 个月不等）等特点。患急性内脏型鸡马立克病的鸡群淘汰率及死亡率高达 8%～30%，严重发病的鸡群可造成全群覆灭，对我国养鸡生产造成严重威胁和巨大的经济损失。

由于马立克病病毒（MDV）破坏法氏囊、胸腺、脾脏等免疫器官，所以可引起严重的免疫抑制，增加受害鸡群对鸡白痢、球虫病、新城疫等的敏感性，并影响各种疫苗的预防效果。

（一）诊断要点

【流行病学】 鸡是最重要的自然宿主，此外，鹌鹑、山鸡、火鸡也可感染。但使火鸡感染致病的毒株与引起鸡发病的毒株不同。各种哺乳动物对强毒 MDV 无感受性。不同品种或品系的鸡均能感染 MDV，但对发生 MD（肿瘤）的抵抗力差异很大。感染时鸡的年龄对发病有很大影响，特别是出雏和育雏室的早期感染可导致很高的发病率和死亡率。年龄大的鸡发生感染，病毒可在体内复制，并随脱落的羽囊皮屑排出体外，但大多不发病。母鸡比公鸡对 MD 更易感。

病鸡和带毒鸡是最主要的传染源，其传播途径是病毒通过直接或间接接触经气源传播。在羽囊上皮细胞中复制的病毒，随羽毛、皮屑排出，使鸡舍内的灰尘成年累月保持传染性。很多外表健康的鸡可长期持续带毒、排毒，故在一般条件下 MDV 在鸡群中广泛传播，于性成熟时几乎全部感染。本病不发生垂直传播。经口感染不是重要的传播途径。研究表明吸血昆虫不能传播 MD，而经卵垂直传播即使存在也属罕见，对本病的流行无实际意义。

各种环境因素如存在应激、并发感染和饲养管理不当等都可使 MD 的发病率和死亡率升高。鸡群中存在法氏囊病毒、鸡传染性贫血病毒、呼肠孤病毒、球虫等引起严重免疫抑制的感染均可加重 MD 的损失。

【症状】 自然感染的雏鸡，可在 3 周龄时发病，多是在出雏室或育雏室早期感染所致，但多数发生于 2～5 月龄的鸡。根据临诊症状和病理变化发生部位的不同，MD 在临诊上可分为 4 种类型：神经型、内脏型、眼型和皮肤型。

（1）神经型：又称古典型，主要侵害外周神经。由于侵害神经部位不同，临诊症状也不同。以侵害坐骨神经最为常见。病鸡步态不稳，发生不完全麻痹，后期则完全麻痹，不能站立，蹲伏在地上，或表现为一腿伸向前方，另一腿伸向后方的特征性“劈叉”姿势。臂神经受侵害时，一侧或双侧翅膀下垂；当侵害支配颈部肌肉的神经时，病鸡发生头下垂或头颈歪斜；当迷走神经受侵时可引起失声、嗉囊扩张以及呼吸困难；腹神经受侵时常有腹泻临诊症状。

（2）内脏型：多呈急性暴发，常见于幼龄鸡群，初期以大批鸡精神委顿，食欲减退，羽毛松乱，鸡冠和肉髯苍白或萎缩、下痢为主要特征，几天后部分病鸡出现共济失调，随后出现单侧或双侧肢体麻痹。部分病鸡死前无特征临诊症状，很多病鸡表现脱水、消瘦和昏迷。

（3）皮肤型：较少见。一般缺乏明显的临诊症状，往往在宰后拔毛时发现羽毛囊增大，形成淡白色小结节或瘤状物。此种病理变化常见于大腿部、颈部及躯干背面生长粗大羽毛的部位。

（4）眼型：很少见到。病鸡虹膜受害，表现一侧或两侧虹膜正常色素消失，由正常的橘红色变为灰白色，俗称“灰眼病”，呈同心环状或斑点状以至弥漫的灰白色。瞳孔开始时边缘变得不齐，后期则仅为一针尖大小孔，病鸡视力减退或消失。

上述各型的临诊表现经常可以在同一鸡群中存在。在鸡群中，死亡常由饥饿和脱水直接造成，因为病鸡多因肢体麻痹而不能接近饲料和饮水。同栏鸡的踩踏也是致死的直接原因。

肉鸡感染马立克强毒或超强毒时，特别是在 1 周龄内感染，主要引起鸡群生长缓慢、消瘦、瘫痪，造成免疫抑制，抗病力下降，从而导致大肠杆菌病、新城疫、慢性呼吸道病以及其他一些传染病发生。抗生素和疫苗使用效果差，死亡率增高。有少数鸡在出栏前有马立克病的病理变化。

【病理变化】 最恒定的病理变化部位是外周神经，以腹腔神经丛、前肠系膜神经丛、臂神经丛、坐骨神经丛和内脏大神经最常见。受害神经横纹消失，变为灰白色或黄白色，有时呈水肿样外观。

病理变化常为单侧性，将两侧神经对比有助于诊断。除神经组织受损外，性腺、肝、脾、肾等内脏器官也会形成肿瘤。

内脏器官最常被侵害的是卵巢、肾、脾、肝、心、肺、胰、肠系膜、腺胃和肠道。肌肉和皮肤也可受害。其中以肝脏和腺胃的发生率最高。肝脏表现为肿大、质脆，有时为弥漫性的肿瘤，有时见粟粒大至黄豆大的灰白色肿瘤，几个至十几个不等。肿瘤质韧，稍突出于肝表面，有时肝脏的肿瘤如鸡蛋黄大小。腺胃肿大、增厚、质地坚实，浆膜苍白，切开后可见粘膜出血或溃疡。心脏的肿瘤常突出于心肌表面，米粒大至黄豆大。卵巢呈菜花状，肿大 4～10 倍不等。肺脏呈实质样变，质硬，在一侧或两侧可见灰白色肿瘤。脾脏肿大 3～7 倍不等，表面可见针尖大小或米粒大的肿瘤结节。肌肉肿瘤多发生于胸肌，呈白色条纹状。有时呈弥漫性肿大。

法氏囊的病理变化具有诊断意义。法氏囊通常萎缩，极少数情况下发生弥漫性增厚的肿瘤变化，由肿瘤细胞的滤泡间浸润所致。

皮肤病理变化常与羽囊有关，但不限于羽囊，病理变化可融合成片，呈清晰的带白色结节，在拔毛后的胴体尤为明显。胸腺有时严重萎缩，累及皮质和髓质，有的胸腺亦有淋巴样细胞增生区，在变性病理变化细胞中有时可见到考德里 A 型核内包涵体。

此外，大冠状动脉、主动脉和主动脉分支以及其他动脉出现眼观的类似人的脂肪动脉粥样变。

【诊断】　MDV 是高度接触传染性的，在鸡群中广泛存在，但在感染鸡中仅有一小部分发生 MD。此外，接种疫苗的鸡虽能得到保护不发生 MD，但仍能感染 MDV 强毒。因此，是否感染 MDV 不能作为诊断 MD 的标准，必须根据疾病特异的流行病学、临诊症状、病理变化和实验室检查作出诊断。

MD 一般发生于 1 月龄以上的鸡，2～7 月龄为发病高峰时间；病鸡常有典型的肢体麻痹临诊症状，出现外周神经受害，法氏囊萎缩，内脏肿瘤等病理变化，这些都是 MD 的特征。

（1）病毒分离：取鸡的血液或血液棕黄层细胞经卵黄囊或绒毛尿囊膜接种 4 日龄鸡胚，分别于接种后 4～6 天或 10～11 天在绒毛尿囊膜上产生痘样病理变化。

（2）琼脂凝胶沉淀试验：以 MD 标准附阳性血清检测羽根或羽囊浸出物，或以 MD 阳性抗原检测鸡的血清，若出现白色沉淀线，则说明检测鸡感染过 MD，排毒或有 MD 抗体存在。

（3）免疫荧光技术：取鸡的淋巴细胞接种鸭胚或鸡胚成纤维细胞，培养 5～7 天后可出现蚀斑，以 MD I 型单抗做间接荧光试验，若为附阳性则说明分离毒为 MD I 型病毒。

（4）鉴别诊断：MD 的内脏肿瘤与鸡淋巴白血病、网状内皮增生症在眼观变化上相似，临诊时应注意鉴别。

（二）防制

（1）综合防治措施：加强饲养管理，改善鸡群生活条件，增强鸡体抵抗力，坚持自繁自养，执行全进全出的饲养制度，避免不同日龄鸡混养；实行网上饲养和笼养，减少鸡只与羽毛粪便接触；严格卫生消毒制度，尤其是种蛋、出雏器和孵化室的消毒，以防止雏鸡的早期感染。消除各种应激因素，加强检疫，及时淘汰病鸡和阳性鸡。

（2）免疫接种：疫苗接种是预防本病的关键。疫苗的种类主要有冻干疫苗、细胞结合的 HVT（火鸡疱疹病毒）苗和多价疫苗。双价疫苗不仅能抵抗强毒的攻击，而且对存在母源抗体干扰和早期感染威胁的鸡群也能提供较好的保护。国外生产的 HVT+SB1 双价苗，免疫效果良好。

MD 疫苗的接种方法：疫苗的接种必须在雏鸡刚出壳后（24 小时内）立即进行，接种途径为颈部皮下注射，0.2 毫升/只。不论哪种疫苗，使用时应注意以下问题：雏鸡在 1 日龄接种、稀释疫苗应放在冰箱内，并要在 1～2 小时内用完；疫苗接种要有足够的剂量；防止雏鸡早期感染，它可能是引起免疫鸡群超量死亡最重要的原因，因为疫苗接种后需 7 天才能产生坚强免疫力，而在这段时间内在出雏室和育雏室都有可能发生感染，所以种蛋在入孵前必须对蛋壳、孵化箱、孵化室、育雏室、笼具等严格消毒；雏鸡应在严格隔离的条件下饲养，不同日龄的鸡只不能混养。

最新研究认为，对肉鸡接种马立克病疫苗不仅可以提高其成活率，还有助于提高增重和饲料转化效率，提高胴体质量。因此建议商品快大型肉鸡也要注射马立克病疫苗，为了降低成本，可以选择价格较便宜的 HVT 冻干疫苗。

（3）关于马立克病的二次免疫：据报道，接受 MD 二次免疫的鸡群，其发病率显著低于一次免疫接种鸡群。MD 的二次免疫接种可大大降低鸡群的死淘率。所以应在 10～21 日龄进行第二次加强免疫注射。

（4）导致免疫失败的因素：

① 母源抗体的干扰。母源抗体对疫苗毒株在雏鸡体内的繁殖具有一定的干扰作用，可影响机体免疫力的产生。

② 出雏或育雏期早期感染。雏鸡在未接种疫苗之前，或者雏鸡在接种疫苗后还未产生足够免疫力时感染 MD 强毒也可能导致免疫失败。

③ 疫苗在运输、储存、配制过程中处理不当，造成疫苗失活。马立克病冻干苗应冷藏于 2～8℃的冰箱，细胞结合苗应保存于特制的液氮罐中，疫苗稀释液应保存于低于 27℃的条件下，如果保存不当就会使疫苗免疫失效。

④ 其他疾病感染、应激及饲养管理因素导致机体发生免疫抑制，接种马立克病疫苗后，不能有效地产生免疫应答反应。此时，若外界环境中有马立克病病毒存在，则鸡只很容易感染发病。

⑤ 存在超强毒感染，或者是雏鸡受到极强程度的侵害，使得由疫苗建立起来的免疫屏障被突破。

由超强毒株引起的 MD 暴发，常在用 HVT 疫苗免疫的鸡群中造成严重损失，用 1 型 CVI988 疫苗，2 型、3 型毒株组成的双价疫苗可以控制。2 型和 3 型毒之间存在显著的免疫协同作用，由它们组成的双价疫苗免疫效率比单价疫苗显著提高。由于双价苗是细胞结合疫苗，其免疫效果受母源抗体的影响很小。

（5）培育抗病品种：对不同品种或品系的鸡，疫苗产生的免疫力不一样，有人发现用 HVT 疫苗免疫有遗传抗病力的鸡，效果比双价苗（HVT+SB1）免疫易感鸡的效果要好。因此提高鸡群的遗传抗病力，育成生产性能好，对 MD 抗病力强的品种或品系，是未来控制马立克病的一个重要方面。

在治疗上本病目前无特效治疗方法。鸡群发病后，使用抗生素可以防止继发感染，减少死亡。据报道，对发病初期的鸡用干扰素饮水和黄芪多糖拌料有一定的效果。病死鸡应进行无害化处理，防止病毒的散播。

第五节　禽白血病

禽白血病（AL）是由禽白血病/肉瘤病毒群中的病毒引起的禽类多种肿瘤性疾病的统称。以成年鸡中产生淋巴样肿瘤和产蛋量下降为特征。临诊有多种表现形式，在自然条件下以禽淋巴细胞白血病最为常见，其他如成红细胞白血病、成髓细胞白血病、髓细胞瘤、纤维瘤和纤维肉瘤、肾母细胞瘤、血管瘤、皮瘤等出现频率较低。

禽白血病是一种世界性分布的疾病，一直被认为是严重危害养禽业的重要禽病之一。本病造成的经济损失主要有以下几个方面：第一，引发肿瘤导致感染鸡死亡，通常是造成鸡群 1%～2%的死亡率，偶尔高达 20%或以上；第二，引起生产性能下降，尤其是产蛋量和蛋品质下降；第三，是一种免疫抑制病，可影响机体免疫应答，造成免疫反应性降低；第四，可通过垂直传播，导致下一代免疫耐受，并严重污染疫苗，导致该病的传播。

（一）诊断要点

【流行病学】　本病在自然情况下只有鸡能感染，人工接种在野鸡、珍珠鸡、鸽、鹌鹑、火鸡和鹧鸪也可引起肿瘤，但属于其他亚群病毒。不同品种或品系的鸡对病毒感染和肿瘤发生的抵抗力差异很大。母鸡的易感性比公鸡高，多发生在 18 周龄以上的鸡，呈慢性经过，病死率为 5%～6%，最高可达 23%。

病鸡和带毒鸡是本病的主要传染源。有病毒血症的母鸡，其产出的蛋常带毒，孵出的雏鸡也带毒。这种先天性感染的雏鸡常有免疫耐受现象，它不产生抗肿瘤病毒抗体，长期带毒、排毒，成为重要传染源。后天接触感染的雏鸡带毒、排毒现象与接触感染时雏鸡的年龄有很大关系。雏鸡在 2 周龄以内感染这种病毒，发病率和感染率很高，残存母鸡产下的蛋带毒率也很高。4～8 周龄雏鸡感染后发病率和死亡率大大降低，其产下的蛋也不带毒。10 周龄以上的鸡感染后不发病，产下的蛋也不带毒。

某些品种鸡群接种马立克病毒血清 2 型+3 型的二价苗后，会出现禽白血病发病率上升的现象。

【症状与病变】 禽白血病由于感染的毒株不同，其临诊症状和病理变化亦不同。

（1）淋巴细胞性白血病：该型最常见。14 周龄以下的鸡极为少见，至 14 周龄以后开始发病，性成熟期发病率最高。病鸡精神委顿，全身衰弱，进行性消瘦和贫血，鸡冠、肉髯苍白，皱缩，偶见发绀。病鸡食欲减少或废绝，腹泻，产蛋停止。腹部常明显膨大，用手按压可摸到肿大的肝脏，羽毛有时有尿酸盐和胆色素污染，最后病鸡衰竭死亡。

剖检可见肿瘤主要发生于肝、脾、肾、法氏囊，也可侵害心肌、性腺、骨髓、肠系膜和肺。肿瘤呈结节形或弥漫形，灰白色到淡黄白色，大小不一，以单个或大量出现，切面均匀一致，很少有坏死灶。粟粒状肿瘤多见于肝脏，均匀分布于肝实质中。肝发生弥散性肿瘤时，呈均匀肿大，且颜色为灰白色，俗称“大肝病”。

（2）成红细胞性白血病：此病比较少见。通常发生于 16 周龄以上的高产鸡。临床上分为 2 种病型，即增生型和贫血型。增生型较常见，主要特征是血液中存在大量的成红细胞，贫血型在血液中仅有少量未成熟细胞。两种病型的早期临诊症状为全身衰弱，嗜睡，鸡冠稍苍白或发绀。病鸡消瘦、下痢。病程从 12 天到几个月。

剖检时见两种病型都表现全身性贫血，皮下、肌肉和内脏有点状出血。增生型的特征性肉眼病理变化是肝、脾、肾呈弥漫性肿大，呈樱桃红色到暗红色，有的切面可见灰白色肿瘤结节。贫血型病鸡的内脏常萎缩，尤以脾为甚，骨髓色淡呈胶冻样。检查外周血液，红细胞显著减少，血红蛋白量下降。增生型病鸡出现大量的成红细胞，占全部红细胞的90%～95%。

（3）成髓细胞性白血病：此型很少自然发生。其临床表现为嗜睡，贫血，消瘦，毛囊出血，病程比成红细胞性白血病长。剖检时见骨髓坚实，呈红灰色至灰色。在肝脏偶然也见于其他内脏发生灰色弥散性肿瘤环节。组织学检查见大量成髓细胞于血管内外积聚。外周血液中常出现大量的成髓细胞，其总数可占全部血细胞的75%。

（4）骨髓细胞瘤病：此型自然病例极少见。其全身临诊症状与成髓细胞性白血病相似。由于骨髓细胞的生长，头部、胸部和跗骨异常突起。这些肿瘤很特别地突出于骨的表面，多见于肋骨与肋软骨连接处、胸骨后部、下颌骨以及鼻腔的软骨上。骨髓细胞瘤呈淡黄色、柔软脆弱或呈干酪状，呈弥散或结节状，且多两侧对称。

（5）骨硬化病：在骨干或骨干长骨端区存在有均一的或不规则的增厚。晚期病鸡的骨呈特征性的“长靴样”外观。病鸡发育不良、苍白、行走拘谨或跛行。

（6）其他：如血管瘤（见于皮肤或内脏表面，血管腔高度扩大形成“血疱”，通常单个发生。“血疱”破裂可引起病禽严重失血而死）、肾瘤、肾胚细胞瘤、肝癌和结缔组织瘤等，自然病例均极少见。

【诊断】 临诊诊断主要根据流行病学和病理学检查。临诊时首先应考虑发病鸡只的年龄，通常在 16 周龄以上。其次是病程和死亡率，本病在鸡群中发病是渐进性的，始终保持低的死亡率。此外，有中等数量典型病例，从病鸡肉眼的病理变化来看，几乎总是涉及法氏囊的病理变化。实际诊断中常根据血液学检查和病理学特征结合病原和抗体的检查来确诊。

（二）防制

本病主要为垂直传播，病毒型间交叉免疫力很低，雏鸡免疫耐受，对疫苗不产生免疫应答，所以对本病的控制尚无切实可行的方法。

减少种鸡群的感染率和建立无白血病的种鸡群是控制本病的最有效措施。种鸡在育成期和产蛋期各进行2次检测，淘汰阳性鸡。

鸡场的种蛋、雏鸡应来自无白血病种鸡群，同时加强鸡舍孵化、育雏等环节的消毒工作，特别是育雏期（最少1个月）封闭隔离饲养，并实行全进全出制。抗病育种，培育无白血病的种鸡群。生产各类疫苗的种蛋、鸡胚必须选自无特定病原（SPF）鸡场。

切实做好马立克病、传染性法氏囊病、呼肠孤病毒病以及球虫病的免疫预防工作。尤其是马立克疫苗，一定要选择质量可靠、蚀斑单位数量保证、免疫效果确实的产品，并严格按照厂家要求，合理保存和使用疫苗。上述几种疾病都能引起免疫抑制，降低机体对禽白血病-J病毒的抵抗力，从而使本病趋向严重化。不提倡在1日龄除马立克疫苗外，同时接种其他病毒疫苗，特别是法氏囊、新城疫及呼肠孤病毒多联疫苗，否则会对马立克免疫不利。

确保种鸡饲料原料的高品质，特别要防止饲料霉变和霉菌毒素中毒，损害免疫功能。适当提高饲料中粗蛋白的含量。1～28日龄应达到20%，29～154日龄应保持在15%左右。这样做，有助于种鸡免疫系统的正常发育。

尽可能减少各种应激。应激是造成免疫抑制和抵抗力下降的重要原因。在断喙、转群和免疫接种时要通过饮水投服优质的含某些氨基酸的多种维生素和电解质。

为减轻交叉传染，应提倡公母分养制，直至种鸡交配或母鸡转入成鸡舍，这样会减少公鸡对母鸡的J亚型病毒传递。

加强对注射用器械的消毒，尽可能减少一枚针头连续注射种鸡的数量。最好能做到每只鸡使用一枚针头。免疫注射和化验采血是造成包括J亚型在内的传染病经血传染的最直接也是最危险的可能传播途径。

第六节 传染性法氏囊病

传染性法氏囊病（IBD）是由病毒引起幼鸡的一种急性、高度接触性传染病。本病发病率高、病程短、呈尖峰式死亡。主要临诊症状为脱水、震颤、腹泻、极度虚弱。特征性的病理变化为前期法氏囊水肿，出血、有干酪样渗出物，后期萎缩，肾脏肿大，肾脏和输尿管有尿酸盐沉积，胸肌和腿肌出血，腺胃和肌胃交界处有出血。

本病造成的经济损失巨大，一方面是鸡只死亡、淘汰率增加、影响增重等所造成的直接损失；另一方面是免疫抑制，使接种了多种疫苗的鸡免疫应答反应下降，或无免疫应答，也由于免疫机能下降，患鸡对多种病原的易感性增加。

近年来，IBD 的流行出现了许多新特点：一是 IBD 呈暴发性流行，区域广；二是在抗原性、发病率、死亡率、病理剖检变化方面与经典 IBD 有所不同；三是各国流行情况不同，呈现明显的地域差异性；四是疫苗免疫效果不佳，常导致免疫失败。IBD 的这些流行新特点给养鸡业造成重大经济损失。因此，本病被认为是与新城疫、鸡马立克病并列在一起的危害养鸡业的三大传染病。

（一）诊断要点

【流行病学】 IBD 病毒的自然宿主仅为雏鸡和火鸡。不同品种的鸡均有易感性。3～6 周龄的鸡最易感。近年报道 138 日龄的鸡也发生本病。成年鸡一般呈隐性经过。本病全年均可发生，无明显季节性。

病鸡的粪便中含有大量病毒，病鸡是主要传染源。鸡可通过直接接触和污染了 IBD 病毒的饲料、饮水、垫料、尘埃、用具、车辆、人员、衣物等间接传播，老鼠和甲虫等也可间接传播。本病毒不仅可通过消化道和呼吸道感染，还可通过污染了病毒的蛋壳传播，但未有证据表明可经卵传播。另外，经眼结膜也可传播。

本病一般发病率高（可达 100%），死亡率不高（多为 5%左右，也可达 20%～30%），卫生条件差而伴发其他疾病时死亡率可升至 40%以上，在雏鸡甚至可达 80%以上。

本病的另一流行病学特点是发生本病的鸡场，常常出现新城疫、马立克病等疫苗接种的免疫失败，这种免疫抑制现象常使发病率和死亡率急剧上升。IBDV 产生的免疫抑制程度随感染鸡的日龄不同而异，初生雏鸡感染 IBDV 最为严重，可使法氏囊发生坏死性的不可逆病理变化。

【症状】 潜伏期为 2～3 天，易感鸡群感染后发病突然，病程一般为 1 周左右，典型发病鸡群的死亡曲线呈尖峰式。发病鸡群的早期临诊症状之一是有些鸡啄自己的泄殖腔，随即病鸡出现腹泻，排出白色粘稠或水样稀便。随着病程的发展，采食减少，颈和全身震颤，病鸡步态不稳，羽毛蓬松，畏寒，精神委顿，卧地不动，体温常升高，泄殖腔周围的羽毛被粪便污染。病鸡脱水严重，趾爪干燥，眼窝凹陷，最后衰竭死亡。急性病鸡可在出现临诊症状 1～2 天后死亡，鸡群 3～5 天达死亡高峰，以后逐渐减少。在初次发病的鸡场多呈显性感染，临诊症状典型，死亡率高。以后发病多转入亚临诊型。

近年来发现部分 I 型变异株所致的病型多为亚临诊型，主要表现少数鸡精神不振，食欲减退，轻度腹泻，死亡率一般在 3%以下。但病程和鸡群的流行期都较长，并可在一个鸡群中反复发生，直至开产。可引起法氏囊萎缩，造成严重的免疫抑制，危害性更大。

【病理变化】 病死鸡表现脱水，腿部和胸部肌肉条纹状或斑块状出血。法氏囊的病理变化具有特征性，可见法氏囊内粘液增多，法氏囊浆膜、粘膜水肿和出血，体积增大，重量增加，比正常鸡重 2 倍以上，囊壁增厚，外形变圆，呈土黄色，外包裹有胶冻样透明渗出物。5 天后法氏囊开始萎缩，8 天后重量仅为正常重量的 1/3 左右。一些严重病例可见法氏囊严重出血，呈紫黑色，如紫葡萄状。切开后粘膜皱褶多混浊不清，粘膜表面有点状出血或弥漫性出血。严重者法氏囊内有干酪样渗出物。肾脏有不同程度的肿胀，常有尿酸盐沉积，输卵管有大量的尿酸盐而扩张。腺胃和肌胃交界处见有条状出血点。盲肠和扁桃体肿大、出血。

【诊断】 根据本病的流行特点、临诊症状和病理变化，如突然发病，传播迅速，发病率高，有明显的高峰死亡曲线和迅速康复的特点；法氏囊水肿和出血，体积增大，粘膜皱褶多混浊不清，严重者法氏囊内有干酪样分泌物，可作出诊断。由 IBD 病毒变异株感染的鸡，只有通过法氏囊的病理组织学观察和病毒分离才能作出诊断。

鉴别诊断：本病主要应与雏鸡白痢、肾型传染性支气管炎、球虫病、新城疫、磺胺类药物中毒等相区别。

① 雏鸡白痢：发病日龄在14～21天，粪便呈糨糊状，肛门常有干石灰样粪便封堵，病死鸡常有肺炎、坏死结节和肝肿大、变性、坏死，抗菌药治疗有效，这些都有别于IBD。

② 肾型传染性支气管炎：可见肾肿大，有时输尿管扩张并有尿酸盐沉积，但法氏囊不肿，耐过鸡法氏囊也不见萎缩，腺胃和肌胃交界处无出血；而其他原因引起的肾脏肿大的病例一般有明显的病史，如磺胺类药物中毒和痛风引起的肾肿等。

③ 鸡球虫病：多为血便，且用抗球虫药治疗有效。

④ 硒和维生素E缺乏症：亦可出现肌肉出血，但缺乏硒和维生素E法氏囊无病理变化，饲料中补充硒和维生素E后，病症逐渐减轻或消失。

⑤ 新城疫：都会在腺胃乳头及其他器官出血，但新城疫病程长，有呼吸道和神经临诊症状，无法氏囊特征性病理变化。

⑥ 住白细胞原虫病：病鸡鸡冠苍白，精神沉郁，内脏器官和肾脏出血以及胸肌、心肌等部位有小白色结节或血肿，结肠上有小的囊肿。

⑦ 磺胺类药物中毒：有用药史，胸部、腿部肌肉出血，骨髓黄染，停药后病情好转。

（二）防制

（1）严格卫生管理，加强净化消毒措施：种蛋、孵化、育雏必须全程消毒，选用有效消毒药对育雏舍、用具、鸡笼等进行喷洒消毒，间隔4～6小时，反复消毒2～3次。在彻底消毒的育雏舍内育雏可以防止早期感染。

（2）加强饲养管理：鸡群要采用全进全出制和使用全价饲料。鸡舍通风良好，温度、湿度适宜，对60日龄内的雏鸡最好实行隔离封闭饲养，杜绝传染来源。

（3）提高种鸡的母源抗体水平：应用油乳剂灭活苗对 18～20 周龄种鸡进行第一次免疫，于 40～42 周龄时第二次免疫，母源抗体能保护雏鸡至 2～3 周龄。

（4）雏鸡的免疫接种：首次接种应于母源抗体降至较低水平时进行，当 1 日龄雏鸡沉淀抗体阳性率不到 80%，鸡群应在 10～16 日龄首次免疫。阳性率达 80%～100%的鸡群，在 7～10 日龄再检测一次抗体，阳性率在 50%时，可确定 14～15 日龄首次免疫。在养鸡生产中由于传染性法氏囊病病毒变异株感染引起免疫失败时，可用当地分离的毒株制成灭活疫苗进行免疫接种，常收到良好的效果。

治疗：病雏早期用高免血清或卵黄抗体治疗可获得较好疗效。雏鸡 0.5～1.0 毫升/羽，大鸡 1.0～2.0 毫升/羽，皮下或肌内注射，必要时次日再注射一次，同时于使用卵黄 1 周后再用中等毒力疫苗巩固一次。也可用中药制剂如黄连解毒汤、板蓝根冲剂等来治疗，效果良好。为防止免疫失败，注射卵抗 10～15 天后，应考虑新城疫、鸡传染性支气管炎、传染性法氏囊病的重新免疫，因为感染法氏囊病后，前二者的免疫很有可能失败，因此，应重新免疫。

为减少鸡只死亡，可在进行特异性治疗的同时，在饲料或饮水中添加抗病毒药物如黄芪多糖等，可以降低死亡率。另外，应加强饲养管理，降低饲料中的蛋白质含量，提高维生素含量。饮水中添加 0.3%～0.5%的小苏打或口服补盐液，有利于减少对肾脏的损害，防止尿酸盐沉积。使用抗生素防止继发感染。

第七节　产蛋下降综合征

产蛋下降综合征（EDS76）是由禽腺病毒Ⅲ群中的病毒引起的以鸡的产蛋量下降为特征的一种传染病，其主要表现为鸡群产蛋骤然下降，软壳蛋和畸形蛋增加，褐色蛋蛋壳颜色变淡。本病广泛流行于世界各地，对养鸡业危害较大，已成为蛋鸡和种鸡的主要传染病之一。

（一）诊断要点

【流行病学】 本病只发生于产蛋鸡。但病毒的自然宿主为鸭、鹅和野鸭。不同品种或品系的鸡对 EDS76 易感性有差异，尤其是产褐壳蛋的肉用种鸡和种母鸡最易感。本病主要侵害 26～32 周龄鸡，35 周龄以上较少发病。幼龄鸡感染后不表现临诊症状，血清中查不出抗体，在性成熟开始产蛋后，血清才转为阳性。成年鸡组织中带毒大约 3 周，粪便大约 1 周。EDS76 的流行特点是：病毒的毒力在性成熟前的鸡体内不表现出来，产蛋初期的应激反应，致使病毒活化而使产蛋鸡患病。6～8 月龄母鸡处于发病高峰期。鸭感染后虽不发病，但长期带毒，带毒率可达 85%以上。

EDS76 既可水平传播，又可垂直传播，被感染鸡可通过种蛋和种公鸡的精液传递。有人从鸡的输卵管、泄殖腔、粪便、咽粘膜、白细胞、肠内容物等分离到 EDS76 病毒。可见，病毒可通过这些途径向外排毒，污染饲料、饮水、用具，经水平传播使其他鸡感染。

【症状】 EDS76 感染鸡群无明显临诊症状，通常是 26～36 周龄产蛋鸡突然出现群体性产蛋下降，产蛋率比正常下降 20%～30%，甚至达 50%。与此同时，产出软壳蛋、薄壳蛋、无壳蛋、小蛋，蛋体畸形，蛋壳表面粗糙，如白灰、灰黄粉样，褐壳蛋则色素消失，颜色变浅、蛋白水样，蛋黄色淡，或蛋白中混有血液、异物等。异常蛋可占产蛋的 15%或以上，蛋的破损率增高。对受精率和孵化率没有影响，病程可持续 4～10 周。

本病常缺乏明显的病理变化，其特征性病变是输卵管各段粘膜发炎、水肿、萎缩，病鸡的卵巢萎缩变小，或有出血，子宫粘膜发炎，肠道出现卡他性炎症。

【诊断】 根据流行病学特征和临诊症状可作出初步诊断，确诊需进行实验室检查。

鉴别诊断：本病应与新城疫、传染性喉气管炎、传染性脑脊髓炎及钙、磷缺乏症等引起的产蛋下降相区别。

（二）防制

患病鸡群应隔离，按时进行淘汰。做好鸡舍及周围环境清扫和消毒，粪便合理处理，加强鸡群的饲养管理，喂给平衡的配合日粮，特别是保证必需氨基酸、维生素和微量元素的平衡。

免疫接种是本病主要的防制措施。使用 EDS76 病毒 127 株油佐剂灭活疫苗接种 18 周龄后备母鸡，15 天后产生免疫力，抗体可维持 12～16 周，以后开始下降，40～50 周后抗体消失。种鸡场发生本病时，无论是病鸡群还是同一鸡场其他鸡生产的雏鸡，必须注射疫苗，在开产前 4～10 周进行初次接种，产前 3～4 周进行第二次接种。也有使用 ND（新城疫）-EDS76 二联油乳剂灭活苗或新支减三联苗，减少了接种次数和应激。

第八节　鸡传染性贫血

鸡传染性贫血是由鸡传染性贫血病病毒引起鸡的一种以再生障碍性贫血和全身淋巴器官萎缩，造成免疫抑制为主要特征的病毒性传染病，又称出血综合征、贫血、出血性贫血综合征、出血性再生不良性贫血综合征、泛骨髓痨、贫血皮炎和蓝翅病等。因该病可造成免疫抑制，经常并发或继发或加重病毒、细菌和真菌性感染，是危害很大的鸡的传染病之一。

（一）诊断要点

【流行病学】　鸡传染性贫血病毒在鸡群中广泛存在。鸡是本病毒唯一的宿主，所有年龄的鸡都可感染，自然发病多见于 2～4 周龄鸡，1～7 日龄雏鸡最易感，发病率为 20%～30%，有混合感染时发病可超过 6 周龄。随日龄的增长易感性降低。

垂直传播是本病主要的传播方式，母鸡感染后 3～14 天内种蛋带毒，带毒的鸡胚出壳后发病和死亡，呈现典型的贫血和造血器官萎缩。也可通过消化道及呼吸道水平传播。有母源抗体的雏鸡和 2 周龄鸡可被感染，但不发病。

传染性法氏囊病病毒、马立克病病毒、网状内皮组织增殖症病毒及其他免疫抑制药物能增强本病毒的传染性和降低母源抗体的抵抗力，从而增加鸡的发病率和病死率。

本病毒诱导雏鸡免疫抑制，不仅增加对继发感染的易感性，而且降低疫苗的免疫力，特别是对马立克病疫苗的免疫。

【症状】 潜伏期为 8～12 天。其特征性临诊症状是严重的免疫抑制和贫血，其他可见发育不全，精神不振，鸡体苍白，软弱无力，死亡率增加等。死亡高峰发生在出现临诊症状后的 5～6 天，其后逐渐下降，5～6 天后恢复正常。有的可能有腹泻，全身性出血或头颈皮下出血、水肿。血稀如水，血凝时间长，颜色变浅，血细胞比容值下降至低于 20%（正常值在 30%以上，降至 25%以下称为贫血），红细胞、白细胞数显著减少。死亡率高低不尽相同，低的为 10%，亦可高达 60%。

【病理变化】 全身性贫血，血液稀薄。特征性病理变化是骨髓萎缩，呈脂肪色、淡黄色或淡红色，导致再生障碍性贫血。胸腺萎缩，甚至完全退化，呈深红褐色。部分病例法氏囊萎缩，体积缩小，外观呈半透明状。肝、脾、肾肿大，褪色或有坏死斑点。心脏变圆，心肌、真皮和皮下出血。骨骼和腺胃固有层粘膜出血，严重的出现肌胃粘膜糜烂和溃疡。有的鸡有肺实质性变化。

【诊断】 根据临诊症状和病理变化一般可作出初步诊断。但本病所出现的精神沉郁、发育不良和贫血等临诊症状并不是其特有的，有多种原因可以引起类似临诊症状。如原虫病、真菌毒素和磺胺类药物中毒等，因为这些病均能导致再生障碍性贫血，引起出血性综合征和免疫抑制。此外，本病与其他疾病混合感染或继发感染，容易混淆。因此，要确诊还需进行病毒分离或血清学试验。

（二）防制

本病无特异性治疗方法，通常采用抗生素控制继发性的细菌感染，但没有明显的治疗效果。所以在引种前，必须对鸡传染性贫血抗体监测，严格控制感染鸡进入鸡场。同时要加强卫生防疫措施，防止该病的水平感染。

13～15 周龄的种鸡用自然发病鸡肝乳剂或 SPF 鸡胚毒通过饮水免疫，能有效预防子代鸡传染性贫血的暴发，这是迄今为止唯一商品化的疫苗。

第九节 鸭瘟

鸭瘟又称鸭病毒性肠炎，是由鸭瘟病毒引起的鸭和鹅的一种急性、热性、败血性传染病。临诊特点是体温升高，脚软，绿色下痢，流泪和部分病鸭头颈部肿大。剖检可见皮肤有出血斑点，皮下组织胶样浸润，食道粘膜有小出血点，有黄褐色假膜覆盖或溃疡，泄殖腔粘膜充血、出血、水肿和坏死；肝脏不肿，表面有不规则的出血点或坏死灶。本病传播迅速，发病率和病死率都很高，严重威胁养鸭业的发展。

（一）诊断要点

【流行病学】 自然条件下，本病主要发生于鸭，不同年龄、性别和品种的鸭都可感染。但以番鸭、麻鸭、绵鸭、绍兴鸭易感性较高，北京鸭次之。自然感染则多见于 1 月龄以上的成年鸭，发病率可达 100%，病死率达 95%以上。这可能由于大鸭常放养，有较多机会接触病原而被感染。近些年有报道称鹅也能感染发病，但很少形成流行。2 周龄内雏鸡可人工感染致病。野鸭和雁也会感染发病。

病鸭和带毒鸭是本病主要传染源。鸭瘟可通过病禽与易感禽的接触而直接传染，也可通过与污染环境的接触而间接传染。被污染的水源、鸭舍、用具、饲料、饮水是本病的主要传染媒介。某些野生水禽感染病毒后可成为传播本病的自然疫源和媒介，节肢动物因本病为病毒血症也可能是本病的传染媒介。调运病鸭可造成疫情扩散。

本病一年四季均可发生，但以春、秋季流行较为严重。在自然流行中，成年鸭和产蛋母鸭发病和死亡较为严重，1 个月以下雏鸭发病较少。当鸭瘟传入易感鸭群后，一般 3～7 天开始出现零星病鸭，再经 3～5 天陆续出现大批病鸭，疾病进入流行发展期和流行盛期。鸭群整个流行过程一般为 2～6 周。如果鸭群中有免疫鸭或耐过鸭时，可延至 2～3 个月或更长。

【症状】 自然感染的潜伏期为 3～5 天，人工感染的潜伏期为 2～4 天。病初体温升高至 43℃以上，高热稽留。病鸭表现精神委顿，头颈缩起，羽毛松乱，翅膀下垂，两脚麻痹无力，脚软，卧地不愿行走，强行驱赶时常以双翅扑地行走，走几步即倒地，病鸭不愿下水，驱赶入水后也很快挣扎回岸。病鸭食欲明显下降，甚至废绝，渴欲增加。

病鸭的特征性临诊症状为流泪和眼睑水肿。病初流出浆液性分泌物，使眼睑周围羽毛粘湿，而后变成粘稠或脓样，常造成眼睑粘连、水肿，甚至外翻，眼结膜充血或小点出血，甚至形成小溃疡。病鸭鼻中流出稀薄或粘稠的分泌物，呼吸困难，并发生鼻塞音，叫声嘶哑，部分鸭见有咳嗽。病鸭发生下痢，排出绿色或灰白色稀粪，肛门周围的羽毛被污染或结块。肛门肿胀，严重者外翻，翻开肛门可见泄殖腔粘膜充血、水肿、有出血点，严重病鸭的粘膜表面覆盖一层假膜，不易剥离。部分病鸭在疾病明显时期，可见头和颈部发生不同程度的肿胀，触之有波动感，俗称“大头瘟”。

病程一般为 2～5 天，慢性可拖至 1 周以上，生长发育不良。

自然条件下鹅可以感染鸭瘟，其临诊特征为体温升高，两眼流泪，鼻孔有浆性和粘性分泌物。病鹅的肛门水肿，严重者两脚发软，卧地不愿走动。食道和泄殖腔粘膜有一层灰黄色假膜覆盖，粘膜充血或有斑点状出血和坏死。

【病理变化】 病理变化主要表现为急性败血症，全身小血管受损，导致组织出血和体腔溢血，尤其消化道粘膜出血和形成假膜或溃疡，淋巴组织和实质器官出血，坏死。食道与泄殖腔的疹性病理变化具有特征性。食道粘膜有纵行排列呈条纹状的黄色假膜覆盖或小点出血，假膜易剥离并留下溃疡瘢痕。泄殖腔粘膜病理变化与食道相似，即有出血斑点和不易剥离的假膜与溃疡。食道膨大部分与腺胃交界处有一条灰黄色坏死带或出血带，肌胃角质膜下层充血和出血。肠粘膜充血、出血，以直肠和十二指肠最为严重。雏鸭感染时法氏囊充血发红，有针尖样黄色小斑点，到了后期，囊壁变薄，囊腔中充满白色、凝固的渗出物。

肝表面和切面上有大小不等的灰黄色或灰白色的坏死点，少数坏死点中间有小出血点，这种病理变化具有诊断意义。胆囊肿大，充满粘稠的墨绿色胆汁。心外膜和心内膜上有出血斑点，心腔里充满凝固不良的暗红色血液。产蛋母鸭的卵巢滤泡增大，卵泡的形态不整齐，有的皱缩、充血、出血，有的发生破裂而引起卵黄性腹膜炎。

病鸭的皮下组织发生不同程度的炎性水肿，在“大头瘟”典型的病例，头和颈部皮肤肿胀，紧张，切开时流出淡黄色的透明液体。

鹅感染鸭瘟病毒后的病理变化与鸭相似。

【诊断】 根据流行病学、临诊症状和病理变化进行综合分析，一般即可作出诊断。本病传播迅速，发病率和病死率高，特征性临诊症状为体温升高，流泪，两腿麻痹和部分病鸭头颈肿胀；有诊断意义的病理变化为食道和泄殖腔粘膜溃疡和有假膜覆盖的特征性病理变化和肝脏坏死灶及出血点。必要时进行病毒分离鉴定和中和试验加以确诊。

鉴别诊断：本病应注意与鸭巴氏杆菌病（鸭出败）、禽流感等病相区别。

① 鸭出败：能使鸡、鸭、鹅等多种家禽发病，常呈暴发性流行，一般病情急，病程短（数小时至一天左右即死亡）。病鸭除体温升高，精神不振，食欲减退等临诊症状外，一般无肿头、流泪、两脚发软、排绿色稀粪等鸭瘟特有的临床表现。在病理变化方面，鸭出败的特征是肝脏上出现大小均一的灰白色针尖大坏死点，内脏器官的浆膜及粘膜（如胸、腹腔的浆膜，心包膜及心外膜）充血、出血，尤其是心冠脂肪有大量出血斑点，但食道和泄殖腔粘膜上不形成假膜。取病死鸭的心、血或肝作抹片，经瑞氏染色镜检，可见两极浓染的小杆菌。此外，抗生素和磺胺类等药物对巴氏杆菌病有一定的疗效，而对鸭瘟则全无效果。

② 禽流感：病原为禽流感病毒。过去曾认为鸭、鹅对该病有较强的抵抗力，即使在感染后也不会发病，更不会引起死亡。但近年来的临床实践表明，该病对水禽养殖业已构成了严重威胁，特别

是雏鸭和雏鹅感染后可造成高发病率和高死亡率，产蛋鸭、鹅则发生明显减蛋，其原因可能与毒株变异有关。从临诊症状和病理变化上看，该病与鸭瘟有一定的相似之处，如都会出现肿头、流泪、内脏器官出血、坏死等，但通过病原鉴定方法可以很容易地将两者区别开。因为禽流感病毒可感染鸡胚，并有血凝活性，可用常规的微量血凝和血凝抑制试验进行鉴定。鸭瘟病毒未经适应前，不能感染鸡胚，也无血凝活性。

（二）防制

预防鸭瘟应避免从疫区引进鸭，如必须引进，一定要经过严格检疫，并经隔离饲养 2 周以上，证明健康后才能合群饲养。还要禁止在鸭瘟流行区域和野水禽出没区域放牧。平时对禽场和工具进行定期消毒。

在受威胁区内，所有鸭、鹅应注射鸭瘟鸭胚化弱毒疫苗或鸡胚化弱毒苗。产蛋鸭宜安排在停产期或开产前 1 个月注射。肉鸭一般在 20 日龄首次免疫，4～5 月后加强免疫 1 次即可。发生鸭瘟时应立即采取隔离和消毒措施，禁止病鸭外调和出售，停止放牧，防止扩散病毒。在受威胁区内，对鸭群用疫苗进行紧急预防接种，必要时剂量加倍，可降低发病和死亡。病鸭扑杀，停止放牧，防止病毒传播。

对经济价值较高的鸭，可在病初肌内注射鸭高免血清 0.5 毫升/只，也可用聚肌胞肌内注射 1 毫克/只，3 天 1 次，连用 2～3 次，可收到良好疗效。

第十节 鸭病毒性肝炎

鸭病毒性肝炎是由鸭肝炎病毒引起的小鸭的一种传播迅速和高度致死性的病毒性传染病。特征是发病急、传播快、死亡率高。临诊特点为角弓反张。病理变化特征为肝脏肿大和出血。本病常给养鸭场造成巨大的经济损失。

（一）诊断要点

【流行病学】 自然条件下本病主要发生于 3 周龄以下雏鸭，随着日龄的增加，其易感性逐渐降低。5 周龄以上的鸭，经大剂量人工感染，仅出现免疫反应，但无临诊症状。鸡、火鸡和鹅不感染，成年鸭可感染而不发病，但可通过粪便排毒，污染环境而感染易感小鸭。

本病的传播主要通过与接触病鸭或被污染的人员、工具、饲料、垫料、饮水等，经消化道和呼吸道感染。在野外和舍饲条件下，本病可迅速传给鸭群中的全部易感小鸭，表明它具有极强的传染性。野生水禽可能成为带毒者，鸭舍中的鼠类也可能散播本病毒，病愈鸭仍可通过粪便排毒 1～2 个月。在出雏机内污染本病毒，可使雏鸭在出壳后 24 小时内就发生死亡。

本病一年四季均可发生，但主要在孵化季节，我国南方多在 2—5 月和 9—10 月，北方多在 4—8 月。而在肉鸭舍饲条件下，可常年发生，无明显季节性。饲养管理不当，鸭舍内湿度过高，密度过大，卫生条件差，缺乏维生素和矿物质等都能促使本病的发生。

【症状】 本病潜伏期短，仅 1～2 天。雏鸭都为突然发病。开始时病鸭表现精神委靡、缩颈、翅下垂，不能随群走动，眼睛半闭，打瞌睡，共济失调。发病 12 小时到 1 天，发生全身性抽搐，身体倒向一侧，两脚痉挛性反复踢蹬，一般十几分钟死亡。头向后背，呈角弓反张姿态故俗称“背脖病”。喙端和爪尖淤血呈暗紫色，少数病鸭死亡前排黄白色和绿色稀粪。

本病的死亡率因年龄而有较大差异，1 周龄内雏鸭的病死率可达 95%，2～3 周的雏鸭病死率不到 30%～70%，4 周龄以上的雏鸭发病率和死亡率都很低。

【病理变化】 病理变化主要在肝脏，肝脏肿大，质地柔软，呈淡红色或外观呈斑驳状，表面有出血点或出血斑。胆囊肿胀呈长卵圆形，充满胆汁，胆汁呈褐色，淡黄色或淡绿色。脾脏有时肿大，外观呈斑驳状，多数病鸭的肾脏发生充血和肿胀，其他器官没有明显变化。

【诊断】 根据本病的流行特点，发病急，传播迅速，病程短；3 周龄内死亡率高，成年鸭不发病；病鸭有明显的神经临诊症状；病理变化主要表现为肝脏的变性和出血，可作出初步诊断。

确诊可用病毒分离物接种 1～7 日龄的敏感雏鸭，复制出该病的典型临诊症状与病理变化，而接种同一日龄的具有鸭病毒性肝炎母源抗体的雏鸭，则有 80%～100%的保护率，即可确诊。将病鸭肝细胞悬液或血液无菌处理后，接种 9 日龄鸡胚，根据所出现的鸡胚特征性病理变化也可确诊。也可利用直接荧光技术在自然病例或接种鸭胚的肝脏进行快速准确诊断。病毒的鉴定还可通过进一步做血清中和试验、琼脂扩散试验、对流免疫电泳试验及酶联免疫吸附试验诊断。

鉴别诊断应注意与鸭瘟、鸭巴氏杆菌病相区别。

（1）鸭瘟：是由鸭瘟病毒引起鸭的一种高死亡率的急性传染病。虽然各种日龄的鸭均可感染发病，但 3 周龄以内的雏鸭较少发生死亡，而病毒性鸭肝炎对 1～2 周龄易感雏鸭有极高的发病率和致死率，超过 3 周龄雏鸭不发病；鸭瘟肝脏虽有出血病理变化和坏死灶，但尚有肠道出血，食道和泄殖腔出血和形成伪膜或溃疡，与鸭病毒性肝炎完全不同。用抗鸭瘟病毒高免血清和抗鸭病毒性肝炎高免血清，在易感 1～7 日龄雏鸭做交叉中和试验，或交叉保护试验，可作为实验室诊断方面的鉴别。

（2）鸭巴氏杆菌病：是由多杀性巴氏杆菌引起的急性败血性传染病，发病率和死亡率很高。青年鸭、成年鸭比雏鸭更易感，3 周龄以内的雏鸭很少发生。鸭巴氏杆菌病的鸭肝脏肿大，有灰白色针头大的坏死灶和心冠沟脂肪组织有出血斑，心包积液，十二指肠粘膜严重出血等特征性病理变化，与鸭病毒性肝炎完全不同。肝脏触片，心包液涂片，革兰或亚甲蓝染色见有许多两极染色的卵圆形小杆菌。用肝脏和心包液接种鲜血培养基能分离到巴氏杆菌，而鸭病毒性肝炎均为阴性。

（二）防制

严格的防疫和消毒是预防本病的积极措施，应避免从疫区或疫场购入带毒雏鸭，自繁自养和全进全出的饲养管理制度，可有效防止疾病传入和扩散，定期对鸭场的环境、用具进行预防消毒是绝对必要的。

由于本病毒抵抗力较强，在疫区仅靠消毒措施难以保证不发病，因此免疫是最有效的预防措施，可用鸡胚化鸭肝炎病毒疫苗免疫种母鸭，每只 1 毫升，隔 2 周再做 1 次，共 2 次。但在环境卫生条件差，疫情较重的鸭场，则在 8～12 日龄仍需进行鸭肝炎疫苗的主动免疫或使用免疫母鸭的蛋黄匀浆进行被动免疫。没有母源抗体保护的雏鸭，在疫情不严重的场可在 1 日龄注射肝炎弱毒疫苗 0.5～1.0 毫升即可受保护。在疫情严重的鸭场，必须在 1 日龄注射鸭病毒性肝炎的卵黄抗体或高免血清 0.5～1.0 毫升，必要时于 8～12 日龄重复 1 次。对发病初期的病鸭及时注射鸭病毒性肝炎高免卵黄抗体或血清，每只 1～1.5 毫升，可治愈 80%～90%病鸭，对中度病鸭也有一定疗效。目前尚无其他有效药物用于本病防治。此外，也可使用中药制剂进行治疗，如板蓝根、大青叶等。

第十一节　小鹅瘟

小鹅瘟是由细小病毒引起的雏鹅与雏番鸭的一种急性或亚急性高度致死性传染病。临诊特征为精神委顿，食欲废绝，严重腹泻和有时出现神经症状。主要病变特征为渗出性肠炎，小肠粘膜表层大片坏死脱落，与渗出物凝成假膜状，形成栓子阻塞肠腔。

本病主要侵害 4～20 日龄鹅，传播快，发病率和死亡率高，可达 90%～100%。随着日龄的增长，发病率和致死率逐渐降低。自然条件下，成年鹅感染后常不出现临诊症状，但经排泄物及卵传播疾病。

（一）诊断要点

【流行病学】　本病仅发生于鹅与番鸭，不同品种的雏鹅易感性相似。其他禽类均无易感性。本病的发生及其危害程度与日龄密切相关，主要侵害 5～25 日龄的雏鹅与雏番鸭。10 日龄以内发病率和死亡率可达 95%～100%，以后随日龄增大而逐渐减少。1 月龄以上较少发病，成年禽可带毒排毒而不发病。

病雏及带毒成年禽是本病的主要传染源。自然条件下，与病禽直接接触或采食被污染的饲料、饮水是本病传播的主要途径。病毒还可附着于蛋壳上，通过蛋将病毒传给孵化器中易感雏鹅和雏番鸭造成本病的垂直传播。当年留种鹅群的免疫状态对后代雏鹅的发病率和成活率有显著影响。如果种鹅都是经患病后痊愈或经无症状感染而获得了坚强免疫力的，其后代有较强的母源抗体保护，因此可抵抗天然或人工感染而不发生小鹅瘟。如果种鹅群由不同年龄的母鹅组成，而有些年龄段的母鹅未曾免疫，则其后代还会发生不同程度的疾病危害。

本病的暴发与流行具有明显的周期性，在每年全部更新种鹅的地区，大流行后的一二年内都不致再次流行。有些地区并不每年更新全部种鹅，本病的流行不表现明显的周期性，每年均有发病，但死亡率较低，在 20%～50%。

【症状】 本病的潜伏期依感染时的年龄而定，1 日龄感染为 3～5 天，2～3 周龄感染为 5～10 天。根据病程长短可分为最急性型、急性型和亚急性型等病例。

雏鹅感染本病时日龄不同，其临诊症状、发病率、死亡率和病程长短有较大差异。

（1）最急性型：多见于 1 周龄内雏鹅。往往无前期症状，一发现即极度衰弱或倒地乱划，不久即死亡。

（2）急性型：2 周龄内的雏鹅多见。病鹅表现精神委顿，缩头，行走困难，常离群独处，食欲减退，进而废绝，严重腹泻，排出灰白色或黄绿色带有气泡的稀粪。呼吸困难，喙的前端色泽变暗（发绀），眼鼻端有浆性分泌物，嗉囊有多量气体和液体。病鹅临死前常出现神经症状，头颈扭转，两脚麻痹，全身抽搐，病程 1～2 天。

（3）亚急性型：2 周龄以上的雏鹅发病多为此种类型。病鹅以精神委顿，拉稀，消瘦为主要症状。病死率一般在 50%以下。大部分耐过鹅在一段时间内都表现为生长受抑制，羽毛脱落。少数病鹅可以自然康复。成年鹅经人工大剂量接种后也能发病，主要表现为排出粘性稀粪，两脚麻痹，伏地 3～4 天后死亡或自愈。番鸭的临诊症状与鹅相似。

【病理变化】 最急性型病例除肠道有急性卡他性炎症外，其他器官一般无明显病变。急性病例表现为全身性败血变化。心脏变圆，心房扩张，心壁松弛，心尖周围心肌晦暗无光，颜色苍白。肝脏肿大，呈深紫色或黄红色。胆囊肿大，充满暗绿色胆汁。脾脏和胰腺充血，部分病例有灰白色坏死点，部分病例有腹水。本病的特征性病变为小肠发生急性卡他性-纤维素性坏死性肠炎，小肠中下段整片肠粘膜坏死脱落，与凝固的纤维素性渗出物形成栓子或包裹在肠内容物表面的假膜，堵塞肠腔，外观极度膨大，质地坚实，状如香肠。剖开栓子，可见中心是深褐色的干燥的肠内容物。有的病例小肠内会形成扁平带状的纤维素性凝固物。亚急性型更易发现上述特有的变化。一些病鹅的中枢神经系统也有明显变化，脑膜及实质血管充血并有小出血灶。

【诊断】 根据本病仅引起雏鹅、雏番鸭发病的流行特点，结合严重腹泻与神经症状的出现以及小肠出现特征性的急性卡他性-纤维素性坏死性肠炎的病变可作出初步诊断。确诊需经病毒分离鉴定或血清特异性抗体检查。

本病应注意与下列疾病相区别：鸭瘟特征性病变是在食道和泄殖腔出血并形成伪膜或溃疡，必要时以血清学试验相区别。鹅流感、鹅副伤寒可通过细菌学检查和敏感药物治疗实证来区别。鹅球虫病通过镜检肠内容物和粪便是否发现球虫卵囊相区别。番鸭肠道发生急性卡他性-纤维素性坏死性肠炎是与鸭病毒性肝炎在病变方面的显著区别。

（二）防制

本病目前无有效治疗药物，各种抗菌药物对本病无治疗作用。主要依靠疫苗、高免血清和卵黄液进行防治。及早注射抗小鹅瘟高免血清对于发病初期的病雏，抗血清的治愈率为 40%～50%。血清用量，对处于潜伏期的雏鹅每只 0.5 毫升，已出现初期症状者为 2～

3 毫升，日龄在 10 日以上者可相应增加，一律皮下注射。能制止 80%～90%已被感染的雏鹅发病。由于病程太短，对于症状严重病雏，抗血清的治疗效果甚微。

小鹅瘟主要是通过孵房传播的，因此每批种蛋、孵化器、出雏器以及其他用具均应用福尔马林熏蒸消毒。刚出炕的雏鹅切勿与新收进的种蛋或成鹅接触，以切断炕坊的污染环节。

在本病严重流行的地区，利用弱毒苗甚至强毒苗免疫母鹅是预防本病最经济有效的方法。但在未发病的受威胁区不要用强毒免疫，以免散毒。种鸭在产蛋前 15 天左右，用鹅胚化种鹅弱毒苗皮下注射，每只 1 毫升。在免疫 12 天至 4 个月内鹅群所产蛋孵化的雏鹅群能抵抗人工及自然病毒感染。种鹅免疫 4 个月以后，雏鹅的保护率会下降，须进行二次免疫。未经免疫的种鹅群，或种鹅群免疫 4 个月以上所产蛋孵化的雏鹅群，在出炕 48 小时内应用鹅胚化雏鹅弱毒苗或细胞弱毒苗进行免疫，每只雏鹅皮下注射 0.1 毫升，免疫后 7 天内严格饲养，防止强毒感染，保护率达 95%。在已被污染的雏鹅群作紧急预防，保护率达 70%～80%，已被感染发病的雏鹅进行免疫注射无明显防治效果。

第十二节　鸡毒支原体感染

鸡毒支原体感染在鸡主要表现为呼吸道症状，如气管炎、气囊炎等，过去称为慢性呼吸道病。本病的特征是咳嗽、流鼻液、呼吸啰音和张口呼吸。疾病发展缓慢，病程长，成年鸡多为隐性感染，可在鸡群长期存在和蔓延。在火鸡除去气囊炎外主要造成传染性窦炎。

本病可造成本病代代相传，是危害养鸡业的重要传染病之一。

（一）诊断要点

【流行病学】　本病主要感染鸡和火鸡，各种年龄的鸡和火鸡都能感染，珠鸡、鸽、鸭、鹌鹑、松鸡、野鸡和孔雀也有感染，某些哺乳动物可呈混合型感染。鸡以 4～8 周龄最易感，火鸡多见于 5～

16周龄。纯种鸡较杂交鸡严重，成年鸡常为隐性感染。

病鸡和隐性感染鸡是本病的传染源。本病的传播方式为水平传播和垂直传播，水平传播是病鸡通过咳嗽、喷嚏或排泄物污染空气，经呼吸道传染，也能通过饲料或水源由消化道传染，也可经交配传播。垂直传播是由隐性或慢性感染的种鸡所产的带菌蛋，可使14～21日龄的胚胎死亡或孵出弱雏，这种弱雏因带病原体又能引起水平传播。

本病在鸡群中流行缓慢，仅在新疫区表现急性经过，当鸡群遭到其他病原体感染或寄生虫侵袭时，以及影响鸡体抵抗力降低的应激因素如预防接种，卫生不良，鸡群过分拥挤，营养不良，气候突变等均可促使或加剧本病的发生和流行。如继发和并发感染时，能使本病更加严重，其中主要有传染性支气管炎病毒、传染性喉气管炎病毒、新城疫病毒、传染性法氏囊病毒、鸡嗜血杆菌和大肠杆菌等。带有本病病原体的幼雏，用气雾或滴鼻的途径免疫时，能诱发致病。若用带有病原体的鸡胚制作疫苗时，则能污染疫苗。

本病一年四季均可发生，但以寒冷季节多发。

【症状】 本病的潜伏期，在人工感染为4～21天，自然感染可能更长。

病初流浆液性或粘液性鼻液，打喷嚏，频频摇头，鼻孔周围和颈部羽毛常被沾污。其后炎症蔓延到下呼吸道即出现咳嗽，呼吸困难，呼吸有气管啰音等症状。病鸡食欲不振，体重减轻，消瘦。后期鼻腔和眶下窦中蓄积渗出物，引起眼睑肿胀，眶下窦肿胀，发硬，眼部突出如肿瘤状。眼球受到压迫，发生萎缩和造成失明，可以侵害一侧眼睛，也可能两侧同时发生。

母鸡常产出软壳蛋，同时产蛋率和孵化率下降，后期常蹲伏一隅，不愿走动。公鸡的症状常较明显。在肉用仔鸡和火鸡可见严重的气囊炎、咳嗽、啰音和生长不良，本病在成年鸡多呈散发，幼鸡群则往往大批流行，特别是冬季最严重。

火鸡的症状基本上与鸡相似，常呈窦炎、鼻侧的窦部出现肿胀，有的病例不出现窦炎，但呼吸道症状显著，病程可延长数周至数月。

雏火鸡有气囊炎。滑液膜支原体引起鸡和火鸡发生急性或慢性的关节滑液膜炎、腱滑液膜炎或滑液囊炎。

【病理变化】 肉眼可见的病变主要是鼻腔、气管、支气管和气囊中有渗出物，气管粘膜常增厚。胸部和腹部气囊的变化明显，早期为气囊膜轻度混浊、水肿，表面有增生的结节病灶，外观呈念珠状。随着病情发展，气囊膜增厚，囊腔中含有大量干酪样渗出物，有时能见到一定程度的肺炎病变。在严重的慢性病例，眶下窦粘膜发炎，窦腔中积有混浊粘液或干酪样渗出物，炎症蔓延到眼睛，往往可见一侧或两侧眼部肿大，眼球破坏，剥开眼结膜可以挤出灰黄色的干酪样物质。有大肠杆菌混合感染时，常发生严重的纤维素性或纤维素性化脓性心包炎、肝周炎和气囊炎。出现关节症状时，尤其是跗关节，关节周围组织水肿，关节液增多，开始时清亮而后混浊，最后呈奶油状粘稠度。

【诊断】 根据流行病学、症状与病变，可作出初步诊断，但进一步确诊须进行病原分离鉴定和血清学检查。做病原分离时，可取气管或气囊的渗出物制成悬液，直接接种支原体肉汤或琼脂培养基；血清学方法主要以血清平板凝集试验（SPA）最常用，其他还有HI和ELISA。

鸡毒支原体病与鸡传染性支气管炎、传染性喉气管炎、传染性鼻炎、曲霉菌病等呼吸道传染病极易混淆，应注意鉴别诊断。

（二）防制

（1）综合措施：加强饲养管理，引进种鸡、鸡苗和种蛋，都必须从阴性鸡场购买。幼鸡到2～4月龄时，应定期进行血清凝集试验，淘汰阳性反应鸡，要求与鸡白痢检疫相同。

（2）清除种蛋内鸡败血霉形体：一种是在种蛋入孵之前用0.04%～0.1%的红霉素溶液浸泡15～20分钟。另一种方法是种蛋加热处理，即在入孵之前，先将种蛋在45℃的环境中处理14小时，效果也很好。也可两种方法并用。已经感染本病的种鸡，在产蛋前和产蛋期间，肌内注射链霉素20万IU，每隔1个月注射1次，同时在种鸡的饲料中添加土霉素，也能够减少种蛋的带菌。另外，在雏鸡出壳时，再用链霉素溶液（每 1 毫升蒸馏水中含链霉素 100 IU）喷雾，或用链霉素滴鼻（每只幼雏 2 000 IU），以控制发病。

（3）培养无霉形体感染鸡群：鸡群一经感染鸡败血霉形体后，很不容易消灭，最根本的防制方法是建立无病鸡群，这对种鸡场来说尤为重要。主要措施有：

① 用有抑制作用的抗生素处理种鸡，降低母鸡霉形体带菌率和带菌强度，从而降低蛋的污染率和污染强度。

② 用 45℃经 14 小时处理种蛋，消灭蛋中的霉形体。

③ 种蛋小批量孵化，每批 100～200 只，减少孵出的雏鸡相互之间可能的传染机会。

④ 小群分群饲养，定时进行血清学检查，一旦出现确实的阳性鸡，立即将小群淘汰。

⑤ 在进行全部程序时，要做好孵化箱、孵化室、用具、房舍等的消毒和隔离工作，防止外来感染进入群内。

（4）疫苗接种：疫苗接种是一种减少霉形体感染的有效方法。疫苗有 2 种：弱毒活疫苗和灭活疫苗。

① 弱毒活疫苗：目前国际上和国内使用的活疫苗是 F 株疫苗。F 株致病力极为轻微，给 1 日龄、3 日龄和 20 日龄雏鸡滴眼接种不引起任何可见症状或气囊上变化，不影响增重。

② 灭活疫苗：油佐剂灭活疫苗效果良好，能防止本病的发生并减少诱发其他疾病。

对其他传染性疾病进行预防接种活疫苗时，应严格选择无霉形体污染的疫苗。许多病毒性活疫苗中常常有致病性霉形体的污染，鸡由于接种这种疫苗而受到感染，所以选择无污染活疫苗也是一种极为重要的预防措施。

（5）治疗：链霉素、土霉素、泰乐菌素、壮观霉素、林可霉素、四环素、红霉素等治疗本病都有一定疗效。链霉素的剂量在成年鸡为每只肌内注射 20 万 IU，5～6 周龄幼鸡为 5 万～8 万 IU，早期治疗效果很好，2～3 天即可痊愈。土霉素和四环素的用量，一般为每千克体重肌内注射 10 万 IU；大群治疗时，可在饲料中添加土霉素

0.4%，充分混合，连喂 1 周。支原净饮水含量为 120～150 毫克/升，氟哌酸对本病也有疗效。

注意：有些鸡败血霉形体菌株对链霉素和红霉素具有抗药性。此外，本病的药物治疗效果与有无并发感染的关系很大，病鸡如果同时并发其他病毒病（如传染性喉气管炎），疗效不明显。

第十三节　传染性鼻炎

传染性鼻炎是由副鸡嗜血杆菌引起鸡的一种急性呼吸道疾病。主要症状为鼻腔和窦的炎症，表现流涕、颜面水肿和结膜炎。本病分布于世界各地，由于感染的产蛋鸡产蛋减少 10%～40%，生长鸡增重停滞及淘汰鸡数增加，常造成严重的经济损失。

（一）诊断要点

【流行病学】　本病可发生于各种年龄的鸡，老龄鸡感染较为严重。4 周龄至 3 年的鸡最易感，但个体差异较大。人工感染 4～8 周龄小鸡有 90%出现典型的症状。13 周龄和大些的鸡则 100%感染。在较老的鸡中，潜伏期较短，病程长。

病鸡及隐性带菌鸡是传染源，而慢性病鸡及隐性带菌鸡是鸡群中发生本病的重要原因。其传播途径主要以飞沫及尘埃经呼吸传染，但也可通过污染的饲料和饮水经消化道传染。不能垂直传播。麻雀也能成为传播媒介。

本病的发生与应激因素有关。如鸡群拥挤，不同年龄的鸡混群饲养，通风不良，鸡舍内闷热，氨气浓度大，或鸡舍寒冷潮湿，缺乏维生素 A，受寄生虫侵袭等都能促使鸡群严重发病。鸡群接种禽痘疫苗引起的全身反应，也常常是传染性鼻炎的诱因。本病多发于秋、冬两季，可能与气候和饲养管理条件有关。

【症状】　潜伏期短，自然接触感染，在 1～3 天内出现症状。

在鼻腔和鼻窦发生炎症者常仅表现鼻腔流浆液性液体，常不为人注意。一般常见症状为鼻孔先流出清液以后转为浆液粘性分泌物，有时打喷嚏。脸肿胀或显示水肿，眼结膜炎、眼睑肿胀。食欲及饮水减少，或有下痢，体重减轻。病鸡精神沉郁，缩头，呆立。雏鸡生长不良，成年母鸡产蛋减少，公鸡肉髯常见肿大。如炎症蔓延至下呼吸道，则呼吸困难，病鸡常摇头欲将呼吸道内的粘液排出，并有啰音。咽喉亦可积有分泌物的凝块，最后常窒息而死。

【病理变化】　本病发病率虽高，但死亡率较低，尤其是在流行的早、中期鸡群很少有死鸡出现。但在鸡群恢复阶段，死淘率增加，但不见死亡高峰。这部分死淘鸡多属继发感染所致。病理剖检变化也比较复杂，有的死鸡具有 1 种疾病的主要病理变化，有的鸡则兼有 2～3 种疾病的病理变化特征。具体地说在本病流行中由于继发症致死的鸡中常见慢性呼吸道病、大肠杆菌病、鸡白痢等。病死鸡多消瘦，不产蛋。

育成鸡发病死亡较少，流行后期死淘鸡及不产蛋鸡群多。主要病变为鼻腔和窦粘膜呈急性卡他性炎，粘膜充血肿胀，表面覆有大量粘液，窦内有渗出物凝块，后成为干酪样坏死物。常见卡他性结膜炎，结膜充血肿胀。脸部及肉髯皮下水肿。严重时可见气管粘膜炎症，偶有肺炎及气囊炎。卵泡变性、坏死和萎缩。

【诊断】　根据流行特点、症状和病理变化可作出初步诊断。确诊需进行病原的分离鉴定、血清学试验、动物接种试验和鉴别诊断。

鉴别诊断：本病和慢性呼吸道病、慢性禽霍乱、禽痘和维生素 A 缺乏症等相似，应注意区分。因为副鸡嗜血杆菌感染常以混合感染发生，所以应考虑到其他细菌或病毒使本病复杂化的可能性，特别是如果死亡率高和病程延长时。

① 传染性鼻炎：脸部大多数呈单侧性肿胀，不发紫。蛋壳质量变化不大，死亡率低。磺胺类药物治疗有效。

② 禽流感：脸部大多数呈双侧性浮肿，发紫。死亡快，死亡率高，抗菌药物治疗无效。

③ 传染性支气管炎：传播迅速，成鸡感染后主要表现产蛋急剧下降，呼吸道症状不明显，蛋畸形，大小不一，软壳蛋、沙皮蛋较多，蛋清稀薄如水，浓蛋白层消失。

④ 慢性呼吸道病：呼吸道症状时间较长，肿脸的鸡在鸡群中传播较慢，并且精神和采食变化不大。

⑤ 油苗注射不当：注射靠近头部时，免疫后 1 周左右可出现肿头，眼眶周围肿胀，发硬。切开有干酪物、未吸收的油苗或肉芽肿，若无感染一般可自然康复。

（二）防制

加强饲养管理，改善鸡舍通风条件，做好鸡舍内外的卫生消毒工作，以及病毒性呼吸道疾病的防制工作，提高鸡只抵抗力对防治本病具有重要意义。

鸡场内每栋鸡舍应做到全进全出，禁止不同日龄的鸡混养。清舍之后要彻底进行消毒，空舍 2 周后方可让新鸡群进入。

免疫接种用多价灭活油剂菌苗，可于 3～5 周龄和开产前分 2 次接种，预防本病有效。发病群也可做紧急接种，并配合药物治疗，对饮水和鸡舍带鸡消毒，可以较快地控制本病。

副鸡嗜血杆菌对磺胺类药物非常敏感，是治疗本病的首选药物。及时（特别是在发病初期）合理、足量地用药，能有助于迅速控制病情，减少继发感染。

第十四节　禽曲霉菌病

禽曲霉菌病是由曲霉菌属真菌引起多种禽类、哺乳动物和人的真菌病，主要侵害呼吸器官。特征是形成肉芽肿结节，在禽类以肺及气囊发生炎症和小结节为主，故又称曲霉菌性肺炎。多见于雏禽，常呈急性暴发。

（一）诊断要点

【流行病学】 曲霉菌可引起多种禽类发病，鸡、鸭、鹅、火鸡、鹌鹑、鸽及多种鸟类（水禽、野鸟、动物园的观赏禽等）均有易感性，以幼禽易感性最强，特别是 20 日龄以内的雏禽呈急性暴发和群发性发生，而成年家禽常散发。出壳后的幼雏在进入曲霉菌严重污染的育雏室或装入被污染的装雏器内而感染，48 小时后即可开始发病和死亡，4～12 日龄是本病流行的最高峰，以后逐渐减少，至 1 月龄时基本停止。如果饲养管理条件不好，流行和死亡可一直延续到 2 月龄。

污染的木屑垫料、空气和发霉的饲料是引起本病流行的主要传染源，其中可含有大量烟曲霉菌孢子。曲霉菌的孢子广泛存在于自然界，家禽在污染的环境里带菌率很高。

病菌主要是通过呼吸道和消化道传染。育雏阶段的饲养管理、卫生条件不良是引起本病暴发的主要诱因，育雏室内日温差大、通风换气不好、过分拥挤、阴暗潮湿以及营养不良等因素都能促使本病发生和流行。同样，孵化环境阴暗、潮湿、发霉甚至孵化器发霉等，都可能使种蛋污染，引起胚胎感染，出现死亡或幼雏过早感染发病。

【症状】　自然感染的潜伏期为 2～7 天，人工感染的潜伏期为 24 小时。病禽可见精神委顿，不愿走动，多伏卧，呼吸困难、喘气、张口呼吸，常缩头闭眼，流鼻液，食欲减退，口渴增加，消瘦，体温升高，后期表现腹泻。在食管粘膜有病变的病例，表现吞咽困难。病程一般在 1 周左右。有的表现神经症状，如摇头、头颈不随意屈曲、共济失调和两腿麻痹。禽群发病后如不及时采取措施，死亡率可达 50%以上。放养在户外的家禽对曲霉菌的抵抗力很强，几乎能避免传染。

有些雏鸡可发生曲霉菌性眼炎，通常是一侧眼的瞬膜下形成一黄色干酪样小球，致使眼睑鼓起。有些鸡还可见角膜中央形成溃疡。

【病理变化】　主要集中在肺和气囊。肺可见充血，切面上流出灰红色泡沫液。胸腹膜、气囊和肺上有粟粒到黄豆大小的坏死肉芽肿结节，有时可以相互融合成大的团块，最大的直径 3～4 毫米，结节呈灰白色或淡黄色，柔软有弹性，内容物呈干酪样。腺胃胃壁增厚，乳头肿胀。在肺的组织切片中，可见到多发性的支气管肺炎病灶和肉芽肿，病灶中可见分节清晰的霉菌菌丝、孢子囊及孢子。其他器官如胸腔、腹腔、肝、肠浆膜等处有时亦可见到。有的病例呈局灶性或弥漫性肺炎变化。

【诊断】 根据流行病学、症状和剖检可作出初步诊断，确诊则需进行微生物学检查。

幼禽急性病例，应注意与雏鸡白痢、雏鸡霉形体病、大肠杆菌病的区别，除一般症状和呼吸道症状有相似之处外，病理剖检变化和病原学检查即可区分开。霉菌性脑炎病例，其神经症状要与雏鸡脑脊髓炎、雏鸡新城疫等区别。

（二）防制

不使用发霉的垫料和饲料是预防曲霉菌病的主要措施，垫料要经常翻晒，妥善保存，尤其是阴雨季节，防止曲霉菌生长繁殖。种蛋、孵化器及孵化室均按卫生要求进行严格消毒。育雏室应注意通风换气，保持室内干燥、清洁。长期被烟曲霉污染的育雏室、土壤、尘埃中含有大量孢子，雏禽进入之前，应彻底清扫、换土和消毒。消毒可用福尔马林熏蒸法，或 0.4%过氧乙酸、5%石炭酸喷雾后密闭数小时，经通风后使用。发现疫情时，迅速查明原因，并立即排除，同时对环境、用具等严格消毒。

本病目前尚无特效治疗方法。用制霉菌素防治本病有一定效果，剂量为每 100 只雏鸡 1 次用 50 万 IU，每天 2 次，连用 2 天。此外，也可用克霉唑（人工合成的广谱抗霉菌药），剂量为每 100 只雏鸡用 1 克，拌料喂服。或以硫酸铜 1∶2 000 稀释饮水，连喂 3～5 天，或碘化钾内服也有一定效果。

第十五节 鸭传染性浆膜炎

鸭传染性浆膜炎又称鸭疫里氏杆菌病，原名鸭疫巴氏杆菌病，是鸭、鹅、火鸡和多种禽类的一种急性或慢性传染病。本病临诊特点是倦怠、眼与鼻孔有分泌物、绿色下痢、共济失调和抽搐。病变特征为纤维素性心包炎、肝周炎、气囊炎、干酪性输卵管炎、关节炎及脑膜炎。本病广泛分布于世界各地，常引起小鸭大批死亡和生长发育迟缓，给养鸭业造成巨大的经济损失，是当前危害养鸭业的主要传染病之一。

（一）诊断要点

【流行病学】　主要感染 1～8 周龄的鸭，尤以 2～3 周龄雏鸭最易感，1 周龄内幼鸭和 8 周龄以上大鸭较少发病。除鸭外，小鹅亦可感染发病。在污染鸭场的感染率可达 90%以上，病死率高低不一，为 5%～75%，与感染鸭的日龄、环境条件、病毒毒力、应激因素等有关。曾有鸡、黑天鹅、火鸡感染本病的报道。

本病的传播途径主要是水平传播，病毒通过污染的饲料、饮水、飞沫、尘土等经呼吸道和损伤的皮肤等途径传播。

该病一年四季都可发生，尤以冬季为甚，常表现明显的“疫点”特征，即在本病流行较为严重的鸭场，其周围鸭场也常有此病流行。

被本病感染而无应激的鸭通常不表现临诊症状。但如受应激因素的影响，如育雏室饲养密度过大、通风不良、地面潮湿、卫生条件差、饲料中蛋白质水平过低、维生素和微量元素缺乏、转舍时受寒冷或雨淋的刺激、其他传染病（鸭大肠杆菌病、禽霍乱、沙门杆菌病、葡萄球菌病、鸭病毒性肝炎等），均可引起本病暴发流行，加剧本病的发生和病鸭死亡。

【症状】　潜伏期为 1～3 天，有时可达 1 周。

（1）最急性型：常见不到任何明显症状而突然死亡。

（2）急性型：多见于 2～4 周龄小鸭。病初可见眼流出浆液性或粘性分泌物，常使眼周围羽毛粘连或脱落。鼻孔流出浆液性或粘液性分泌物，有时分泌物干涸，堵塞鼻孔。轻度咳嗽和打喷嚏。粪便稀薄呈绿色或黄绿色。嗜睡，缩颈或喙抵地面，腿软，不愿走动、步态蹒跚。濒死前出现神经症状，如痉挛、背脖、两腿伸直呈角弓反张状，尾部摇摆等，不久抽搐而死，病程一般 2～3 天。

（3）慢性型：多见于 4～7 周龄的雏鸭，病程 1 周以上。病鸭表现精神沉郁，食欲减少，肢软卧地，不愿走动，常呈犬坐姿势，进而共济失调，痉挛性点头运动，前仰后翻，翻转后仰卧，不易翻起等症状。少数鸭出现头颈歪斜，遇惊扰时不断鸣叫和转圈、倒退等，而安静时头颈稍弯曲，犹如正常，因采食困难，逐渐消瘦而死亡。这样的病例能长期存活，但发育不良。

【病理变化】 主要病变是在心包膜、肝表面、气囊等浆膜上出现纤维素性渗出物。

（1）纤维素性心包炎：心包内积有淡黄色并含有絮状物的渗出液，心包膜外面覆盖淡黄色或干酪样纤维素性渗出物，使心外膜与心包膜形成粘连。

（2）纤维素性肝周炎：肝脏表面覆盖一层灰白色或灰黄色纤维素膜，易剥离。肝肿大呈土黄色或棕红色。病程较长者，纤维素性渗出物被肝被膜生长出的肉芽组织机化，呈淡黄色干酪样团块。

（3）纤维素性气囊炎：气囊混浊增厚，气囊壁上附有纤维素性渗出物。

慢性病例可见到纤维素性化脓性肝炎和脑膜炎，也可感染皮肤或关节，出现坏死性皮炎和关节炎。脾肿大，表面有灰白色斑点，以及干酪性输卵管炎和关节炎等。脑膜及脑实质血管扩张、淤血。少数病例见有输卵管炎，即输卵管膨大，内有干酪样物蓄积。

【诊断】 根据流行特点、临诊症状和病理变化，可作出初步诊断，确诊有赖于实验室检查。

【鉴别诊断】 应注意与鸭大肠杆菌败血症、鸭病毒性肝炎等相区别。

（1）雏鸭大肠杆菌病：雏鸭在 15 日龄前发病死亡率高，日龄越大，死亡率越低，一般没有明显的神经症状，无角弓反张症状。

（2）鸭病毒性肝炎：发病日龄比本病小，无明显腹泻症状，临死前和死后大多呈角弓反张姿态，剖检时肝肿大，表面有出血斑点，看不到浆膜的纤维素性炎症。

（二）防制

加强饲养管理，注意育雏室的通风换气，干燥保温，适宜饲养密度，清洁卫生等是控制和预防本病的有效措施。

（1）疫苗预防：在 7～10 日龄接种油佐剂和氢氧化铝灭活菌苗。由于鸭疫巴氏杆菌血清型较复杂，各型之间缺乏交叉免疫反应，且易变异，因此在制苗时最好针对当地流行菌株的血清型制成自家菌苗才能取得良好预防效果。

（2）药物防治：多种抗生素及磺胺类药物对本病均有一定的防治效果。但由于鸭疫巴氏杆菌易产生耐药性，用药前最好做药敏实验。常用药物，如氟苯尼考、庆大霉素、利高霉素、复方敌菌净、磺胺类药、喹诺酮类等，在治疗病鸭时应选用几种药物联合使用效果较好，如氟苯尼考+环丙沙星+磷霉素等。

思考题

1. 典型鸡新城疫流行病学特点、临床表现和病理变化是什么？
2. 鸡新城疫如何预防？
3. 近年来免疫鸡群中常发生新城疫，试分析引起这种情况的原因有哪些？
4. 传染性喉气管炎流行病学特点、临床表现类型和病理变化是什么？
5. 传染性支气管炎流行病学特点、临床表现类型有哪些？
6. 如何预防鸡马立克病？
7. 试列出鸡马立克病和淋巴白血症的主要异同点。
8. 传染性法氏囊病的流行病学和病理变化有何特点，该病有何危害性，如何防制？
9. 鸭瘟流行病学特点、临床表现和病理变化是什么？
10. 鸭病毒性肝炎的主要症状及病理特征是什么，如何预防？
11. 番鸭细小病毒病病理变化是什么？
12. 小鹅瘟有哪些特征性的临诊症状和病理变化？
13. 鸡毒支原体感染流行病学特点是什么？
14. 怎样防制鸡传染性鼻炎？
15. 禽曲霉菌病诱发的主要原因是什么？其症状及病理剖检方面有何主要特征？
16. 鸭传染性浆膜炎流行病学特点、临床表现和病理变化是什么？

第六章　反刍动物的传染病

第一节　牛瘟

牛瘟又称牛疫、烂肠瘟，是牛的一种急性、热性、病毒性传染病。其特征为体温升高、病程短促、粘膜特别是消化道粘膜发炎、出血、糜烂和坏死。牛瘟是一种古老的传染病，曾给世界养牛业造成了毁灭性的打击，在公元 7 世纪的 100 年中，欧洲约有 2 亿头牛死于牛瘟，直到 19 世纪末牛瘟在欧洲才得到了控制。欧洲学者认为亚洲是牛瘟的起源地。牛瘟在巴基斯坦、印度和斯里兰卡至今仍有发生。1949 年以前牛瘟几乎遍及中国各地，新中国成立后，由于广泛开展以疫苗免疫接种为主的综合防制工作，于 1956 年宣布消灭本病。目前世界上还有 20 多个国家和地区有牛瘟流行，所以还要提高警惕，防止从国外输入本病。

（一）诊断要点

【流行病学】　牛瘟病毒主要感染牛，致死率较高，但不同年龄和品种牛的易感性有明显差异，其中以牦牛最易感，黄牛和水牛次之。绵羊、山羊和猪对该病也有一定的易感性。

病牛和带毒牛是该病主要传染源，病牛能通过分泌物和排泄物排出大量病毒，但大多数都是由于健康牛与病牛的直接接触而感染。亚临床感染的绵羊和山羊可将牛瘟病毒传染给牛。健牛多因吸入污染的空气或食入污染饲料和饮水经呼吸道和消化道感染，也可通过眼结膜、子宫或吸血昆虫而感染。本病有明显的季节性。流行期间疫情可随运输路线扩展，耐过病牛可获得足够的免疫力，并且多发于12月到翌年的4月。应激或牛群转移可促进本病发生。

【症状】 潜伏期视牛的品种、感染途径、病毒毒株的致病力和饲养条件等因素的差异有所不同。自然感染潜伏期为3～8天，一般不超过5天。病牛恶寒战栗，体温突然升高至40～42℃，稽留3～5天，到开始腹泻或到病的后期体温下降。精神沉郁，食欲减退或废绝，反刍迟缓或停止，呼吸心跳加快。眼结膜和鼻粘膜潮红肿胀，且有出血小点。分泌物初为浆粘性，后转为粘液脓性，干结成褐色痂，盖于眼窝、鼻镜及鼻孔四周。常打喷嚏与摇头，呼出气体恶臭难闻。角膜发炎。母牛可从阴道流出粘性或粘液脓性分泌物，有时混有血液。阴户红肿，阴道粘膜充血，孕牛常发生流产。口液增多，流出口外，夹杂有气泡，有时混有血液。口腔粘膜充血潮红，且有许多浅黄色或微白色斑点，大小如粟粒，初坚硬而渐变成水疱状，破溃后形成糜烂，最后融合成地图样烂斑或变为深层溃疡，形态不规则，边缘不整齐，以口角、齿龈、齿垫、颊内面、硬腭及舌腹面常见。最后，大片口腔粘膜坏死，大量的坏死物脱落而形成浅表的、不出血的粘膜糜烂或溃疡。此外，鼻孔、阴门和阴道以及阴茎的包皮鞘等处也可见明显的坏死变化。发病初期牛常便秘，粪便干燥并覆盖粘液和血液；以后腹泻呈水样、恶臭，粪便含有血液和上皮碎屑，并伴有动物努责。后期大便失禁，粪便呈红黑稀糊状，杂有条状伪膜。尿少、色红黄。病畜迅速消瘦，两眼深陷，奶产量下降，奶稀如水呈黄色或停止泌乳。病势严重牛发病后4～7天死亡，甚至2～3天死亡。

绵羊和山羊发病后的症状轻微。

【病理变化】 病牛尸体外观消瘦。呈脱水状态，天然孔周围有粘膜附着。口腔内有混有血液的液体，肛门周围有粪便污染。早期，口腔粘膜有灰黄色小结节，结节糜烂，有的形成溃疡。胃部病变主要在第四胃，胃内空虚或附有少量的血液或粘液。粘膜肿胀，有鲜红色或暗红色斑点或条纹。胃底粘膜下层广泛水肿，粘膜增厚，切面胶冻样。胃壁上附着纤维素伪膜的溃疡。小肠内容物稀薄，混有血液，纤维蛋白和坏死组织凝块。粘膜出血，严重时偶见糜烂区。在回肠、结肠连接部和直肠中有显著病变。回盲瓣粘膜肿胀出血是牛瘟特征病变之一。肠系膜淋巴结肿胀、出血。肝、脾无明显变化。胆囊肿大，充满胆汁，粘膜有出血点。肾脏充血肿大。呼吸道粘膜充血、出血和水肿。上呼吸道粘膜覆盖有假膜。

【诊断】 根据流行病学、临诊症状，结合剖检变化可作出初步诊断。确诊需进行病毒分离和血清学试验。病原学检查，取急性感染动物的脾、淋巴结、血液或口、鼻的分泌物等病料处理后，接种适宜的细胞培养物，观察特征性的细胞病变，如发现有折射性，细胞变圆、皱缩、胞浆拉长或形成巨细胞，可判为可疑。然后对病毒进一步鉴定。可使用免疫过氧化酶染色或特异性血清进行中和试验。常用的血清学诊断方法有琼脂扩散试验、反向对流免疫电泳、中和试验、间接血凝试验和竞争 ELISA 试验及 PCR 试验。

本病与口蹄疫、牛病毒性腹泻/粘膜病、牛蓝舌病、恶性卡他热病等作鉴别诊断。

（二）防制

牛瘟是我国规定的一类传染病。严格执行国境检疫制度，禁止从有牛瘟的国家和地区进口反刍动物及畜产品如牛、羊、精液、胚胎、鲜肉等。发现可疑病例，立即向主管部门通报，确诊后立即封锁，扑杀病畜，并作无害化处理。彻底消毒被污染的环境和用具。受威胁牛，应用牛瘟山羊化兔化弱毒苗进行紧急接种，建立免疫防护带。

第二节　牛病毒性腹泻/粘膜病

牛病毒性腹泻/粘膜病是由牛病毒性腹泻/粘膜病病毒引起的一种急性、热性传染病。其临床特征为粘膜发炎、糜烂、坏死和腹泻。

本病呈世界性分布，广泛存在于欧美等许多养牛发达国家。1980年以来，我国从西德、丹麦、美国、加拿大、新西兰等十多个国家引进奶牛和种牛，将本病带入我国，并分离鉴定出了病毒。

（一）诊断要点

【流行病学】　本病可感染黄牛、水牛、牦牛、绵羊、山羊、猪、鹿及小袋鼠，家兔可实验感染。患病动物和带毒动物是本病的主要传染源。病畜的分泌物和排泄物中含有病毒。绵羊多为隐性感染，但妊娠绵羊常发生流产或生产先天性畸形羔羊，这种羔羊也成为传染源。康复牛可带病毒6个月。直接或间接接触均可传染本病，主要通过消化道和呼吸道而感染，也可通过胎盘感染。

本病的流行特点是，新疫区急性病例多，不论放牧牛或舍饲牛，大或小均可感染发病，发病率通常不高，约为5%，病死率为90%～100%，发病牛以6～18个月者居多；老疫区则急性病例很少，发病率和病死率很低，而隐性感染率在50%以上。

本病常年均可发生，通常多发生于冬末和春季。本病也常见于肉用牛群中，关闭饲养的牛群发病时往往呈暴发式。

【症状】　自然感染的潜伏期为7～14天，人工感染的潜伏期为2～3天。根据临床表现，有急性和慢性过程。急性病牛突然发病，体温升高至40～42℃，持续4～7天，有的还有第二次升高。病畜精神沉郁，厌食，鼻眼有浆液性分泌物，2～3天内可能有鼻镜及口腔粘膜表面糜烂，舌面上皮坏死，流涎增多，呼气恶臭。通常在口内损害之后发生严重腹泻，开始水泻，以后带有粘液和血液。有些病牛常有蹄叶炎及趾间皮肤糜烂坏死，从而导致跛行。急性病例恢复的少见，通常多死于发病后2～3周，此型多见于犊牛。

慢性病牛很少有明显的发热症状，但体温可能有高于正常的波动。最引人注意的症状是鼻镜上的糜烂，此种糜烂可在全鼻镜上连成一片。眼常有浆液分泌物。在口腔内很少有糜烂，但门齿齿龈通常发红。由于蹄叶炎及趾间皮肤糜烂坏死而致的跛行是最明显的症状。大多数患牛均死于2～6个月内。

母牛在妊娠期感染本病时常发生流产，或产下有先天性缺陷的犊牛。最常见的缺陷是小脑发育不全。患犊可能只呈现轻度共济失调或完全缺乏协调和站立的能力，有的可能失明。

绵羊可以用粘膜病病毒实验感染，但仅在妊娠绵羊被感染而病毒通过胎盘及胎儿时才会发病。妊娠 12～80 天的绵羊，可能导致胎儿死亡、流产、早产或足月羔羊。

【病理变化】 肉眼可见鼻镜、鼻孔出现糜烂和浅溃疡，齿龈、上腭、舌侧面及颊粘膜也有糜烂，严重的病例在咽喉头粘膜出现弥漫性坏死。特征性损害是食道粘膜糜烂，呈大小不等形状与直线排列。瘤胃粘膜偶见出血和糜烂，第四胃炎性水肿和糜烂。肠壁因水肿增厚，肠淋巴结肿大，小肠急性卡他性炎症，空肠、回肠较为严重，盲肠、结肠、直肠有卡他性、出血性、溃疡性以及坏死性等不同程度的炎症。蹄部在趾间皮肤及全蹄冠有急性糜烂炎症、溃疡和坏死。流产胎儿的口腔、食道、真胃及气管内可能有出血斑及溃疡。运动失调的犊牛，严重的可见小脑发育不全及两侧脑室积水。

【诊断】 在本病严重暴发流行时，可根据其发病史、症状及病理变化初步诊断，最后确诊须依赖病毒的分离鉴定及血清学检查。

本病应注意与恶性卡他热、口蹄疫、水疱性口炎、牛传染性鼻气管炎、副结核、牛冬痢等相区别：恶性卡他热全身症状严重，角膜混浊，死亡率高；口蹄疫除口、鼻有溃疡外，还可形成水疱，食道和胃肠病变不明显；水疱性口炎流行范围小，发病率低，马、驴也可感染；牛传染性鼻气管炎鼻孔两翼坏死，呼吸困难，外阴粘膜散在多量白色小脓疱，结膜表面有白色斑点，犊牛发生抽搐和痉挛，反应性增高；副结核和冬痢不会出现口腔粘膜充血、糜烂。

（二）防制

本病在目前尚无有效疗法。应用收敛剂和补液疗法可缩短恢复期，减少损失。用抗生素和磺胺类药物，可减少继发性细菌感染。

平时预防要加强口岸检疫，从国外引进种牛、种羊、种猪时必须进行血清学检查，防止引入带毒牛、羊和猪。国内在进行牛只调拨或交易时，要加强检疫，防止本病的扩大或蔓延。

近年来，猪对本病病毒的感染率日趋上升，不但增加了猪作为本病传染来源的重要性，而且由于本病病毒与猪瘟病毒在分类上同属于瘟病毒属，有共同的抗原关系，使猪瘟的防制工作变得复杂化，因此在本病的防制计划中对猪的检疫也不容忽视。

一旦发生本病，对病牛要隔离治疗或急宰。对受威胁的无病牛可应用弱毒疫苗或灭活疫苗来预防和控制本病。目前牛群应用的弱毒疫苗多为牛病毒性腹泻/粘膜病、牛传染性气管炎及钩端螺旋体病三联疫苗。

第三节　蓝舌病

蓝舌病是由蓝舌病病毒引起的反刍动物的一种病毒性传染病。该病是 OIE 规定的 A 类传染病。主要发生于绵羊，其临床特征为发热、消瘦，口、鼻和胃粘膜的溃疡性炎症变化。由于病羊，特别是羔羊长期发育不良、死亡、胎儿畸形、羊毛的破坏，造成的经济损失很大。

（一）诊断要点

【流行病学】　几乎所有的反刍兽对该病都敏感，但绵羊最易感，不分品种、性别和年龄，以 1 岁左右的绵羊最易感，吃奶的羔羊有一定的抵抗力。牛和山羊的易感性较低，多为隐性感染。

病畜是本病的传染源。病愈绵羊血液能带毒达 4 个月之久，牛、山羊这些带毒动物也是传染源。本病主要通过库蠓传递，绵羊虱蝇也能机械传播本病。公牛感染后，其精液内带有病毒，可通过交配和人工授精传染给母牛。病毒也可通过胎盘感染胎儿，导致母畜流产、死胎或胎儿先天性异常。

本病的发生有严格的季节性和地区性，多发生在湿热的夏季和早秋，特别是池塘、河流较多的低洼地区。

【症状】 潜伏期为5～12天，病初体温升高至40.5～41.5℃，稽留5～6天，表现为厌食，精神沉郁，落后于羊群。流涎，口唇水肿，蔓延到面部和耳部，甚至颈部、腹部。口腔粘膜充血，后发绀，呈青紫色。在发热几天后，口腔连同唇、齿龈、颊、舌粘膜糜烂，致使吞咽困难；随着病情的发展，在溃疡损伤部位渗出血液，唾液呈红色，口腔发臭。鼻流炎性、粘性分泌物，鼻孔周围结痂，引起呼吸困难和鼾声。有时蹄冠、蹄叶发生炎症，触之敏感，呈不同程度的跛行，甚至膝行或卧地不动。病羊消瘦、衰弱，有的便秘或腹泻，有时下痢带血，早期有白细胞减少症。病程一般为6～14天，发病率30%～40%，病死率2%～3%，有时可高达90%。患病不死的经10～15天痊愈，6～8周后蹄部也恢复。怀孕4～8周的母羊遭受感染时，其分娩的羔羊中约有20%发育缺陷，如脑积水、小脑发育不足、回沟过多等。

山羊的症状与绵羊相似，但一般比较轻微。

牛通常缺乏症状。约有5%的病例可显示轻微症状，其临床表现与绵羊相同。

【病理变化】 主要见于口腔、瘤胃、心、肌肉、皮肤和蹄部。口腔出现糜烂和深红色区，舌、齿龈、硬腭、颊粘膜和唇水肿。瘤胃有暗红色区，表面有空泡变性和坏死。真皮充血、出血和水肿。肌肉出血，肌纤维变性，有时肌间有浆液和胶冻样浸润。呼吸道、消化道和泌尿道粘膜及心肌、心内外膜均有小点出血。严重病例，消化道粘膜有坏死和溃疡。脾脏通常肿大。肾和淋巴结轻度发炎和水肿，有时有蹄叶炎变化。

【诊断】 根据典型症状与病变可以作出临床诊断。为了确诊可采取病料进行人工感染或通过鸡胚或乳鼠和乳仓鼠分离病毒。也可进行血清学诊断。血清学试验中，琼脂扩散试验、补体结合反应、免疫荧光抗体技术具有群特异性，可用于病的定性试验；中和试验具有型特异性，可用来区别蓝舌病病毒的血清型。也可采用DNA探针技术。

牛、羊蓝舌病与口蹄疫、牛病毒性腹泻/粘膜病、恶性卡他热、牛传染性鼻气管炎、水疱性口炎、茨城病、牛瘟等有相似之处，应注意鉴别。

（二）防制

对病畜要精心护理，严格避免烈日风雨，给予易消化的饲料，每天用温和的消毒液冲洗口腔和蹄部。预防继发感染可用磺胺药或抗生素，有条件时病畜或分离出病毒的阳性畜应予以扑杀；血清学阳性畜，要定期复检，限制其流动，就地饲养使用，不能留作种用。

严防用带毒精液进行人工授精。定期进行药浴、驱虫，控制和消灭本病的媒介昆虫（库蠓），做好牧场的排水工作。

在流行地区可在每年发病季节前 1 个月接种疫苗，母羊可在配种前或怀孕 3 个月后接种，羔羊在出生后 3 个月再接种一次；在新发病地区可用疫苗进行紧急接种。目前所用疫苗有弱毒疫苗、灭活疫苗和亚单位疫苗，以弱毒疫苗比较常用，二价或多价疫苗可产生相互干扰作用，因此二价或多价疫苗的免疫效果会受到一定影响。

第四节 副结核病

副结核病也叫副结核性肠炎，是由副结核分枝杆菌引起牛的一种慢性传染病。病的显著特征是顽固性腹泻和逐渐消瘦，肠粘膜增厚并形成皱襞。

（一）诊断要点

【流行病学】 副结核分枝杆菌主要引起牛（尤其是乳牛）发病，幼龄牛最易感。除牛外，绵羊、骆驼、猪、马、驴、鹿等动物也可罹患。

病牛和隐性感染牛是传染源，它们可以通过乳汁、尿液和粪便排出大量病原菌，病原菌对外界环境的抵抗力较强，因此可以存活很长时间（数月）。经过消化道传播，犊牛吮乳感染或子宫内感染本病。

本病的散播比较缓慢，各个病例的出现往往间隔较长的时间，因此从表面上似呈散发性，实际上它是一种地方流行性疾病。虽然幼龄牛对本病最为易感，但潜伏期甚长，可达 6～12 个月，甚至更长，一般在 2～5 岁时才表现出临诊症状，特别是在母牛开始怀孕、分娩以及泌乳时，易于出现临诊症状。因此，在同样条件下，此病在公牛和阉牛比母牛少得多；高产牛的症状较低产牛为严重。饲料中缺乏无机盐，可能促进疾病的发展。

【症状】 病牛体温正常，早期症状为间断性腹泻，以后变为经常性的顽固拉稀。排泄物稀薄，恶臭，带有气泡、粘液和血液凝块。食欲起初正常，精神也良好，以后食欲有所减退，逐渐消瘦，眼窝下陷，精神不好，经常躺卧。泌乳逐渐减少，最后全部停止。皮肤粗糙，被毛粗乱，下颌及垂皮可见水肿。尽管病畜消瘦，但仍有性欲。腹泻有时可暂时停止，排泄物恢复常态，体重有所增加，然后再度发生腹泻。给予多汁青饲料可加剧腹泻症状。如腹泻不止，一般经 3～4 个月因衰竭而死亡。

绵羊和山羊的症状相似。潜伏期数月至数年。病羊体重逐渐减轻。间断性或持续性腹泻，但有的病羊排泄物较软。保持食欲，体温正常或略有升高。发病数月以后，病羊消瘦、衰弱、脱毛、卧地。病的末期可并发肺炎。羊群的发病率为 1%～10%，多数归于死亡。

【病理变化】 病畜的尸体消瘦。主要病变在消化道和肠系膜淋巴结。消化道的损害常限于空肠、回肠和结肠前段，特别是回肠。有时肠外表无大变化，但肠壁常增厚。浆膜下淋巴管和肠系膜淋巴管常肿大，呈索状。浆膜和肠系膜都有显著水肿。肠粘膜常增厚 3～20 倍，并发生硬而弯曲的皱褶，粘膜色黄白或灰黄，皱褶突起处常呈充血状态，粘膜上面附有粘液，稠而混浊，但无结节和坏死，也无溃疡。肠腔内容物甚少。肠系膜淋巴结肿大变软，切面浸润，上有黄白色病灶，但无干酪样变。

羊的病变与牛基本相似。

【诊断】 根据症状和病理变化，一般可作出初步诊断。但顽固性腹泻和消瘦现象也可见于其他疾病，如冬痢、沙门杆菌病、体内寄生虫、肝脓肿、肾盂肾炎、创伤性网胃炎、铅中毒、营养不良等，因此，应进行实验诊断以资区别。

变态反应诊断：对于没有临诊症状或症状不明显的家畜，可以用副结核菌素或禽结核菌素做变态反应试验。变态反应能检出大部分隐性型病畜（副结核菌素检出率为 94%，禽结核菌素为 80%），这些隐性型病畜，尽管不显临诊症状，但其中部分病畜（30%～50%）可能是排菌者。

（二）防制

目前尚无有效的疫苗。由于病牛往往在感染后期才出现临诊症状，因此药物治疗常无效。

预防本病重在加强饲养管理，特别是对幼龄牛只更应注意给予足够的营养，以增强其抗病力。不要从疫区引进牛只，如已引进，检查确定健康时，方可混群。

检出的病牛，要及时扑杀处理，但对妊娠后期的母牛，可在严格隔离不散菌的情况下，待产犊后 3 天扑杀处理；对变态反应阳性牛，要集中隔离，分批淘汰；变态反应阳性母牛所生的犊牛，以及有明显临诊症状或菌检阳性母牛所生的犊牛，立即和母牛分开，人工饲喂母牛初乳 3 天后单独组群，人工喂以健康牛乳，长至 1、3、6 个月龄时各做变态反应检查一次，如均为阴性，可按健牛处理。

被病牛污染过的牛舍、栏杆、饲槽、用具、绳索和运动场等，要用生石灰、来苏儿、氢氧化钠、漂白粉、石炭酸等消毒液进行喷雾、浸泡或冲洗。粪便应堆积高温发酵后作肥料用。

第五节　新生犊牛腹泻

新生犊牛腹泻是由冠状病毒所致的一种犊牛腹泻性传染病。其主要特征为病程急剧、散播迅速、严重腹泻、小肠绒毛萎缩。

本病为奶牛和肉牛新生犊牛最常见的急性腹泻复合征的一个组成部分。世界许多国家都有报道，我国各大型奶牛场也屡有发生。冠状病毒感染是引起犊牛死亡的重要病因之一。三分之二的肉用犊牛发病与本病毒有关。三分之一的 1 月龄以内的乳用犊牛发病还与本病毒有关。

（一）诊断要点

【流行病学】　病牛和带毒牛是主要传染源。本病在 1～3 周龄犊牛中发生自然感染引起腹泻，在成年牛腹泻的粪便中也可检出冠状病毒。本病垂直感染或哺乳感染，阴性母牛在受污染区产子数小时内，犊牛即可感染本病。消化道是主要感染途径。

【症状】 病犊牛精神沉郁，病初即排出淡黄色水样稀便，病犊腹泻 2～3 天后，出现不食、衰弱、开始脱水。严重时便中含有粘液和凝乳块，有时带有血液。犊牛血液浓缩。病程 5～6 天，多因脱水衰竭死亡。

新生犊牛发病与病原的存在情况、感染时间、带毒母牛的年龄和胎次、犊牛生后体质以及天气等因素密切相关。

【病理变化】 最重要的病理组织学变化见于小肠。有诊断意义的是除十二指肠外，所有肠段的切片上均可见到肠绒毛的萎缩和减少。

【诊断】 引起犊牛腹泻的原因很多，如轮状病毒感染，犊牛大肠杆菌等，其发病后的症状也与本病相似。因此根据临诊症状是难以作出确切的病源学诊断的。确切的诊断是由粪便中找到病源，细胞培养物中分离出病毒。或用免疫荧光法和中和试验等方法确诊。

为此，对本病诊断采集的标本应是：病中的新鲜粪便和病尸的小肠、肠粘膜及肠系膜淋巴结作为标本，供实验室检验。

对本病的诊断工作，要与各种引起犊牛腹泻的病源和病因进行鉴别诊断。

（二）防制

本病目前尚无特效疗法，只能在发病早期进行对症治疗。

对有脱水和酸中毒者，可应用含葡萄糖的电解质溶液，如葡萄糖生理盐水及 5%碳酸氢钠溶液。口服补液盐（ORS）对腹泻脱水纠正有效，但尚不能减少腹泻粪便排出量、腹泻次数或腹泻持续时间。因此可改进 ORS 配方，可用煮熟谷粉代替葡萄糖，或与甘氨酸合用，以使 ORS 的效果更好。为防止继发感染可使用抗生素。

预防的关键在于加强饲养管理。及时的饲喂初乳，是极为重要的。将新生犊牛隔离在犊牛栏内单独饲喂，精心护理。犊牛栏（舍）要保持干燥、温暖和卫生。

第六节　羊梭菌性疾病

羊梭菌性疾病是由梭状芽孢杆菌属中的微生物所致羊的一组传染病，包括羊快疫及羊猝狙、羊肠毒血症、羊黑疫和羔羊痢疾等。这一类疾病在临床上有不少相似之处，容易混淆。这些疾病特点是发病快、病程短、死亡率高，对养羊业危害很大。

一、羊快疫及羊猝狙

羊快疫及羊猝狙是梭状芽孢杆菌属中两种不同病原菌引起的最急性传染病。羊快疫突然发病，病程短促，真胃（第四胃）粘膜呈出血性炎症为特征，羊猝狙以溃疡性肠炎和腹膜炎为特征。两者可发生混合感染，其特征是突然发病，病程极短，几乎看不到症状即死；胃肠道呈出血性、溃疡性炎症变化，肠内容物混有气泡；肝肿大、质脆、色多变淡，常伴有腹膜炎。

（一）诊断要点

【流行病学】　（1）羊快疫：绵羊最易感。发病羊的营养多在中等以上，年龄多在 6～18 个月。一般经消化道感染（腐败梭菌如经伤口感染则引起各种家畜的恶性水肿）。山羊、鹿也可感染本病。

（2）羊猝狙：本病发生于成年绵羊，以 1～2 岁绵羊发病较多。常见于低洼、沼泽地区，多发生于冬、春季节。常呈地方流行性。

【症状与病变】　（1）羊快疫：突然发病，病羊往往来不及出现临诊症状就突然死亡。常见在放牧时死亡或早晨发现死于圈内。有的病羊离群独处，卧地，不愿走动，强迫行走时，表现虚弱和运动失调。腹部膨胀，有疝痛症状。排粪困难，里急后重，排黑色软粪或稀粪，混杂有粘液或脱落的粘膜，间或有血丝。体温表现不一，有的正常，有的升高至 41.5℃左右。病羊最后极度衰竭、昏迷，通常在一至数小时内死亡，极少数病例可达 2～3 天，罕有痊愈者。

病羊新鲜尸体的主要损害为真胃出血性炎症变化。粘膜，尤其是胃底部及幽门附近的粘膜，常有大小不等的出血斑块，其表面发生坏死，出血坏死区低于周围的正常粘膜；粘膜常组织水肿。胸腔、腹腔、心包有大量积液，暴露于空气易于凝固。心内膜下（特别是左心室者）和心外膜下有多数点状出血。肠道和肺脏的浆膜下也可看到出血。胆囊多肿胀。如病羊死后未及时剖检，则尸体因迅速腐败而出现其他死后变化。

（2）羊猝狙：病程短促，常未及见到症状即突然死亡。有时发现病羊掉群、卧地，表现为不安、衰弱、痉挛、眼球突出，在数小时内死亡。

病变主要见于消化道和循环系统。十二指肠和空肠粘膜严重充血、糜烂，有的区段可见大小不等的溃疡。胸腔、腹腔和心包大量积液，后者暴露于空气后，可形成纤维素絮块。浆膜上有小点出血。病羊刚死时骨骼肌表现正常，但在死后 8 小时内，细菌在骨骼肌里增殖，使肌间隔积聚血样液体，肌肉出血，有气性裂孔，骨骼肌的这种变化与黑腿病的病变十分相似。

（3）羊快疫及羊猝狙混合感染：根据在我国观察所见，有最急性型和急性型 2 种临床表现。

① 最急性型：一般见于流行初期。病羊突然停止采食，精神不振。四肢分开，弓腰，头向上。行走时后躯摇摆。喜伏卧，头颈向后弯曲。磨牙，不安，有腹痛表现。眼羞明流泪，结膜潮红，呼吸促迫。从口鼻流血泡沫，有时带有血色。随后呼吸愈加困难，痉挛倒地，四肢做游泳状，迅速死亡。从出现症状到死亡通常为 2～6 小时。

② 急性型：一般见于流行后期。病羊食欲减退，行走不稳，排粪困难，有里急后重表现。喜卧地，牙关紧闭，易惊厥。粪团变大，色黑而软，其中杂有粘稠的炎症产物或脱落的粘膜；或排油黑色或深绿色的稀粪，有时带有血丝；有的排蛋清样稀粪，带有难闻的臭味。心跳加速。一般体温不升高，但临死前呼吸极度困难时，体温可升至 40℃以上，维持时间不久即死亡。从出现症状到死亡通常为 1 天左右，也有少数病例延长到数天的。

发病率 6%～25%，个别羊群高达 97%。山羊发病率一般比绵羊低。发病羊几乎全部死亡。

混合感染死亡的羊，营养多在中等以上。尸体迅速腐败，腹围迅速胀大，可视粘膜充血，血液凝固不良，口鼻等处常见有白色或血色泡沫。

【诊断】 羊快疫和羊猝狙病程急速，生前诊断比较困难。如果羊突然发病死亡，死后又发现第四胃及十二指肠等处有急性炎症，肠内容物中有许多小气泡，肝肿胀而色淡，胸腔、腹腔、心包有积水等变化时，应怀疑可能是这一类疾病。确诊需进行微生物学和毒素检查。

分离培养是从疑似病样尸体采取病料，接种于葡萄糖琼脂和肝片肉汤进行厌氧培养，分离鉴定腐败梭菌。动物实验是取患病动物的新鲜血液或组织乳剂肌内注射于小白鼠或豚鼠，接种动物于 24 小时内死亡，此时迅速采取死亡脏器进行分离培养或肝脏表面触片染色检查可见无关节长丝状、两端钝圆杆菌，即可确诊。据报道，荧光抗体技术可用于本病的快速诊断。

羊猝狙的诊断，是从体腔渗出液、脾脏取材做 C 型产气荚膜梭菌的分离和鉴定，以及用小肠内容物的离心上清液静脉接种小鼠，检测有无 β 毒素。

羊快疫、羊猝狙与羊肠毒血症、黑疫、巴氏杆菌病、炭疽容易混淆，应注意区别。

（二）防制

由于本病的病程短促，往往来不及治疗，因此，必须加强平时的防疫措施。发生本病时，将病羊隔离，对病程较长的病例实行对症治疗。当本病发生严重时，应将所有未发病羊只，转移到高燥地区放牧，加强饲养管理，防止受寒感冒，避免羊只采食冰冻饲料，早晨出牧不要太早，同时用菌苗进行紧急接种。每年可定期注射 1～2 次羊快疫-猝狙二联菌苗或快疫、猝狙、肠毒血症三联苗或厌气菌七联干粉苗。在羔羊经常发病的羊场应对怀孕母羊在产前 1～1.5 个月和产前 15～30 天进行免疫，母羊获得的免疫抗体，可经由初乳授给羔羊。但在发病季节，羔羊也应接种疫苗。

二、羊肠毒血症

羊肠毒血症又称类快疫、软肾病，是由 D 型产气荚膜梭菌在肠道中大量繁殖产生毒素所引起的一种急性传染病。临床特征为腹泻、惊厥、麻痹和突然死亡。死后肾组织易于软化如泥。

（一）诊断要点

【流行病学】 羊肠毒血症有明显的季节性和条件性。在牧区，多发于春末夏初青草萌发，和秋季牧草结籽后的一段时期；在农区，则常常是在收菜季节，羊只吃了多量菜根菜叶，或收了庄稼后羊群抢茬吃了大量谷类的时候发生此病。

本病多呈散发，绵羊发生较多，山羊较少。2～12 月龄的羊最易发病。发病的羊多为膘情较好的。

【症状】 本病的特点为突然发作，很少能见到症状，往往在发生可以看出来的症状后绵羊便很快死亡。病状可分为 2 种类型：一类以抽搐为特征，重者在倒毙前，四肢出现强烈的划动，肌肉颤抖，眼球转动，磨牙，口水过多，随后头颈显著抽搐，往往死于 2～4 小时。另一类以昏迷和静静地死去为特征，病程不太急，其早期症状为步态不稳，以后卧倒，并有感觉过敏，流涎，上下颌“咯咯”作响，继则昏迷，角膜反射消失，有的病羊发生腹泻，通常在 3～4 小时内静静地死去。抽搐型和昏迷型在症状上的差别是由于吸收的毒素多少不一的结果。体温一般不高，血、尿常规检查常有血糖、尿糖升高现象。

【病理变化】 病变常限于消化道、呼吸道和心血管系统。真胃含有未消化的饲料。肠道（尤其小肠）粘膜充血、出血，严重时整个肠壁呈血红色，有时出现溃疡。心包、胸腔、腹腔有大量渗出液呈灰黄色并含有纤维素絮块，左心室的心内外膜下有多数小点出血。肺脏出血和水肿。胸腺常发生出血。肾脏比平时更易于软化，像脑髓那样，稍加触压即烂，一般认为这是一种死后变化，但不能在死后立刻见到。

【诊断】 初步诊断可以依据本病发生的情况和病理变化，突然发病、迅速死亡，散发，多发生于春夏之交抢青时和秋收草籽成熟时等流行特点。剖检特征为肾脏比平时更易于软化，像脑髓那样，稍加触压即烂，心包积液，肺充血。发现高血糖和糖尿也有诊断意义。确诊本病需依靠实验室检验。

（二）防制

当羊群中出现本病时，可立即搬圈，转移到高燥的地区放牧。在常发地区，应定期注射羊肠毒血症疫苗及羊快疫、猝狙、肠毒血症三联苗。在牧区夏初发病时，应该少抢青，而让羊群多在青草萌发较迟的地方放牧，秋末发病时，可尽量到草黄较迟的地方放牧；在农区应减少或暂停抢茬，少喂菜根、菜叶等多汁饲料。要加强羊只的饲养管理，加强羊只的运动。病羊治疗方面，目前没有较好的方法。病程长者可对症治疗，用抗生素结合强心、镇静、解毒有一定疗效。

三、羊黑疫

羊黑疫，又名传染性坏死性肝炎，是由 B 型诺维梭菌引起绵羊和山羊的一种急性高度致死性毒血症。其特征是肝实质发生坏死性病灶。

（一）诊断要点

【流行病学】 本菌能使 1 岁以上的绵羊感染，以 2～4 岁的肥胖绵羊发生最多；牛和山羊也可感染。诺维梭菌广泛存在于土壤中，羊采食被此菌芽孢污染的饲料而感染。

本病主要在春、夏发生于肝片吸虫流行的低洼潮湿地区。

【症状与病变】 本病在临床上与羊快疫、肠毒血症等极其类似。病程十分急促，绝大多数情况是未见有病而突然发生死亡。少数病例病程稍长，可拖延 1～2 天，但没有超过 3 天的。病畜掉群，不食，呼吸困难，体温 41.5℃左右，呈昏睡俯卧，并保持在这种状态下毫无痛苦地突然死去。

病羊尸体皮下静脉显著充血，其皮肤呈暗黑色外观（黑疫之名即由此而来）。胸部皮下组织经常水肿。胸腔、腹腔、心包腔有液体渗出，暴露于空气易于凝固，液体常呈黄色，但腹腔液略带血色。

左心室心内膜下常出血。真胃幽门部和小肠充血和出血。肝脏充血肿胀，从表面可看到或摸到有一个到多个不规则凝固性坏死灶，坏死灶的界限清晰，灰黄色，不整圆形，周围常为一鲜红色的充血带围绕，坏死灶直径可达 2～3 厘米，切面成半圆形。羊黑疫肝脏的这种坏死变化是很有特征的，具有很大的诊断意义。

【诊断】 在肝片吸虫流行的地区发现急死或昏睡状态下死亡的病羊，剖检见特殊的肝脏坏死变化，有助于诊断。必要时可做细菌学检查和毒素检查。

羊黑疫、羊快疫、羊猝狙、羊肠毒血症等梭菌性疾病由于病程短促，病状相似，在临床上不易互相区别，同时，这一类疾病在临床上与羊炭疽也有相似之处，因此，应注意类症区别。

（二）防制

预防此病首先在于控制肝片吸虫的感染。免疫可用黑疫、快疫二联苗或厌气菌七联干粉苗进行预防接种。发生本病时，应将羊群移牧于高燥地区。对病羊可用抗诺维梭菌血清治疗。

四、羔羊痢疾

羔羊痢疾是由 B 型产气荚膜梭菌引起初生羔羊的一种急性毒血症，以剧烈腹泻和小肠发生溃疡为其特征。本病常可使羔羊发生大批死亡，给养羊业造成重大经济损失。

（一）诊断要点

【流行病学】 羔羊在生后数日内，产气荚膜梭菌可以通过羔羊吮乳、饲养员的手和羊的粪便进入羔羊消化道。在外界不良诱因如母羊怀孕期营养不良，羔羊体质瘦弱；气候寒冷，羔羊受冻；哺乳不当，羔羊饥饱不匀，羔羊抵抗力减弱时，细菌大量繁殖，产生毒素。

羔羊痢疾的发生和流行，就表现出一系列明显的规律性。草差而又没有做好补饲的年份，羔羊常易发生；气候最冷和变化较大的月份，发病最为严重；纯种细毛羊的抵抗力差，发病和死亡率最高，杂种羊则介于纯种和杂种之间。

本病主要危害 7 日龄以内的羔羊，其中又以 2～3 日龄的发病最多，7 日龄以上的很少患病。传染途径主要是通过消化道，也可能通过脐带或创伤。本病呈地方性流行。

【症状】 自然感染的潜伏期为 1～2 天，病初精神委顿，低头拱背，不想吃奶。不久就发生腹泻，粪便恶臭，有的稠如面糊，有的稀薄如水，粪便呈黄绿色、黄白色甚至灰白色。到了后期，有的还含有血液，并含有粘液和气泡，直到成为血便；肛门失禁，病羔逐渐虚弱，卧地不起。若不及时治疗，常在 1～2 天内死亡，只有少数轻者可自愈。个别羔羊不下痢或只排少量稀粪（也可能带血），羔羊以神经症状为主者，四肢瘫软，卧地不起，呼吸急促，口流白沫，最后昏迷，头向后仰，体温降至常温以下，常在数小时到十几小时内死亡。

【病理变化】 尸体脱水现象严重，尾部沾有稀粪痕迹。最显著的病理变化是在消化道。第四胃内往往存在未消化的凝乳块。小肠（特别是回肠）粘膜充血发红，溃疡周围有一出血带环绕；有的肠内容物呈血色。肠系膜淋巴结肿胀充血，间或出血。心包积液，心内膜有时有出血点。肺常有充血区域或淤斑。

【诊断】 在常发地区，本病多发于 7 日龄以内的羔羊，剧烈腹泻，很快死亡，并迅速蔓延全群，剖检小肠发生溃疡即可作出初步诊断。确诊需进行实验室检查，以鉴定病原菌及其毒素。

沙门杆菌、大肠杆菌和肠球菌也可引起初生羔羊下痢，应注意区别。

（二）防制

本病发病因素复杂，应综合实施抓膘保暖、合理哺乳、消毒隔离、预防接种和药物防治等措施才能有效地给予防制。

每年秋季注射羔羊痢疾苗或厌气菌七联干粉苗，产前 2～3 周再接种 1 次。

羔羊出生后 12 小时内，灌服庆大霉素，每日 2 次，连续灌服 3 天，有一定的预防效果。治疗羔痢可选用土霉素、磺胺类药物，同时还应针对症状进行对症治疗。也可使用中药治疗。

思考题

1. 牛瘟的临床表现和病理变化是什么?
2. 诊断牛病毒性腹泻/粘膜病在哪些方面有特殊意义?
3. 蓝舌病的临床表现是什么?
4. 副结核病临床表现是什么?如何预防?
5. 新生犊牛腹泻流行病学特点、临床表现是什么?
6. 羊快疫、羊肠毒血症和羊炭疽的鉴别诊断要点是什么?
7. 羔羊痢疾的病原是什么?如何进行防制?

第七章　犬、其他动物传染病

第一节　犬瘟热

犬瘟热是由犬瘟热病毒引起的，是感染肉食兽中的犬科（尤其是幼犬）、鼬科及一部分浣熊科动物的高度接触传染性、致死性传染病。病犬早期表现双向热型、急性鼻卡他，随后以支气管炎、卡他性肺炎、严重胃肠炎和神经症状为特征，少数病例出现鼻端和脚垫的高度硬化。本病极易继发细菌感染和二次感染，使病情加重，其死亡率高达 80%以上；康复犬还易遗留抽搐、癫痫、麻痹样后遗症。该病是危害养犬业最严重的疫病之一。

（一）诊断要点

【流行病学】　犬瘟热病毒感染分布于世界各地。在自然条件下犬瘟热病毒可感染犬、貉、貂、小熊猫、黄鼠狼以及豺、狼、獾等多种犬科、鼬科和浣熊科动物，其中以 1 岁以下的动物最为易感。猫科动物如虎、豹、狮等也可感染发病，甚至致死。

犬瘟热的传染来源，主要是病犬和带毒犬，其次是患犬瘟热的其他动物和带毒动物。病毒存在于肝、脾、肺、脑、肾、淋巴结等多种脏器与组织中，通过眼泪、鼻液、唾液、尿液以及呼出的空气等排出病毒，污染周围空气、饮水、食物、用具等。有些病犬临床恢复后，可长时间向外界排毒，成为不被人们注意的传染来源。犬瘟热病毒的传染性极强，同一环境饲养的动物，无论采取怎样的隔离措施，最后还是难免互相传染。传播的途径主要是呼吸道，其次是消化道。通过飞沫、食物或不洁的医疗卫生用具，经眼结膜、口腔、鼻腔粘膜以及阴道、直肠粘膜而感染。犬瘟热康复犬可获终身免疫力。

犬瘟热的发生流行具有明显的品种、年龄和季节性，而且似有2～3年流行一次的周期性。离乳至1岁的犬发病率最高。纯种犬与当地土种犬相比，易感性明显增高。秋末、夏初犬瘟热明显增多。

【症状】 潜伏期随机体的免疫状况和所感染病毒的毒力与数量而不同，一般为3～6天，多数于感染后的第4天体温升高，少数于第5天，极少数于第3天或第6天体温升高。多数病例首先表现为上呼吸道的感染症状，体温升高，食欲降低，倦怠，眼、鼻流出水样分泌物，并常在1～2天内转变为粘液性、脓性；此后可有2～3天的缓解期，病犬体温趋于正常，精神、食欲有所好转，此时如不加强护理和防止继发感染等全身性治疗，就会很快发展为肺炎、肠炎、脑炎、肾炎和膀胱炎等全身性炎症。

以支气管肺炎和上呼吸道炎症症状为主的病犬，鼻镜干裂，呼出恶臭的气体，排出脓性鼻液，严重时将鼻孔堵塞，病犬张口呼吸，并不时以爪搔鼻，眼因脓性结膜炎而分泌出大量脓性分泌物，严重时甚至将上下眼睑粘合到一起，角膜发生溃疡，甚至穿孔。病犬发生先干性后湿性的咳嗽，肺部听诊时，呼吸音粗，有湿性啰音或捻发音。

以消化道炎症为主的病犬，食欲降低或完全丧失，呕吐，排带粘液的稀便或干粪，严重时排高粱米汤样的血便。病犬迅速脱水、消瘦，与病毒性肠炎病犬症状十分相似。

以神经症状为主的病犬，有的开始就出现，有的先表现为呼吸道或消化道症状，7～10天后再呈现神经症状。病犬轻则口唇、眼睑局部抽动，重则流涎空嚼，或转圈、冲撞，或口吐白沫，招致呼吸道支气管博代菌、溶血性链球菌，消化道的沙门杆菌、大肠杆菌、变形杆菌等的继发感染，引起体温升高等临诊症状。

本病的病程及预后与动物的品种、年龄、免疫水平及所感染病毒的数量、毒力、继发感染的类型等有关。无并发症的病犬，通常很少死亡。并发肺炎和脑炎的病犬，死亡率高达 70%～80%。未发生过犬瘟热的地区发生犬瘟热时，动物的易感性极高，死亡率可达 90%以上。3～6 月龄的纯种仔犬发病率与死亡率明显高于其他犬。

【病理变化】　犬瘟热的病理变化随病程长短、临床病型和继发感染的种类与程度而不同。早期尚未继发细菌感染的病犬，仅见胸腺萎缩与胶样浸润，脾、扁桃体等组织脏器中的淋巴组织减少。发生细菌继发感染的病犬，则可见化脓性鼻炎、结膜炎、支气管肺炎或化脓性肺炎。消化道则可见卡他性乃至出血性胃肠炎。死于神经症状的病犬，眼观仅见脑膜充血，脑室扩张及脑脊液增多等非特异性脑炎变化。

【诊断】　根据流行病学资料和临诊症状，可以作出初步诊断。确诊须通过病原学与血清学检查。

（二）防制

及时发现病犬，早期隔离治疗，严格消毒，预防继发感染，这是提高治愈率，减少死亡率的关键。病初期可肌内或皮下注射抗犬瘟热高免血清（或犬五联高免血清）或本病康复犬血清（或全血）。每次 5～10 毫升，连续使用 3～5 天。同时，配合抗毒灵冻干粉针剂，可提高治疗效果。其用法及用量为：治疗前用灭菌生理盐水或注射用水 20 毫升将抗毒灵溶解，中等大的犬静脉滴注 2～4 瓶，月龄较小的犬，用量可酌减。早期应用抗生素（如青霉素、链霉素等）并配合对症治疗，可防止细菌继发感染和病犬康复。

对于尚未发病的假定健康动物和受疫区威胁的其他动物，可用犬瘟热高免血清或小儿麻疹疫苗做紧急预防注射，待疫情稳定后，再注射犬瘟热疫苗或三联苗（犬瘟热、犬传染性肝炎和犬细胞病毒病）、五联苗（犬瘟热、传染性肝炎、犬细胞病毒病、犬副流感和狂犬病）以及麻疹苗等多种疫苗。

第二节　犬传染性肝炎

犬传染性肝炎是由犬腺病毒引起的犬的一种急性、高度接触传染性败血性传染病，本病主要发生于犬，也见于其他犬科动物，以肝小叶中心坏死，肝实质细胞和上皮细胞出现核内包涵体，出血时间延长和肝炎为特征。

（一）诊断要点

【流行病学】　该病一年四季均有发生，各种性别、年龄和品种的犬、狐对本病均易感，但其中以离乳至 1 岁的动物发病率和死亡率最高。如与犬瘟热混合感染，则死亡率更高。

本病的传播途径主要是消化道。病犬和带毒犬通过眼泪、唾液、粪、尿等分泌物和排泄物排出病毒，污染周围环境、饲料和用具等。易感犬通过舔食、呼吸而感染。康复后带毒的动物是本病最危险的传染来源，尿中排毒可达 6～9 个月。

【症状与病变】　病犬食欲缺乏，渴欲增加。常见呕吐、腹泻和眼鼻流浆性粘性分泌物。常有腹痛（剑状软骨部位）和呻吟。某些病例头颈和下腹部水肿。一般没有神经症状，也很少出现黄疸，除非肝脏损害严重。病犬体温升高到 40～41℃，持续 1 天。然后降至接近常温，持续 1 天，接着又第二次体温升高，呈所谓马鞍形体温曲线。病犬粘膜苍白，有时牙龈有出血斑。扁桃体常急性发炎肿大，心搏增强，呼吸加速，很多病例出现蛋白尿。病犬血液不易凝结，如有出血，往往流血不止，出血时间较长的转归不良。在急性症状消失后 7～10 天，约有 20%康复犬的一眼或两眼呈暂时性角膜混浊，称为“肝炎性蓝眼”病。病程一般为 2～14 天，大多在 2 周内康复或死亡。幼犬患病时，常于 1～2 天内突然死亡，如耐过 48 小时，多能康复。成年犬多能耐过，产生坚强的免疫力。

剖检常见皮下水肿。腹腔积液，暴露于空气常可凝固。肠系膜可有纤维蛋白渗出物。肝略肿大，包膜紧张，肝小叶清楚。胆囊黑红色，胆囊壁常水肿、增厚、出血，有纤维蛋白沉着，脾肿大。胸腺点状出血。体表淋巴结、颈淋巴结和肠系膜淋巴结出血。

剖检可见各脏器组织尤其心内膜、脑膜、脑脊髓膜、唾液腺、胰腺和肺点状出血。

【诊断】 一般根据流行病学、临诊症状和剖检病变（包括包涵体检查）可以作出初步诊断。本病的肝炎型早期症状与犬瘟热、钩端螺旋体病等相类似，且有时混合感染，必须注意区别。

（二）防制

预防本病主要依靠定期免疫接种：犬传染性肝炎氢氧化铝灭活疫苗免疫 1.5～2 月龄犬，以 15 天的间隔接种两次，每次 1 毫升，可获 6 个月的免疫力。

病初可用成年犬血清作皮下注射，每次 10～30 毫升，每日 1 次，共 2～3 次。此外，每日应静脉注射 50%葡萄糖液 20～40 毫升，维生素 C 250 毫升或三磷酸腺苷（ATP）15～20 毫克，连用 3～5 天，并口服肝泰乐片。要节制饮水，可每 2～3 小时喂 1 次 5%葡萄糖盐水。

第三节　犬细小病毒感染

犬细小病毒感染是由犬细小病毒引起的犬的一种急性传染病，特征为出血性肠炎或非化脓性心肌炎，多发生于幼犬，病死率为 10%～50%。

（一）诊断要点

【流行病学】 各种年龄和不同性别的犬都有易感性，但小犬的易感性更高。断乳前后的仔犬易感性最高，其发病率和病死率都高于其他年龄组，往往以同窝暴发为特征。3～4 周龄犬感染后呈急性致死性心肌炎的为多；8～10 周龄的犬则以肠炎为主。小于 4 周龄的仔犬和大于 5 岁龄的老犬发病率低，一般分别为 2%和 16%。

本病主要由直接或间接接触而传染。感染犬和康复带毒犬是传染源。病犬从粪便、尿液、唾液和呕吐物中排毒；而康复犬可能从粪尿中长期排毒，污染饲料、饮水、垫草、食具和周围环境。一般认为传染途径主要是消化道。

本病的发生无明显的季节性。一般夏、秋季多发。天气寒冷、气温骤变、拥挤、卫生水平差和并发感染，可加重病情和提高病死率。

【症状】 单纯细小病毒感染，一般症状较轻，由于混合细菌感染或继发感染而表现出明显的临诊症状，多数呈肠炎综合征，少数呈心肌炎综合征。

（1）肠炎型：潜伏期为 1～2 周，多见于青年犬。本型的特征症状是呕吐，腹泻，便血，白细胞显著减少，在病程的早、中、晚期表现各不相同。

① 早期：多数犬体温升高至 40～41℃（少数犬体温正常），精神不振，采食量减少或绝食，呕吐食物及黄白色泡沫状液体，排便次数增多，大便正常或稍带粘液，1～2 天后进入中期症状。

② 中期：食欲废绝，频繁呕吐和剧烈腹泻，多数犬呈喷射状排出番茄汁样粪便，带有血液，发出特别难闻的腥臭味，少数犬粘液便呈黄色或乳白色果冻样；极少数犬呈间歇性腹泻。

③ 后期：病犬迅速脱水，眼窝下陷，皮肤弹性降低，可视粘膜苍白，舌面皱缩，最后因水、电解质平衡失调，并发酸中毒而于数小时至 2 天死亡。

（2）心肌炎型：多见于流行初期或缺乏母源抗体的 4～6 周龄幼犬。发病初期精神尚好或仅有轻度腹泻，个别病例有呕吐。常突然发病，表现为可视粘膜苍白，衰弱，呻吟，干咳，呼吸极度困难。听诊时心有杂音，心律不齐，常因急性心力衰竭而死亡，只有极少数轻度病例可以治愈，致死率为 60%～100%。

【病理变化】 病理变化随病程长短、临床病型和继发感染的种类与程度不同而异。

（1）肠炎型：剖检可见腹部蜷缩，腹腔积液。病变主要见于空肠、回肠（即小肠中、后段），血液粘稠暗紫，严重时肠管外观紫红，浆膜下充血、出血，粘膜坏死、脱落，肠管扩张，内容物水样，混有血液和粘液，肠系膜淋巴结充血、出血、肿胀。组织学检查，肠炎综合征的最突出变化是小肠隐窝上皮坏死脱落，固有层有充血、出血和炎性细胞浸润，绒毛萎缩，隐窝肿大，数目减少。

（2）心肌炎型：剖检病变主要限于肺和心脏。肺水肿，局灶性充血、出血，致使肺表面色彩斑驳。心脏扩张，心房和心室内有淤血块。心肌和心内膜有非化脓性坏死灶。心肌纤维严重损伤，常见出血性斑纹。组织学特征为心肌纤维的弥漫性淋巴细胞浸润，间质水肿与局限性心肌变性，在病变的心肌细胞中有时可发现包涵体和犬细小病毒粒子。

【诊断】 根据特征性临诊症状（先呕吐后急性出血性肠炎，白细胞显著减少以及幼犬急性心肌炎等），再结合流行病学和病理变化的特点，可以作出初步诊断。但由于肠炎型犬瘟热、犬冠状病毒、轮状病毒感染以及某些细菌、寄生虫感染和急性胰腺炎，也常出现肠炎综合征，所以诊断时一定要注意鉴别。

（二）防制

肠炎型病例应采用对症治疗、支持疗法：

对症治疗：犬呕吐时注射阿托品等；腹泻时口服次硝酸铋、鞣酸蛋白和注射维生素 K、安络血等止血剂；脱水是输液，注意先盐后糖，最好静脉注射，先快后慢，有困难时可行腹腔输液；结膜发绀时则加入碳酸氢钠防止酸中毒。

支持疗法：静脉输进健康犬或康复犬的全血 30～200 毫升；也可注射其血清或血浆 30～50 毫升；还可使用维生素 C、肌苷、ATP 等以增强支持疗法的效果。

预防本病可注射灭活疫苗和弱毒疫苗：一般幼犬于 7～8 周龄首次免疫灭活疫苗，间隔 2～3 周后再免；而弱毒疫苗只需接种一次。以后每年加强免疫一次。母犬则在产前 3～4 周免疫接种。

第四节　兔魏氏梭菌病

兔魏氏梭菌病又叫魏氏梭菌性肠炎，是由魏氏梭菌毒素引起的兔的一种消化道为主的全身性疾病，特征为水样腹泻和脱水死亡。

（一）诊断要点

【流行病学】 各品种的兔均有易感性，但毛用兔高于皮、肉用兔，尤以纯种长毛兔和獭兔高于杂交毛兔。本地毛兔和其他皮、肉用兔，各种年龄（除未断奶的乳兔外）的兔都可感染发病，但以1～3 月龄的仔兔发病率最高。多在冬、春季节青饲料缺乏时容易发病，这与青饲料显著减少，而饲喂过多的谷类饲料有关。消化道是本病主要的传染途径。

【症状】 潜伏期较短的为 2～3 天，长的为 10 天。急剧腹泻是本病特征性的临诊症状。病初排灰褐色软便，随后出现水泻。粪便黄绿、黑褐或腐油色，水样或呈胶冻样，具特殊的腥臭味。病兔精神委顿，拒食，消瘦，脱水，大多于出现水泻的当天或次日死亡，少数可拖 1 周，极个别的拖 1 个月，最终死亡。发病率为 90%，病死率几乎达 100%。

【病理变化】 尸体肛门附近和后肢飞节下端被毛染粪便，剖开腹腔可嗅到特殊臭味。胃多充满饲料，胃底粘膜脱落，常见有出血或黑色溃疡点，小肠和盲结肠充满气体。小肠卡他性炎症，管壁菲薄透明。盲结肠内容物稀薄呈黑绿色，具腐败味，肠粘膜弥漫性充血或出血。肝质脆，脾深褐色，膀胱积有茶色尿。

【诊断】 根据流行病学特点、临诊症状和病理变化的特征，可以作出初步诊断。确诊则需做微生物学诊断或血清学试验。

鉴别诊断：

① 与兔沙门杆菌病的鉴别。急性沙门杆菌病以败血症、下痢和流产为特征，主要发生于断乳前后仔兔和青年兔。蚓突粘膜有弥漫性淡灰色粟粒大的小结节，肠淋巴结水肿。从病兔的血液及各脏器可分离出沙门杆菌。

② 与兔球虫病的鉴别。急性肠球虫病多发于断乳前后的仔兔，成年兔不发生。病兔消瘦，营养不佳，有黄疸和贫血症状。剖检可见肠粘膜或肝表面有淡黄色结节。取结节或肠粘膜压片镜检，可见球虫卵囊。

（二）防制

平时加强兔场的饲养管理，消除诱发因素，少喂含有过高蛋白质的饲料和过多的谷物类饲料，并注意饲料卫生及适当的配合。

定期接种兔魏氏梭菌灭活菌苗，30 日龄以上的兔每只皮下或肌内注射 1 毫升，间隔 14 天，再注射 1 毫升，免疫期半年。兔魏氏梭菌与巴氏杆菌二联菌苗，20～30 日龄仔兔，每只皮下或肌内注射 1 毫升；30 日龄以上的兔，每只皮下或肌内注射 2 毫升，免疫期为半年。

治疗：病初可用特异性高免血清进行治疗，每千克体重 2～3 毫升，皮下或肌内注射，每日 2 次，连用 2～3 天，疗效良好。药物可用喹乙醇每千克体重 5 毫克，口服，每日 2 次，连用 4 天。金霉素每千克体重 20～40 毫克，肌内注射，每日 2 次，连用 3 天。红霉素每千克体重 20～30 毫克，肌内注射，每日 2 次，连用 3 天；或卡那霉素每千克体重 20 毫克，肌内注射，每日 2 次，连用 3 天，均有一定的疗效。同时配合对症治疗，如腹腔注射 5%葡萄糖生理盐水，内服食母生（每只兔 5～8 克）和胃蛋白酶（每只兔 1～2 克）等，可提高疗效。

第五节　兔病毒性出血症

兔病毒性出血症俗称“兔瘟”，或称兔出血症，是由兔病毒性出血症病毒引起的一种急性、高度致死性传染病，特征为呼吸系统出血、肝坏死、实质脏器水肿、淤血及出血性变化。本病常呈暴发性流行，发病率及病死率极高，已成为全世界养兔业的大敌。

（一）诊断要点

【流行病学】　本病只发生于家兔和野兔。各种品种和不同性别的兔都可感染发病，长毛兔的易感性高于皮、肉兔。60 日龄以上的青年兔和成年兔的易感性高于 2 月龄以内的仔兔。未断乳的幼兔很少发病死亡。病兔、隐性感染兔和带毒的野兔是传染来源。本病在新疫区多呈暴发性流行。病势凶猛。本病一年四季都可发生，但北方一般以冬、春寒冷季节多发。这可能与气候寒冷、饲料单一、兔体抵抗力下降有关。

【症状】 自然感染潜伏期为2～3天，人工接种潜伏期为38～72小时。根据症状分为最急性型、急性型和慢性型3个类型。

（1）最急性型：多发生在流行初期。突然发病，迅速死亡，几乎无明显症状。一般在感染后10～12小时，体温升高到41℃，经6～8小时而死。有的死前还在吃食，突然抽搐几下即刻死亡。

（2）急性型：多在流行中期发生。感染后24～40小时，体温升高到41℃以上，病兔食欲减退，渴欲增加。精神委顿，皮毛无光泽，迅速消瘦。死前有短期兴奋、挣扎、狂奔、咬笼架，继而前肢俯伏，后肢支起，全身颤抖，倒向一侧，四肢划动，惨叫几声而死。少数病死兔鼻孔中流出泡沫样血液。病程1～2天。

（3）慢性型：多见于老疫区或流行后期，潜伏期和病程较长，病兔体温升高至41℃左右，精神委顿，食欲不振，被毛杂乱无光泽，最后消瘦、衰弱而死。耐过病兔生长迟缓，发育较差，粪便排毒至少1个月之久。

【病理变化】 剖检可见鼻腔、喉头和气管粘膜淤血和出血。气管和支气管内有泡沫状血液。肺有不同程度充血，一侧或两侧有数量不等的粟粒至绿豆大的出血斑点。切开肺叶流出多量红色泡沫状液体，肝淤血、肿大、质脆，被膜弥漫性网状坏死，而致表面呈淡黄或灰白色条纹，切面粗糙，流出多量暗红色血液。胆囊胀大，充满稀薄胆汁。脾有的变化不明显，有的充血增大2～3倍。肾皮质有散在的针尖状出血点。胸腺肿大，常出现水肿，并有散在性针尖至粟粒大出血点。胃肠多充盈，胃粘膜脱落，小肠粘膜充血、出血，膀胱积尿。孕母兔子宫充血、淤血和出血，多数雄性病例睾丸淤血。肠系膜淋巴结水样肿大，其他淋巴结多数充血。脑和脑膜血管淤血，松果体和脑下垂体常有血肿。此外，有些病例眼球底部常有血肿，胸水增多。

【诊断】 在疫区根据流行病学特点、典型的临诊症状和病理变化，一般可以作出诊断。在新疫区要确诊可进行病原学检查和血清学试验。

鉴别诊断：

（1）与兔巴氏杆菌病的区别：兔巴氏杆菌病是由多杀性巴氏杆菌引起，主要侵害 2 月龄以内的幼兔，一般呈散发。最急性型也是突然死亡；急性型可见病兔打喷嚏，鼻孔流出浆液性以及脓性分泌物，有的下痢；亚急性型病兔呈现鼻炎、肺炎和胸膜炎症状或脓性结膜炎和关节炎等症状；慢性型呈现慢性鼻炎症状。兔巴氏杆菌病无神经症状，肝脏不肿大、间质不增宽，但有散在性或弥漫性灰白色坏死灶，肾脏不肿大。肝脏接种病料，有细菌生长，培养物镜检可见到巴氏杆菌，而兔瘟病毒则查不到。

（2）与兔痘的区别：兔痘的临床特征主要是出现红斑样疹，接着出现与人类天花样病毒很相似的皮肤痘疹。而兔瘟主要出现皮肤丘疹、坏死和出血等特征性病变，内脏器官均有灰白色的小结节出现。

（二）防制

本病尚无特效治疗药物，疫情一旦发生，对全群兔进行加倍剂量疫苗紧急接种，在 1 周之内疫情可得到基本控制，并产生坚强免疫力。有条件的地方，可用兔瘟高免血清治疗，于发病后还未出现高热等症状时颈部皮下注射 3～4 毫升，可获得 15 天左右的保护期。发病初期也可注射干扰素，干扰兔瘟病毒的复制，同时应用青霉素、土霉素及磺胺类等抗菌药物以控制继发感染。对体质虚弱或多天不吃的病兔辅以对症疗法和支持疗法。

免疫程序：仔兔 25～30 日龄首次免疫颈部皮下注射 2 毫升兔瘟组织灭活苗，60 日龄再次免疫皮下注射 1 毫升，以后每 6 个月免疫 1 次。成年兔每次注射 2 毫升，每年 2 次，注射后 5～7 天产生免疫力，保护率可达 98%～100%。

思考题

1. 犬瘟热的流行病学特点、临床表现和病理变化是什么？
2. 犬传染性肝炎的流行病学特点、临床表现是什么？

3. 犬细小病毒感染的流行病学特点、临床表现是什么，如何防制？

4. 兔魏氏梭菌病的流行病学特点、临床表现是什么，如何防制？

5. 兔病毒性出血症流行病学特点、临床表现和病理变化是什么？

6. 兔病毒性出血症在临床上应注意与哪些类症疾病鉴别，如何防制？

下　篇

畜禽寄生虫病

第一章　寄生虫学基本知识

第一节　寄生虫学常识

寄生虫是指暂时性或永久性地寄生在动物的体内或体表，夺取营养，并给动物造成不同程度损害的动物性寄生物。包括一些多细胞的无脊椎动物和单细胞的原生动物。

一、寄生虫的分类

寄生虫的种类众多，数量巨大，存在的空间跨度也很大，个体变异、种群差别也较大。为了认识各种虫种，了解各种虫种、各类群之间的亲缘关系，寻找各种寄生虫的演化线索，掌握寄生虫与宿主之间的关系，科学家对数量巨大的寄生虫进行了分类。

根据动物分类系统，与兽医有关的寄生虫分别隶属于动物界的扁形动物门、线形动物门、棘头虫动物门、节肢动物门及原生动物门。习惯上将扁形动物门、线形动物门及棘头虫动物门的寄生虫统称为蠕虫。

二、寄生虫的类型

在宿主和寄生虫两者关系的长期进化过程中，由于寄生虫对宿主的适应程度、寄生部位、寄生时间等因素的不同，可把寄生虫分为不同的类型。

（一）外寄生虫和内寄生虫

根据寄生部位不同，可把寄生虫分为外寄生虫和内寄生虫。

1. 外寄生虫：寄生于宿主的体表或皮内的寄生虫，如蚊、虱、蜱、螨等。

2. 内寄生虫：寄生于宿主体内（腔道、器官、组织、血液、细胞内）的寄生虫。如蛔虫、球虫等。

（二）暂时性寄生虫、周期性寄生虫和永久性寄生虫

根据寄生虫在宿主体表或体内寄生时间的长短，可把寄生虫分为暂时性寄生虫、周期性寄生虫和永久性寄生虫。

1. 暂时性寄生虫：只在需要摄取食物时才与宿主短暂接触的寄生虫，如蚊、虻等。

2. 周期性寄生虫：一生中只有某一个或某几个发育阶段寄生于宿主体表或体内，其他阶段不营寄生生活的寄生虫，如蛔虫等。

3. 永久性寄生虫：从生到死，全部发育阶段均寄生于宿主，只有当宿主死亡或偶然情况下才离开宿主的寄生虫，如疥螨、旋毛虫等。

（三）专性寄生虫和兼性寄生虫

根据寄生虫对寄生生活的适应程度，可以把寄生虫分为专性寄生虫和兼性寄生虫。

1. 专性寄生虫：必须在宿主体上营短期或长期寄生生活，否则就不能完成其发育史的寄生虫。大多数寄生虫均属此类。如钩虫，其幼虫在土壤中营自生生活，但发育至丝状蚴后，必须侵入宿主体内营寄生生活，才能继续发育至成虫。

2. 兼性寄生虫：既可营寄生生活，又能营自生生活的寄生虫。如粪类圆线虫（成虫），既可寄生于宿主肠道内，也可以在土壤中

营自生生活。

（四）单宿主寄生虫和多宿主寄生虫

根据寄生虫整个发育过程中是需要一个宿主，还是需要多个宿主，可以把寄生虫分为单宿主寄生虫和多宿主寄生虫。

1. 单宿主寄生虫：发育过程中仅需要一个宿主的寄生虫称为单宿主寄生虫。其发育过程不需要中间宿主的参与，如猪蛔虫，整个发育过程中，除猪以外，无须其他宿主参与。当猪小肠内的蛔虫达到性成熟后，即可排出蛔虫卵，卵随着猪的粪便到达外界，在外界温度、湿度适宜的条件下，蛔虫卵即可发育到感染阶段，猪食入即可感染。

2. 多宿主寄生虫：发育过程中需要两个或两个以上宿主的寄生虫称为多宿主寄生虫。其发育过程中必须有中间宿主参与，如猪带绦虫，整个发育过程中，除猪以外，还需要有人的存在。

第二节　宿主的概念与类型

一、宿主的概念

凡体表或体内被寄生虫暂时或永久地寄生的动物称为宿主。

二、宿主的类型

1. 终末宿主：指寄生虫的成虫（性成熟阶段）或有性繁殖阶段所寄生的宿主。例如人是血吸虫的终末宿主。

2. 中间宿主：指寄生虫的幼虫（性未成熟阶段）或无性繁殖阶段所寄生的宿主。如猪是猪带绦虫的中间宿主。

3. 补充宿主（第二中间宿主）：某些寄生虫的幼虫阶段需要在两个中间宿主体内发育，则后一个中间宿主称为补充宿主（第二中间宿主）。例如对于华支睾吸虫来说，淡水螺是其第一中间宿主，淡水鱼是其补充宿主（第二中间宿主）。

4. 贮藏宿主（转续宿主）：某些寄生虫的感染性虫卵或幼虫进

入非正常宿主后，在其体内既不发育，也不繁殖，却仍保持着对易感动物的感染力，当此感染性虫卵或幼虫有机会再进入正常宿主后，才可继续发育为成虫，这种非正常宿主称为转续宿主。

例如，寄生在鸡气管内的比翼线虫，其虫卵在外界发育到感染性阶段时，既可直接被鸡食入引起鸡的感染；又可被蚯蚓或某些软体动物吞食，暂时寄生在它们体内，当鸡啄食蚯蚓或这些软体动物时引起感染，则蚯蚓或某些软体动物就是该寄生虫的贮藏宿主（转续宿主）。

5. 保虫宿主：某些通常寄生于某种宿主的寄生虫，有时也可寄生于其他宿主，但不普遍，从流行角度来看，不常被寄生的宿主称为保虫宿主。例如，血吸虫成虫可寄生于人和耕牛，从人体寄生虫学角度看，耕牛即为血吸虫的保虫宿主。如果一种多宿主寄生虫，既可寄生于家畜，又可寄生于野生动物，则从流行病学角度看，野生动物则为这种家畜寄生虫的保虫宿主。如肝片形吸虫可寄生于牛、羊及多种野生反刍动物的体内，从流行病学角度看，野生反刍动物即为牛、羊肝片形吸虫的保虫宿主。

6. 带虫宿主（带虫者）：某种寄生虫感染宿主后，由于宿主抵抗力的较强或通过药物治疗，宿主处于隐性感染状态，不表现任何临床症状，但体内仍保留有一定数量的虫体，这样的宿主称为带虫宿主，宿主的这种状态称带虫现象。由于带虫者不表现明显的症状，故往往易被忽视，但带虫者会经常不断地向周围环境散播病原，因此是重要的传染源。

三、传播媒介

通常是指在脊椎动物之间传播寄生虫病的一种低等动物，特别是传播血液原虫病的吸血节肢动物。例如蜱可以在牛之间传播梨形虫。

媒介既可以是寄生虫的中间宿主，也可以是终末宿主。有的传播媒介则只对寄生虫起着机械传播的作用。

第三节　寄生虫的危害

寄生虫在宿主的体表或体内寄生，可对宿主造成不同程度的危害，轻则导致宿主的生长发育受阻，重则导致宿主的发病，甚至死亡，因此严重危害着动物的健康以及畜牧业的发展。另外，有些人畜共患的寄生虫病，在危害动物的同时，也严重危害着人类的健康。

一、寄生虫对宿主的危害

（一）夺取营养

这是寄生虫与宿主之间最本质的关系。寄生虫在宿主体内生长、发育和繁殖所需的营养物质均来源于宿主。寄生虫依靠体表吸收或经口食入的方式，吸收宿主的食物、血液、淋巴液、组织等，从而把宿主的营养变为自身的营养，引起宿主的生长发育不良、贫血、消瘦、衰弱、生产性能降低等。寄生虫的数量越多，夺取的营养也越多，对宿主的危害也越大。

（二）机械性损伤

吸血昆虫叮咬或寄生虫在宿主体内移行和寄生所产生的机械性刺激，可使宿主的器官、组织受到不同程度的损害，导致损伤、炎症、出血、堵塞、穿孔、破裂、挤压、萎缩等。尤其是寄生虫个体较大，数量较多时，这种危害是相当严重的。

1. 局部损伤：寄生虫以吸盘、小钩、口囊、逆齿等附着器官固着于宿主组织或器官时，可造成宿主局部组织或器官的炎症、充血、出血、溃疡等。

2. 形成虫道：寄生虫的幼虫在宿主体内移行可形成虫道，对宿主造成严重的损害。如猪蛔虫的幼虫在肺内移行时，可造成肺脏毛细血管的损伤破裂，引起肺脏出血、水肿。

3. 堵塞腔道：大量的虫体聚集时，可堵塞支气管、胆管、肠管等腔道。例如蛔虫多时，可纠结成团，引起肠梗阻、肠扭转、肠套叠，甚至肠穿孔、肠破裂；有的蛔虫经总胆管进入肝脏胆管时，可引起肝胆管阻塞。

4. 压迫周围组织：随着寄生虫在宿主体内的生长，虫体变大，可严重压迫周围组织。如棘球蚴寄生在肝内，起初没有明显症状，以后逐渐长大压迫并破坏肝组织及腹腔内其他器官。

5. 吸血或破坏宿主的红细胞：有些寄生虫大量吸血或破坏宿主的红细胞，可引起宿主的贫血。

（三）毒素和抗原物质的损害作用

寄生虫在生长、发育和繁殖过程中产生的分泌物、代谢物、蜕皮液和死亡分解产物等，可引起宿主局部或全身性中毒，导致组织和机能的损害。例如寄生在肝脏胆管内的华支睾吸虫，其代谢产物和分泌物可引起宿主胆管扩张、胆管上皮增生、管壁增厚、肝实质萎缩。

寄生虫的代谢产物、分泌物、蜕皮液和死亡虫体的崩解产物同时又具有抗原性，可使宿主致敏，引起局部或全身的变态反应。如血吸虫卵内的毛蚴分泌物可引起周围组织发生免疫病理变化——虫卵肉芽肿，这是血吸虫病主要的致病因素。再如棘球蚴囊壁破裂，囊液进入组织，可引起宿主发生过敏性休克，甚至死亡。

（四）引入其他病原体

某些寄生虫侵入宿主机体时，可将一些病原体如细菌、病毒等直接带入宿主体内，或造成宿主皮肤或粘膜的损伤，为其他病原体的侵入创造条件，使宿主遭受感染。此外，还有一些寄生虫其本身就是另一些微生物或寄生虫的传播者。如某些蚊虫吸血时，可传播人畜的日本乙型脑炎；某些蜱吸血时，可传播牛羊等动物的梨形虫病；猪后圆线虫侵入猪体时，可带入猪流感病毒、猪瘟病毒等。

二、寄生虫对畜牧业的危害

由于寄生虫在畜禽体内寄生需要消耗大量的营养，因此导致畜禽生长缓慢，饲料报酬降低，从而增加了养殖成本；寄生虫在畜禽体内外寄生，还可引起畜禽生产性能降低、畜禽产品质量下降，甚至导致畜禽的大批死亡；另外，寄生虫侵入机体，有可能带来其他传染病，导致畜禽发病甚至死亡，从而对畜牧业造成巨大的经济损失。

寄生虫病对畜牧业的危害主要表现在下述几方面：

1. 阻碍幼龄动物的生长发育，降低饲料报酬。寄生虫自身要生存、繁殖，就需要从动物机体夺取大量的营养物质，从而引起幼龄动物的慢性消耗性疾病，使幼龄动物营养不良，生长发育缓慢，并导致饲料的严重浪费，饲料报酬降低。

2. 造成动物的死亡。有些呈地方性流行的寄生虫病往往会造成畜禽的大批死亡，从而造成巨大的经济损失。

3. 降低动物生产性能。有些寄生虫病能导致动物繁殖性能及产蛋、产奶能力下降。如怀孕母牛感染胎儿毛滴虫后，可导致流产；禽感染前殖吸虫后可引起产蛋量严重下降。

4. 使动物产品质量下降。寄生虫的寄生可引起动物产品的品质下降。如山羊蠕形螨、牛皮蝇蛆可引起羊皮、牛皮穿孔，皮革质量严重下降、皮张报废；痒螨可引起绵羊背毛大片脱落，严重时全身被毛脱光，羊毛质量严重下降；囊尾蚴可导致肉品质量下降，甚至不能食用等。

5. 使役能力降低，使役年限缩短。在一些经济落后的农村地区，仍使用家畜进行劳动，家畜发生寄生虫病后，可大大降低其使役能力，缩短使役年限。

三、寄生虫对人类的危害

在人及脊椎动物之间自然传播的寄生虫病称为人兽共患寄生虫病。它不仅严重威胁动物的健康，同时也严重威胁着人类的健康。寄生虫对人类的危害，主要包括其作为病原引起寄生虫病和作为疾病的传播媒介两方面。如按蚊可传播疟疾，白蛉可传播黑热病等。此外，还有一些寄生虫可以传播病原微生物，如蚊可传播日本乙型脑炎病毒，蜱可传播螺旋体等，从而造成传染病的发生和流行，严重危害人类的健康。

寄生虫病广泛流行于广大发展中国家，我国是寄生虫病严重流行的国家之一，特别是在广大农村地区，包虫病、带绦虫病、华支睾吸虫、肺吸虫病、旋毛虫病、弓形虫病、血吸虫病等寄生虫病一直严重危害着人类的健康。

第四节　寄生虫病的流行病学

一、寄生虫生活史概念

寄生虫完成一代生长、发育和繁殖的整个过程称寄生虫的生活史或发育史。

寄生虫完成生活史除需要有适宜的宿主外，还需要有适宜的外界环境条件。寄生虫的整个生活史过程包括寄生虫发育过程中所需要的终末宿主（及保虫宿主）、中间宿主或传播媒介的种类；寄生虫的感染阶段侵入宿主的方式；在宿主体内移行的途径；正常的寄生部位；离开宿主机体的方式；环境因素等。只有正确认识和掌握了寄生虫生活史的规律，才能进一步掌握寄生虫的致病性、流行病学特点、诊断方法及防治措施等，从而针对寄生虫生活史的不同发育阶段，采取有效的防治措施，以达到最终消灭寄生虫感染和寄生虫病的目的。

二、寄生虫病的流行病学

寄生虫病能在一个地区流行，该地区必须具备寄生虫完成发育所需的各种条件，即存在传染源、传播途径和易感动物三个基本环节，当这些环节在某一地区同时存在，并相互联系时，就会引起寄生虫病的流行。此外，寄生虫病的流行尚受到自然因素和社会因素等外界因素的影响，当这几方面的因素有利于寄生虫病传播时，就会引起寄生虫病的流行。

1. 传染源：传染源通常是指体内有某种寄生虫存在的动物或人，包括中间宿主、终末宿主、保虫宿主、贮藏宿主、带虫者等。传染源体内的寄生虫可直接或间接地进入另一宿主体内继续发育。病原体（虫体、虫卵或幼虫）常通过粪便、尿液及其他分泌物、排泄物等不断地排到外界环境中，污染土壤、饲料、饮水、用具等，然后经一定途径转移给易感动物。但也有一些病原体不排出宿主体外，如旋毛虫、猪囊虫、包虫等，易感动物通过食入感染动物的肌肉、内脏等感染。

2. 传播途径：传播途径是指寄生虫从传染源传播到易感宿主的方式。不同的寄生虫对宿主的感染途径和方式也有所不同。

（1）经口感染：易感动物食入了被感染期幼虫或虫卵污染的饲料、饲草、饮水、土壤等，或食入了带有感染性幼虫的中间宿主、贮藏宿主或媒介等而感染。经口感染是寄生虫最常见的感染方式，多数寄生虫是经口感染的，如蛔虫、鞭虫、华支睾吸虫、猪囊尾蚴等。

（2）经皮肤感染：有的寄生虫的感染性幼虫，可主动地经皮肤侵入易感动物体内，如水中的血吸虫尾蚴可借助其钻腺分泌物及体部的伸缩和尾部的摆动，迅速经宿主皮肤钻入宿主体内。

（3）经呼吸道感染：有些寄生虫可经呼吸道感染，如羊鼻蝇蛆由羊鼻孔感染；蛔虫卵、蛲虫卵等可随飞扬的尘土被吸入鼻腔，再被咽入消化道而感染。

（4）经胎盘感染：有些寄生虫可以随母体血液通过胎盘，而使胎儿感染，如弓形虫等。

（5）经节肢动物媒介感染：有的寄生虫可通过吸血的节肢动物媒介的叮咬、吸血，进入易感动物体内。如疟原虫可经蚊传播，利什曼原虫可经白蛉传播。

（6）接触感染：寄生于生殖道的寄生虫，如牛胎儿毛滴虫，可通过交配传播。疥螨、蠕形螨、虱等可通过直接接触患畜或患者的皮肤而传播，或通过虫体污染的环境、笼具及其他用具等间接接触传播。

（7）自身感染：有些寄生虫所产的虫卵或幼虫不需要排出宿主体外，即可以使原宿主再次遭受感染。如寄生在人小肠内的猪带绦虫，其脱落的孕节或虫卵可由于患者的呕吐而逆流至胃内，经消化液作用后逸出六钩蚴，六钩蚴再钻入肠壁，随血液循环到达身体各部位，发育为囊尾蚴。

3. 易感动物：易感动物是指对某种寄生虫缺乏免疫力的动物。宿主方面有很多因素，都会影响到其对寄生虫的易感性，如营养状况、饲养管理状况、年龄因素等。当饲养管理不当、营养缺乏或某些基本物质缺乏时，则动物对寄生虫的抵抗力降低，易患寄生虫病。另外，动物对寄生虫的易感性还与品种、年龄等因素有关，品种、年龄不同对寄生虫的抵抗力也不同，一般幼龄动物的免疫力低于成年动物。

三、影响寄生虫病流行的因素

1. 自然因素：自然因素包括地理环境、气候和生物种群等因素。地理环境和气候不同，植被和动物区系也不同，而植被和动物区系又直接或间接地影响到寄生虫的分布及寄生虫病的传播与流行。

（1）地理环境：包括经纬度、地形、海拔高低、湖泊与河流分布情况、交通状况等，这些因素通过影响寄生虫、宿主及媒介节肢动物的分布，而影响寄生虫病的流行。高原、山脉、丘陵、平原、湖泊、湿地等地理环境不同，寄生虫、宿主以及媒介节肢动物的分布也不同。如肺吸虫的中间宿主溪蟹和蝲蛄只适于在山区小溪生长，因此肺吸虫病大多只在丘陵、山区流行。

（2）气候：包括温度、湿度、光照、年降雨量、土壤酸碱度等。气候条件会影响到寄生虫的虫卵或幼虫在外界的生长发育，温暖潮湿的环境有利于土壤中的虫卵和幼虫的发育；另外，气候条件也影响中间宿主及媒介节肢动物的孳生繁殖，以及其体内的寄生虫的生长发育。若温度低于 15～16℃或高于 37.5℃，疟原虫便不能在蚊体内发育。

（3）生物种群：包括终末宿主、中间宿主、媒介及植被等。对于生活史过程中需要中间宿主或节肢动物存在的寄生虫，中间宿主或节肢动物的存在与否，决定了这些寄生虫病能否流行。如日本血吸虫的中间宿主钉螺在我国的分布不超过北纬 33.7°，因此我国血吸虫病在长江以南地区流行，而北方地区无血吸虫病流行，这与中间宿主钉螺的地理分布相一致。

2. 社会因素：社会因素包括社会制度、经济状况、科学文化水平、医疗卫生条件、防疫保健措施，以及人民的生产方式和生活习惯、动物的饲养管理方式和条件等。社会因素与自然因素相互作用，共同影响寄生虫病的流行。经济文化的落后必然伴随着落后的生产方式和生活方式，以及不良的卫生习惯和卫生环境，从而不可避免地造成许多寄生虫病的广泛流行，严重危害人和动物的健康，因此社会因素的改善对控制寄生虫病具有重要的作用。

此外，寄生虫病的流行与分布往往具有明显的地方性，这主要与当地的气候条件、中间宿主或媒介节肢动物的地理分布、当地的生活习惯及生产方式等有关。

由于温度、湿度、光照、雨量等气候条件可影响寄生虫、中间宿主及媒介节肢动物种群数量的消长，因而使寄生虫病的流行呈现出明显的季节性。

第五节　寄生虫病的诊断

在寄生虫病的早期，进行快速而准确的诊断，不仅可阻断病程发展，而且可最大限度地控制寄生虫病的传播和流行，保护动物健康、减少经济损失。

寄生虫病的诊断方法大致分生前诊断和死后诊断两大类。其中生前诊断又包括流行病学诊断、临床诊断、实验室诊断等，寄生虫病的死后诊断主要是指通过尸体剖检发现病原及相应病变等进行诊断。

一、生前诊断

寄生虫病的生前诊断具有十分重要的实际意义，因为通过生前诊断可及时对发病动物采取相应的治疗措施，同时对受威胁动物制定切实有效的预防保护措施。

（一）流行病学诊断

由于寄生虫病的流行具有地方性、季节性的特点，因此对发生于不同地区、不同季节的寄生虫病，在诊断思路上应有所区别。流行病学诊断一方面要重视对个体的流行病史的采集和分析；另一方面要重视对特定群体的集体诊断，从而为正确诊断提供依据。

（二）临床诊断

1. 观察临床症状：多数寄生虫病在临床上仅表现消化机能障碍、生长发育受阻、贫血、消瘦、营养不良和生产性能降低等慢性、消耗性疾病的症状，虽不具有特异性，但可作为诊断的参考。另外也有一些寄生虫病会呈现典型的临床症状，因此要仔细观察临床症状，分析病因。

2. 影像诊断：在寄生虫病的临床诊断中，往往需借助一些器械进行检查，如X射线检查、B超检查、CT检查、MR（磁共振）检查等，即影像诊断，以发现寄生于骨骼、肝脏、肺脏等部位的棘球蚴，脑中的囊尾蚴等。但这些方法难以对病变的性质作出明确的诊断，确诊需依靠病原学检查。

（三）药物治疗性诊断

初步怀疑为某种寄生虫感染时，或通过病原学检查难以确诊（如肠内蠕虫在成熟前，粪便中检查不到虫卵），而流行病学及临床症状又不能排除某种寄生虫病的可能时，可用针对某种寄生虫的特效驱虫药进行驱虫试验，然后观察疾病是否出现好转，如果临床症状减轻或消失，或从动物体内驱出虫体，进行检查鉴定后，即可作出诊断。

（四）实验室诊断

实验室诊断是诊断寄生虫病的重要依据，主要包括病原学诊断、免疫学诊断、分子生物学诊断等。

1. 病原学诊断：病原学检查是诊断寄生虫病最可靠的方法。根据寄生虫生活史的特点，从感染动物的血液、组织液、排泄物、分泌物或活体组织中检查到寄生虫的虫卵、幼虫、成虫、虫体节片或原虫的滋养体、包囊等，即可作出确诊，因此广泛用于寄生虫病的诊断。

（1）粪便检查：粪便检查是寄生虫病生前诊断的最基本、最常用的方法。通常寄生于消化道及肝脏、胰脏中的蠕虫；寄生于肺、气管支气管中的线虫；寄生于肠系膜静脉的血吸虫；寄生于消化道中的球虫、结肠小袋虫；寄生于胃肠道的蝇蛆等，其某一发育阶段的病原体，常随宿主的粪便排出体外，因此可通过粪便检查，找到寄生虫的虫卵、幼虫、成虫、虫体碎片等进行确诊。常用的粪便检查方法有直接涂片法、饱和溶液漂浮法、沉淀法、贝尔曼幼虫检查法等。

（2）血液检查：用于检查血液内的寄生虫，如住白细胞虫、梨形虫、弓形虫等原虫及丝虫（微丝蚴）等。

（3）气管分泌物、鼻液检查：寄生于呼吸道、肺组织中的比翼线虫、肺线虫、并殖吸虫等，可通过检查气管分泌物、鼻液中的虫卵而确诊。

（4）尿液检查：寄生于泌尿器官中的猪肾虫等，可通过检查尿液而确诊。

（5）生殖道分泌物检查：主要用于检查生殖道内寄生的牛胎儿毛滴虫、马媾疫锥虫等。

（6）组织检查：如牛皮蝇蛆、创口蛆，可通过检查患部组织，发现蝇蛆而确诊。如牛环形泰勒虫、猪弓形体，可通过检查淋巴结穿刺液，发现病原而确诊。旋毛虫，可通过取米粒大小肌肉，镜检而确诊等。

（7）体表及皮屑检查：借助肉眼可观察到寄生于动物体表的蜱、虱等，借助显微镜、放大镜可观察到皮肤深层和皮屑中的螨等。

（8）动物接种试验：将采集的动物病料接种实验动物，待实验动物发病后，查找到相应病原，即可对弓形虫病、锥虫病等进行确诊。

2. 免疫学诊断：随着免疫学研究的发展，一些免疫学诊断方法如酶联免疫吸附试验、间接血凝试验等，已在寄生虫病的生前诊断及流行病学调查中得到较为广泛的应用，为早期诊断、流行病学调查及制订有效的防制措施提供了重要的科学依据。目前常用的一些免疫学诊断方法主要有间接红细胞凝集试验、酶联免疫吸附试验、间接荧光抗体试验等。

（1）间接红细胞凝集试验（IHA）：已用于多种寄生虫病的诊断和流行病学调查，如血吸虫病、猪囊尾蚴病、旋毛虫病、弓形虫病等。具有较高的敏感性和一定的特异性。单克隆抗体的应用使敏感性和特异性又有所提高。

（2）酶联免疫吸附试验（ELISA）：目前已广泛应用于寄生虫病免疫学诊断中，如血吸虫病、肺吸虫病、肝吸虫病、包虫病、弓形虫病、囊虫病等。并有许多商品试剂盒供应。

（3）间接荧光抗体试验（IFAT）：广泛应用于寄生虫病的免疫学诊断，如血吸虫病、弓形虫病等。具有较高的敏感性和特异性。

3. 分子生物学诊断：近年来飞速发展起来的分子生物学技术，如单克隆抗体技术（McAb）、DNA 限制性内切酶酶切图谱分析、DNA 探针、DNA 指纹分析、聚合酶链反应、核酸序列分析等，具有更高的灵敏性和特异性，正越来越广泛地用于寄生虫病的诊断，这些技术的应用，使得寄生虫病的免疫学诊断达到了简便、快速、准确、微量、经济的目的，显著地提高了诊断效果，同时也极大地推动了寄生虫病的诊断和寄生虫分类学的研究。

二、死后剖检

寄生虫病的死后诊断主要是通过剖检动物尸体，观察病理变化，查找病原体，判定感染的寄生虫种类、感染强度和对宿主危害的严重程度，分析致病和死亡原因，从而达到确诊的目的。

尸体剖检可分为完全剖检、个别系统剖检及个别器官剖检等。完全剖检可以查明动物所有器官组织中的寄生蠕虫，包括生前诊断法所不能查出的虫体，如不排虫卵的雄虫、幼虫等，并可进行蠕虫的计数与种类鉴别；此外，尸体剖检也可以检查寄生于动物体内的昆虫，如蝇蛆。因此，死后剖检是寄生虫病确诊的重要依据，也是常用的寄生虫病流行病学调查和药物疗效考核的主要方法。

第六节　寄生虫病的综合防治

由于寄生虫的种类繁多，寄生虫病发病原因复杂，因此在防治中要贯彻“预防为主，防治结合，防重于治”的方针，实施综合性的防治措施，才能收到较好的成效。

一、控制和消灭传染源

采用药物杀灭或驱除宿主体内外的寄生虫是寄生虫病综合防治措施中的重要环节。通常驱虫具有双重意义，一方面，杀灭或驱除宿主体内或体表的寄生虫，对发病动物可起到治疗的作用，对感染而未发病的动物可起到阻止病程发展的作用；另一方面，可减少病原体向外界的传播，保护外环境免受污染。

（一）驱虫

根据驱虫目的不同，可分为预防性驱虫和治疗性驱虫两类。

（1）预防性驱虫：预防性驱虫也称计划性驱虫，即根据各种寄生虫病的流行规律及寄生虫的生长发育规律，选择适宜的驱虫时间，有计划地进行定期驱虫，而不论动物发病与否。如在肉仔鸡的饲养中，常把抗球虫药加入饲料中使用，以抵抗球虫的感染。在夏季蚊虫活跃季节，定期给犬使用伊维菌素，可防止犬感染犬恶丝虫等。

对于放牧的马、牛、羊等草食动物而言，秋冬季驱虫是十分重要的。秋冬季用药驱除消化道内的线虫，可以使动物安全越冬，在生产中常作为一种固定实施的防治制度。因为秋冬季是家畜体质由强转弱（由肥转瘦）的时节，此时驱虫，有利于保护家畜健康。另外，秋冬季不适于虫卵和幼虫在外界发育，故秋冬季驱虫可大大减少牧场的污染。

（2）治疗性驱虫：治疗性驱虫也称紧急性驱虫，即一旦发现动物出现临床症状，及时用药驱除或杀灭寄生于动物体内、外的寄生虫。对发病动物使用药物驱虫一方面有助于恢复机体健康，另外还可以防止病原散播，减少环境污染。对于危害严重的寄生虫病，要做到早发现、早诊断，早治疗，以尽量降低经济损失。

（二）驱虫时的注意事项

（1）驱虫应在专门的、有隔离条件的场所进行。

（2）所选择的驱虫药物，要具备安全、高效、低毒、广谱、廉价、使用方便等优点。

（3）进行大规模驱虫前，应先选择小群动物进行药效及药物安全性试验，同时应考虑中毒时的抢救措施，在取得经验之后，再进行大规模驱虫。

（4）驱虫后排出的粪便和一切含有病原的物质，均应集中无害化处理。粪便通常采用堆积发酵的方法，利用生物热杀死其中的虫卵、虫体、幼虫等，防止病原散播。

（5）动物驱虫后应隔离一定的时间，直到被驱除的虫体排完为止。

二、切断传播途径

切断寄生虫的传播途径，可减少或消除感染机会，因此，在防治寄生虫病时，要了解寄生虫是如何传播的，从而采取有效的措施，有针对性地阻断其传播途径。

1. 搞好环境卫生：由于环境可被寄生虫的卵、幼虫、包囊等污染，造成易感动物感染，因此搞好环境卫生，是减少与预防寄生虫感染的重要环节。

（1）搞好环境卫生，如每日打扫圈舍、牧草地、运动场，清除粪便等，可减少宿主与感染源的接触机会。

（2）加强粪便管理，防止动物粪便污染环境、饲料、饲草、饮水等。

（3）杀灭外界环境中的病原体。如粪便的无害化处理是预防寄生虫病流行的重要措施，因为很多寄生虫的虫卵、幼虫、卵囊等都可随宿主的粪便排到外界，对粪便进行沼气发酵或堆积发酵，可将其杀死。

2. 抑制或杀灭中间宿主和传播媒介：抑制中间宿主或传播媒介可减少生活史中必须需要中间宿主或传播媒介的寄生虫病的传播和流行。

（1）利用化学药物杀灭传播媒介（蚊、虻等）和中间宿主（螺、蜗牛、甲虫、蚯蚓、蚂蚁等）。

（2）通过改善环境，使环境不利于传播媒介和中间宿主隐匿和孳生。如保持圈舍通风、干燥，光照充足；圈舍和运动场采用水泥地面，填埋水坑、洼地等，使之不利于中间宿主和传播媒介的发育、孳生。也可人工捕捉中间宿主或传播媒介。

三、保护易感动物

保护易感动物是指采取一些措施，以提高动物抵抗寄生虫感染的能力或减少动物接触病原体的机会。

1. 采取保护性措施：如把幼龄动物与成年动物分开饲养，以免成年动物将寄生虫病传给幼龄动物。对某些寄生虫病还可采取预防服药的措施，或在动物体上喷洒杀虫剂、驱避剂，防止被吸血昆虫叮咬等。

2. 提高动物自身抵抗力：给动物提供全价、优质饲料；改善饲养管理条件；减少应激因素；精心护理幼龄及怀孕动物，以提高动物自身抵抗力。

3. 免疫预防：对动物进行疫苗接种，可防止寄生虫的感染。目前，寄生虫的免疫预防尚不十分普遍，主要有牛肺线虫致弱苗、鸡球虫致弱苗、牛泰勒虫、巴贝斯虫致弱苗等。近年来，基因工程苗也进入了临床应用或中试，如猪囊虫、细粒棘球绦虫、鸡球虫等基因工程苗。

由于寄生虫的发育史复杂，因此在控制传染源、切断传播途径和保护易感动物的同时，必须要针对发育史和流行病学的特点，采取综合性的防治措施，才能达到理想的效果。在寄生虫病的防治过程中，必须根据各地区的具体情况，制订具体的防治方案。

思考题

1. 何谓寄生虫？寄生虫包括哪些类型？
2. 何谓宿主、中间宿主、终末宿主、补充宿主、贮藏宿主？
3. 寄生虫对宿主的危害主要表现在哪些方面？
4. 寄生虫对畜牧业有哪些危害？
5. 何谓寄生虫的生活史？
6. 寄生虫生活史的类型有哪些？
7. 何谓寄生虫的流行病学？其研究内容有哪些？
8. 寄生虫病的传播途径主要有哪些？
9. 影响寄生虫病流行的因素有哪些？
10. 寄生虫病生前诊断主要有哪些方法？
11. 寄生虫病的实验室诊断的方法有哪些？
12. 驱虫的目的是什么？
13. 驱虫时有哪些注意事项？
14. 如何才能切断寄生虫病的传播途径？
15. 保护易感动物的措施有哪些？

第二章　寄生虫病

第一节　吸虫病

一、姜片吸虫病

姜片吸虫病是由布氏姜片吸虫寄生于猪和人的小肠内而引起的一种以消化机能障碍为特征的吸虫病。严重危害着幼猪的生长发育和儿童的健康。本病主要流行于亚洲的温带和亚热带地区，在我国则主要分布于长江流域以南各省，河北、山东、河南等地也时有发生。

新鲜虫体呈肉红色，宽大肥厚，像斜切的姜片，故称姜片吸虫。成虫大小为（20～75 毫米）×（8～20 毫米）。虫卵呈卵圆形，两端钝圆，淡黄褐色，大小为（130～150 微米）×（85～97 微米）（见图 2-2-1）。

【流行病学】　本病呈季节性流行，一般多发于秋季，有时可绵延至冬季。本病常呈地方性流行。习惯用水生植物喂猪的猪场，本病时有发生。仔猪断奶后 1～2 个月即可感染。5～8 月龄的幼猪感染率最高。人的感染多因生食菱角、荸荠等而引起（见图 2-2-2）。

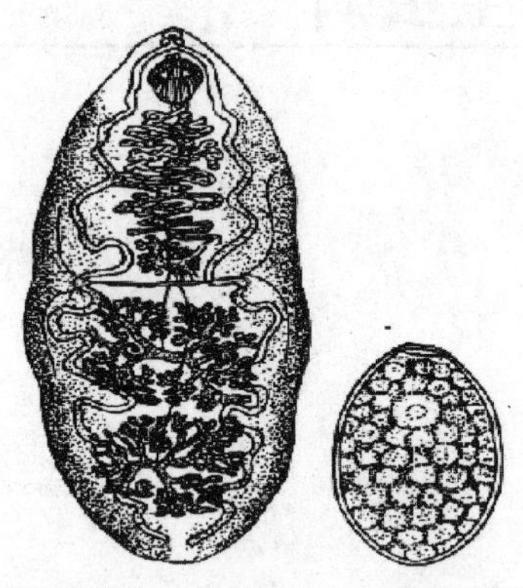

图 2-2-1 布氏姜片吸虫成虫及虫卵

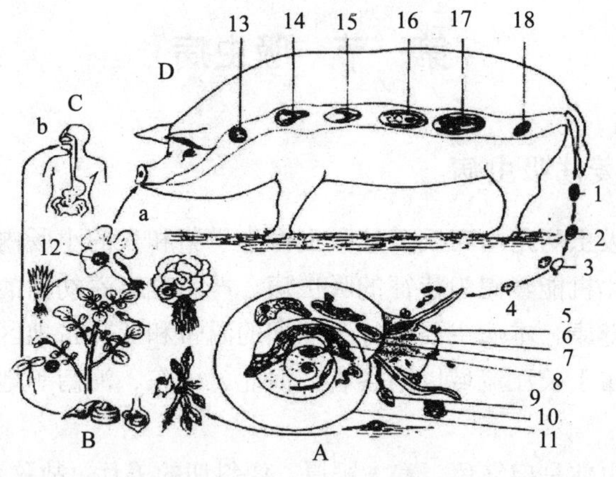

A. 1～10 虫卵、毛蚴和各期幼虫；11. 中间宿主——扁卷螺；B. 各种水生植物；12. 附着在水生植物上的囊蚴；C.a. 猪因生吃水生植物而感染；b. 人因食入菱角等而感染；D. 在猪肠道内的虫体；13. 囊蚴被猪食入；14～16. 童虫；17. 成虫；18. 虫卵

图 2-2-2 姜片吸虫的生活史

【症状与病变】 本病主要危害幼猪。虫体以强大的吸盘吸附在宿主的肠粘膜上，造成粘膜充血、肿胀；同时夺取机体大量的养料，影响患猪生长发育。当虫体大量寄生时，可引起小肠粘膜弥漫性出血、溃疡和坏死。患猪表现精神沉郁、食欲减退、贫血、消瘦、消化不良、腹痛、腹泻等症状；严重感染时，虫体阻塞肠道，患猪可因肠套叠或肠破裂而死亡。

【诊断】 根据流行病学特点和临床症状，结合粪便检查发现虫卵或剖检发现虫体，即可确诊。粪便检查常采用水洗沉淀法。

【治疗】 1. 硫双二氯酚（别丁）：100 千克以下的猪，每千克体重 100 毫克；100 千克以上的猪，每千克体重 50～60 毫克。

2. 硝硫氰醚：3%油剂，按每千克体重 20～30 毫克，1 次喂服。

3. 硝硫氰胺：每千克体重 5～6 毫克，将药一次混入少量饲料，早晨空腹喂给，1 小时后，再喂饲料。

4. 吡喹酮：每千克体重 50 毫克内服。

人体姜片吸虫病的治疗，可口服吡喹酮，每次每千克体重 10 毫克，1 日 3 次。

【预防】 应根据本病的流行病学特点，采取综合性的预防措施，方可具有良好效果。

1. 定期驱虫。一般选择秋末进行驱虫，根据感染情况驱虫 1～2 次，可选用 2～3 种药交替使用。

2. 猪粪便的管理。在本病流行地区，猪粪应堆积发酵，利用生物热杀灭其中的虫卵。

3. 杀灭扁卷螺。可利用药物如用硫酸铜、生石灰等杀灭中间宿主扁卷螺，也可以在冬季水塘干涸时，挖泥积肥。

4. 不要用生的水生植物喂猪，经青贮发酵以后喂猪。人也不吃生菱角、荸荠等，必要时应用开水烫过、去皮再吃。

二、禽前殖吸虫病

前殖吸虫病是由前殖科前殖属的多种吸虫寄生于鸡、火鸡、鸭、鹅及其他禽类的输卵管、法氏囊、直肠、泄殖腔而引起的一种寄生虫病，虫体偶见于蛋内。患禽主要表现为输卵管炎症、产畸形蛋，严重时可继发腹膜炎而死亡。本病在全国各地均有发生，但主要分布于华东和华南地区。常见的病原有卵圆前殖吸虫、透明前殖吸虫、楔形前殖吸虫、鲁氏前殖吸虫等。虫体扁平，呈梨形，前端尖，后端钝圆。（见图 2-2-3）

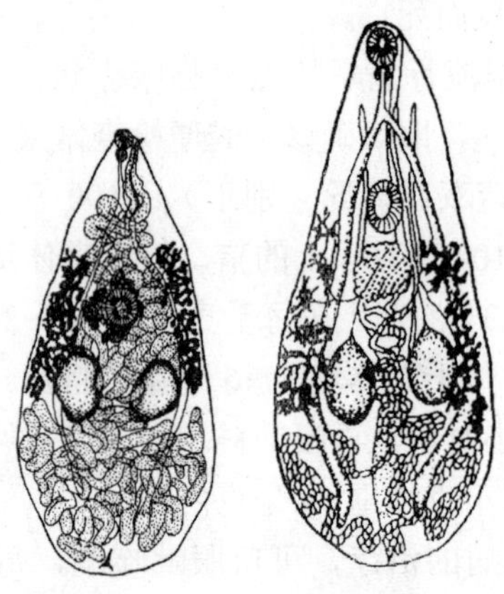

图 2-2-3 前殖吸虫成虫

大小为（3～6 毫米）×（1～2 毫米）。体表有小棘。

虫卵大小为（22～24 微米）×13 微米，椭圆形，棕褐色，一端有卵盖。

【流行病学】 前殖吸虫病多呈地方性流行，其流行季节与蜻蜓的出现季节相一致，多发生在春季和夏季。家禽由于捕食了体内含有前殖吸虫囊蚴的各期蜻蜓而感染；含虫卵的粪便落入水中，又造成了病原的散播。此外，前殖吸虫也可感染多种野禽（见图 2-2-4）。

【症状与病变】 前殖吸虫寄生于输卵管粘膜上，由于虫体的机械刺激及代谢产物的作用，导致局部粘膜充血、出血，并破坏输卵管腺体的正常机能，引起蛋白分泌过多。影响输卵管的正常功能，从而产生各种畸形蛋或排出石灰质、蛋白质等半液状的物质。剖检可见直肠和输卵管发炎，输卵管粘膜充血、增厚，管壁上可见虫体。

严重时，输卵管破裂，引起腹膜炎，腹腔内有大量黄色浑浊的渗出液。鸡蛋内有时亦可查见虫体。

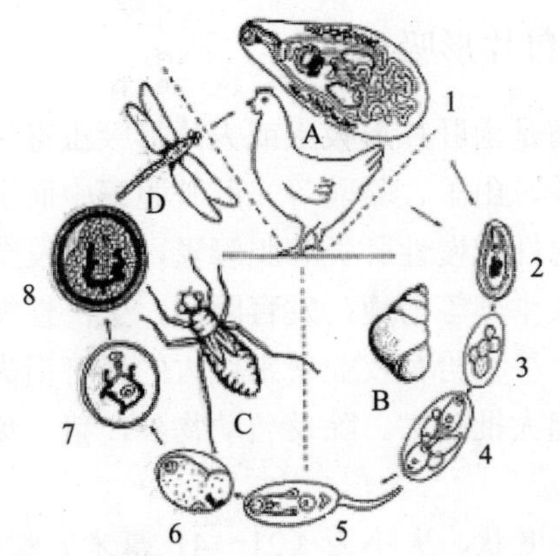

A. 终末宿主；B. 第一中间宿主；C、D. 第二中间宿主；

1. 成虫；2. 虫卵；3 ~ 4. 胞蚴；5. 尾蚴；6 ~ 8. 囊蚴

图 2-2-4　禽前殖吸虫生活史

前殖吸虫主要危害鸡，特别是产蛋鸡，而对鸭的致病性则不明显。临床上感染禽主要表现为产蛋率下降，产畸形蛋、薄壳蛋或无壳蛋等，或仅排石灰水样液体。病禽食欲降低，贫血，消瘦，脱羽，精神差，滞巢，腹部膨大、下垂，泄殖腔周围皮肤发红。若输卵管破裂，蛋落入腹腔则可引起死亡。

【诊断】　根据临床症状，结合剖检发现虫体，或水洗沉淀检出粪便中的虫卵，即可作出确诊。

【治疗】　1. 丙硫咪唑：按每千克体重 120 毫克，一次性口服。

2. 吡喹酮：按每千克体重 50 毫克，一次性口服。

3. 四氯化碳：2～3 毫升加等量石蜡油混合后，嗉囊内注射。

【预防】　1. 及时清除禽的粪便并进行堆积发酵，以防病原散布。

2. 改良土壤或使用化学药物，消灭第一中间宿主淡水螺。

3. 笼养或圈养禽，以防吃入第二中间宿主。若放养，则不在清晨、傍晚或雨后到塘边放牧，以防食入蜻蜓及其幼虫。

4. 春末夏初预防性驱虫或查治病禽。

三、反刍兽片形吸虫病

片形吸虫病是由肝片形吸虫或大片形吸虫寄生于反刍动物（黄牛、水牛、绵羊、山羊、骆驼等）肝脏胆管中而引起的一种寄生虫病，患畜表现急性或慢性肝炎和胆管炎，并伴发全身性中毒现象和营养障碍，导致牛羊等消瘦，发育障碍，生产性能下降，病畜的肝脏成为废弃物，往往给畜牧业带来巨大的经济损失。幼畜和绵羊感染后，常可引起大批死亡。除反刍动物外，猪、兔、马属动物及人也可感染。

虫体呈扁平叶状，大小为（21～41 毫米）×（9～14 毫米）虫卵呈椭圆形，黄褐色，大小为（133～157 微米）×（74～91 微米）（见图 2-2-5）。

【流行病学】 肝片形吸虫呈世界性分布，在我国分布也十分广泛，遍布全国 31 个省、直辖市、自治区，多呈地方性流行。大片形吸虫主要分布于热带、亚热带地区，在我国主要见于南方地区。片形吸虫的终末宿主主要是反刍动物；中间宿主为椎实螺科的淡水螺类，在我国已证实的有小土窝螺、耳萝卜螺及斯氏萝卜螺等（见图 2-2-6）。

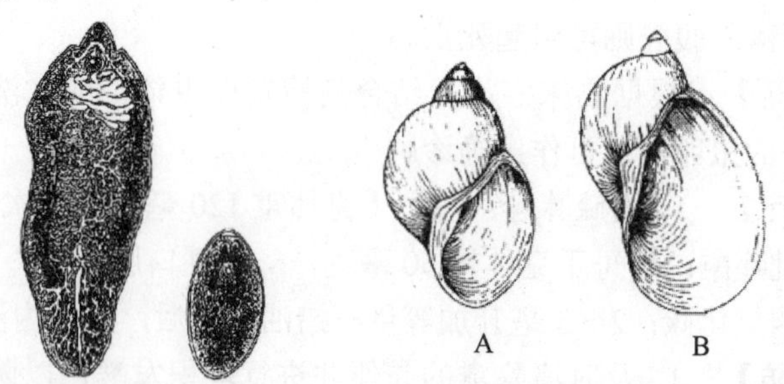

A. 小土窝螺；B. 斯氏萝卜螺

图 2-2-5 肝片形吸虫的成虫和虫卵　图 2-2-6 肝片形吸虫的中间宿主

片形吸虫病的流行，一般以多雨的年份特别严重，因为雨水多，水位高，螺体容易繁殖，虫卵也易于落入水中进行孵化。

牛羊等往往因在低洼、潮湿的沼泽地带放牧或采食从低洼、潮湿的地带割来的牧草而感染。因此在气候条件适宜和中间宿主存在的情况下，牛、羊在夏秋季极易感染肝片吸虫病。

【症状与病变】 动物轻度感染时往往不表现出明显的临床症状，严重感染时表现出明显的临床症状。片形吸虫病临床症状的表现取决于动物体内寄生虫体的数量、毒素作用的强弱以及动物机体的状况。一般来说，牛体内寄生有 250 条成虫，羊体内有 50 条成虫时，即可表现出明显的临床症状，但幼畜即使轻度感染，也可能表现症状。家畜中以绵羊对片形吸虫最敏感，山羊、牛和骆驼次之，对幼畜危害特别严重，可以引起大批死亡。

绵羊和山羊感染后症状有急性型和慢性型之分。

急性型：多见于夏末至冬初。表现为体温升高，精神沉郁，食欲废绝，偶有腹泻；肝脏叩诊时，半浊音区扩大，敏感性增高；病羊迅速贫血。有些病例表现症状后 3～5 天发生死亡。

慢性型：最为常见，可发生在任何季节，但多见于冬末至初春。病程发展缓慢，一般在感染囊蚴后 4～5 个月发病。病畜食欲不振，逐渐消瘦；贫血，粘膜苍白；被毛粗乱，无光泽，脆而易断，有局部脱毛现象；眼睑、下颌、胸下及腹下部出现水肿。3～4 个月后水肿更为剧烈，病羊更加消瘦。孕羊可能生产弱羔，甚至生产死胎。如不采取治疗措施，最后常发生死亡。

牛的症状常呈慢性经过。虫体达到肝脏时往往无明显症状，但随着虫体的长大，症状日渐显著。急性症状多发生于犊牛，表现为精神沉郁、食欲减退或消失、体温升高、贫血、黄疸等，严重者可引起死亡。慢性症状常发生在成年牛，主要表现为食欲减退或消失，消瘦，贫血、粘膜苍白，眼睑及体躯下垂部位发生水肿，被毛粗乱无光泽，反刍异常、下痢等，母牛不孕、流产或产奶量下降。如不及时治疗，往往可死于恶病质。

急性病例病理变化主要表现为肠壁和肝组织的严重损伤、出血及肝脏肿大。其他器官也可因幼虫移行而出现浆膜和组织损伤、出血，“虫道”内有童虫。粘膜苍白，血液稀薄，血中嗜酸性细胞大增。

慢性感染时，由于虫体的刺激和代谢物的毒素作用，常引起慢性胆管炎、慢性肝炎和贫血现象。肝脏肿大，胆管壁增厚，胆管扩张呈绳索状突出于肝表面。胆管内壁粗糙，内含大量血性粘液和虫体及黑褐色或黄褐色的块状、粒状的磷酸盐沉积。

【诊断】 根据临床症状、流行病学资料、粪便检查及死后剖检等进行综合判定。粪便检查多采用反复水洗沉淀法和尼龙绢袋集卵法来检查虫卵。片形吸虫卵较大，易于识别，但要注意与前后盘吸虫卵相区别。前后盘吸虫卵呈灰白色，卵黄细胞不饱满是其特征。急性病例死后剖检可在腹腔和肝实质中发现幼虫，慢性病例可在肝胆管内检获成虫。此外，免疫诊断法，如 ELISA、IHA 等近年来均有使用，不仅能诊断急性、慢性片形吸虫病，而且可以诊断轻度感染的患畜，可以用于成群家畜片形吸虫病的普查。

【治疗】 应在早期诊断的基础上及时对患病家畜进行治疗，方能取得良好的效果。用于治疗片形吸虫病的药物种类较多，可根据当地情况进行选用。

1. 丙硫苯唑（抗蠕敏）：对成虫有特效，但对童虫效果稍差。牛按每千克体重 20～30 毫克，羊按每千克体重 15 毫克，一次口服。

2. 硝氯酚：只对成虫有效。粉剂：牛按每千克体重 3～4 毫克，羊按每千克体重 4～5 毫克，一次口服。针剂：牛按每千克体重 0.5～1.0 毫克，羊按每千克体重 0.75～1.0 毫克，深部肌肉注射。

3. 溴酚磷（蛭得净）：对成虫和童虫具有较好的杀灭效果，可用于急性病例的治疗。牛按每千克体重 12 毫克，羊按每千克体重 16 毫克，一次口服。

4. 三氯苯唑（肝蛭净）：对成虫、童虫均有高效的驱杀作用。牛按每千克体重 10～12 毫克，羊按每千克体重 8～12 毫克，一次口服。患畜治疗后 14 天肉方能食用，乳 10 天后方能食用。

5. 碘硝酚腈：对成虫和童虫均有较好的驱杀作用。牛按每千克体重 10 毫克，羊按每千克体重 15 毫克皮下注射；或牛按每千克体重 20 毫克，羊按每千克体重 30 毫克一次口服。但药物在动物体内的残留时间较长，用药 1 个月后肉、乳方能食用。

【预防】 1. 及时驱虫。本病的传播主要源于病畜和带虫者，因此，驱虫不仅是治疗措施，也是积极的预防措施。驱虫的时间与次数可视流行地区的具体条件而定。在我国北部地区，每年有舍饲和放牧两种形式的轮换，因此每年应驱虫两次。一次在秋末冬初，或由放牧转为舍饲之后，这次驱虫是为了保护动物安全过冬，预防动物冬季发病；另一次在冬末春初，动物由舍饲改为放牧之前，这次驱虫可以避免动物在放牧时散播病原。南方地区终年放牧，可进行三次预防性驱虫。

2. 粪便处理。每天清扫圈舍后，将粪便堆积发酵，利用生物热杀死其中的虫卵。此外，驱虫后的粪便也应堆积发酵。

3. 消灭中间宿主椎实螺。灭螺是控制片形吸虫病的重要措施。可从每年气候转暖时，采用在低洼地带、沼泽地洒生石灰灭螺，或采用化学药物灭螺，如利用 1：50 000 的硫酸铜或 20%的氨水灭螺。

4. 采取有效措施防止牛、羊、骆驼等感染囊蚴。如不在低洼、潮湿、多囊蚴的地方放牧；在牧区实行划地轮牧，降低牛羊感染的机会。饮用井水和质量好的流水。从低洼潮湿地割来的牧草晒干后再喂牛、羊等。

四、日本分体吸虫病（日本血吸虫病）

日本分体吸虫病是由分体科、分体属的日本分体吸虫寄生于哺乳动物（牛、羊、猪、马、犬、猫、兔、啮齿类、野生哺乳动物和人等）的门静脉-肠系膜静脉系血管内而引起的一种人畜共患寄生虫病。本病广泛分布于我国长江流域及其以南地区。

湖南长沙马王堆出土的西汉女尸和湖北江陵出土的西汉男尸（公元前 163 年）体内均发现了典型的日本血吸虫卵，由此证实，远在 2000 多年前我国已有血吸虫病流行。

日本血吸虫为雌雄异体，成虫在宿主体内呈雌雄合抱状态。虫体呈长圆柱形，似线虫。雄虫乳白色，粗短，大小为（10～20 毫米）×（0.50～0.55 毫米）。

【流行病学】 日本分体吸虫分布于日本、菲律宾、印度尼西亚、马来西亚和我国，在我国分布很广泛，主要是长江流域及其以南的 13 个省、市、自治区（贵州省除外），共计 372 个县、市。

本病主要危害牛、羊等家畜和人。我国已查明，除人体外，有 40 多种哺乳动物可自然感染日本分体吸虫病。家畜中以耕牛的感染率最高；黄牛的感染率和感染强度一般均比水牛高，黄牛随年龄增大，感染率越高；水牛的感染率则有随年龄的增大而降低的趋势，而且水牛还可发生自愈现象。在长江流域及以南地区，水牛不仅数量多，而且接触尾蚴的机会频繁，故在本病的传播上可能起主导作用。

日本分体吸虫的发育必须有钉螺作为中间宿主，没有钉螺的地区，则不会发生日本分体吸虫病。在我国，日本分体吸虫的中间宿主为湖北钉螺，螺壳上有 6～8 个螺旋，螺旋上有直纹的为肋壳钉螺，无直纹的为光壳钉螺。钉螺可在水、陆两种环境下生活。

流行地区的人和动物的感染是与生活活动过程中接触含尾蚴的疫水有关。感染途径主要是经皮肤感染，此外也可经口感染或经胎盘感染。

【症状】 日本分体吸虫病是一种变态反应性疾病。虫卵沉积在终末宿主的肝脏和肠壁等组织，在其周围出现细胞浸润，形成肉芽肿，破坏了正常组织，肉芽肿破溃后，溃烂部彼此连成为斑痕，导致肝硬化；肠壁纤维化、增厚、硬变，消化吸收机能降低等一系列病变。此外，尾蚴侵入皮肤时，还可引起变态反应性皮炎。

一般为黄牛症状比水牛明显，犊牛症状比成年牛明显。严重感染的黄牛或犊牛，常呈急性经过。病牛表现为精神不振，食欲下降，体温升高达 40～41℃，行动迟缓，或呆立不动，继而严重贫血，粘膜苍白，衰竭而死亡。慢性病例，病畜表现食欲不振，消化不良，下痢，稀粪中含有粘液、血液或粘膜块，腥臭，甚至发生肝硬化、腹水。病牛生长发育受阻，甚至成为侏儒牛。母牛有不孕或流产现象。

轻度感染时，常无明显的临床症状，特别是成年水牛，虽诊断为阳性病牛，但常呈隐性感染，成为带虫牛。

【病变】 尸体明显消瘦、贫血，腹腔内有大量腹水。本病主要的病理变化是虫卵在组织中沉积而产生的虫卵结节，肝脏和肠壁上常有数量不等的灰白色虫卵结节，心、肾、胰、脾、胃等器官有时也可发现虫卵结节的存在。

肝脏病变明显，表面或切面上有粟粒大到高粱米大的灰白色或灰黄色虫卵结节。感染初期肝脏肿大，后期萎缩、硬化。严重感染的病例，肠道各段均可找到虫卵结节，尤以直肠部分的病变最为严重，常见有出血、坏死、溃疡、斑痕和肠粘膜肥厚。门静脉血管肥厚，门静脉和肠系膜静脉内可找到虫体。

【诊断】 在流行地区，根据症状和流行病学特点，综合分析可做出初步诊断，确诊和查出隐性感染的动物，则需作病原检查或免疫学诊断。

常用的病原检查方法是虫卵毛蚴孵化法和沉淀法。虫卵毛蚴孵化法是指将含毛蚴的虫卵，在适宜的条件下孵化，则可在短时间内孵出毛蚴，毛蚴在水中呈现特殊的游泳姿态。沉淀法有经改进的尼龙绢袋集卵法。为提高现场大规模粪便检查的功效，常采用尼龙绢袋集卵法，可缩短集卵时间。由于尼龙绢袋孔径小于虫卵，在水洗过程中，虫卵不会漏出，而全集中于袋中。此法与虫卵毛蚴孵化法相结合，可提高检出率，实践中宜两者结合进行。动物死后剖检，发现虫体、虫卵结节也可确诊。

免疫学诊断法，如环卵沉淀试验，间接红细胞凝集试验和酶联免疫吸附试验等已应用于生产实践，具有一定的诊断意义。

【治疗】 常用的药物有：

1. 吡喹酮：为治疗牛、羊血吸虫病的首选药物。黄牛、水牛按30毫克/千克体重，山羊20毫克/千克体重，1次口服。黄牛体重以300千克为限，水牛体重以350千克为限。

2. 敌百虫：仅用于水牛。按每千克体重 75 毫克的总量，5 天分服，每日 1 次。片剂可直接投服，粉剂以冷水配成 1%～2%溶液灌服。水牛体重以 300 千克为限。

3. 硝硫氰胺（7505）：黄牛、水牛按 60 毫克/千克体重，一次口服。黄牛体重以 300 千克，水牛体重以 400 千克为限。亦可配成 1.5%～2.0%混悬液，黄牛按 2 毫克/千克体重，水牛按 1.5 毫克/千克体重一次颈静脉注射。

4. 六氯对二甲苯（血防 846）：新血防 846 片，口服，黄牛按 120 毫克/千克体重，水牛按 90 毫克/千克体重每日 1 次，连用 10 天。20%血防 846 油溶液，牛按 40 毫克/千克体重，每日注射一次，五日为一疗程，半月后可重复治疗。

【预防】 应采取综合措施，做到人、畜同步进行防治，除积极检查和治疗病畜与病人控制感染源外，还要加强粪便和用水的管理，安全放牧和消灭钉螺。由于该病危害严重，宿主范围广泛且生活史复杂，因此综合防治已成为一项十分浩大的系统工程。

1. 定期驱虫。定期对人、畜进行驱虫和治疗，并做好病畜的淘汰工作。

2. 灭螺。结合水土改造工程或用灭螺药物杀灭中间宿主钉螺，阻断血吸虫的发育。

3. 粪便管理。在疫区，可将人、畜粪便进行堆肥发酵或制造沼气，既可增加肥效，又可杀灭虫卵。

4. 用水管理。选择无螺水源，实行专塘用水或用井水，以防感染尾蚴。

5. 安全放牧。全面合理规划草场建设，逐步实现划区轮牧。

第二节　绦虫病

绦虫病是由扁形动物门、绦虫纲的多节绦虫亚纲所属的各种寄生性绦虫寄生于动物和人体内而引起的一类蠕虫病。其中只有圆叶目和假叶目绦虫对畜禽和人具有感染性，绦虫的成虫和绦虫蚴均可致人畜严重的疾患。

一、猪囊尾蚴病

猪囊尾蚴病（猪囊虫病）是由带科带属的猪带绦虫（有钩绦虫）的幼虫猪囊尾蚴寄生于猪的肌肉和其他器官中引起的一种寄生虫病。猪囊虫不仅可寄生于猪，也可寄生于犬、猫等动物和人，因此猪囊尾蚴病是一种危害严重的人兽共患寄生虫病。人是猪带绦虫的唯一终末宿主。

猪囊尾蚴（猪囊虫）呈椭圆形、白色、半透明的囊泡状，囊内充满液体。大小为（6～10 毫米）×5 毫米（见图 2-2-7）。

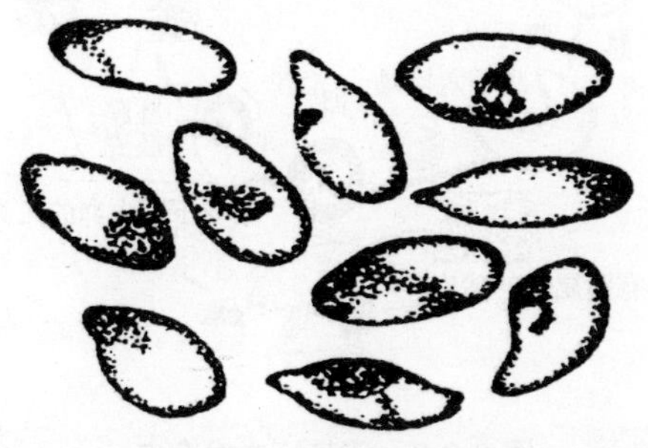

图 2-2-7　猪囊尾蚴

【流行病学】　目前本病主要在发展中国家流行。我国是猪囊虫病的高发区，以华北、东北、西南等地区发生较多；北方各省较多，长江流域较少。人有钩绦虫病的感染源为猪囊虫；猪囊虫病的感染源是人体内寄生的有钩绦虫排出的虫卵。这种由猪到人、由人到猪的往复循环，构成了流行的要素。更重要的是，人可以因摄入有钩绦虫卵而患囊虫病。猪囊尾蚴病的发生和流行与人的粪便管理及猪的饲养方式密切相关，一般本病发生于落后的地区，常常是由于人无厕所、猪无圈；或是人的厕所与猪圈相通连（连茅圈）所致。此外，人感染猪带绦虫与饮食卫生习惯和烹调与食肉方法有关，喜食生肉或烹制方法不当是人感染猪带绦虫的主要原因（见图 2-2-8）。

猪囊尾蚴主要寄生于横纹肌，尤其活动性较强的咬肌、舌肌、膈肌、心肌等处。严重感染者还可寄生于肝、肺、肾、脑等内脏器官。

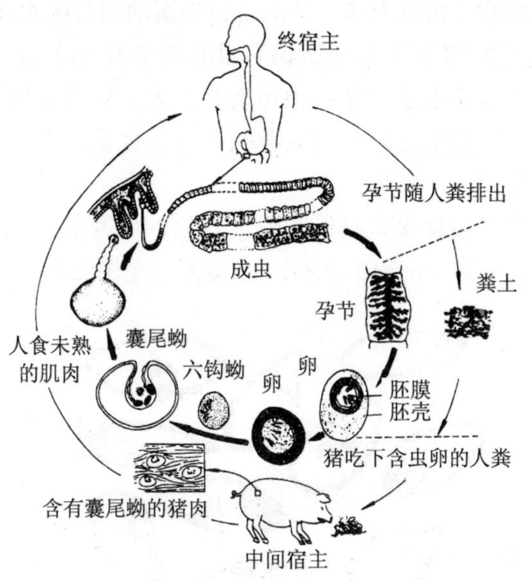

图 2-2-8 猪带绦虫发育史

【症状与病变】 猪囊尾蚴寄生在猪肌肉里，特别是活动性较大的肌肉，通常在咬肌、心肌、舌肌和肋间肌、腰肌等处最为多见，严重时可见于眼球和脑内。虫体为一个长约 1 厘米的椭圆形无色半透明包囊，内含囊液，囊壁的一侧有一个乳白色的结节，内含一个由囊壁向内嵌入的头节。囊虫包埋在肌纤维间，如散在的豆粒，故常称有猪囊虫的肉为“米糁肉”、“豆猪肉”或“米猪肉”。囊尾蚴在猪肉中的数量，可由数个到成千上万个。

猪感染少量的猪囊尾蚴时，不呈明显的变化。成熟的猪囊尾蚴的致病作用，很大程度上取决于寄生部位，寄生在脑时可能引起神经机能障碍；寄生在猪肉中时，一般不表现明显的致病作用。大量寄生时，可表现为肌肉疼痛、肢体僵硬、跛行，呼吸困难等；幼猪可表现生长发育不良。

猪囊尾蚴对人的危害亦取决于寄生部位和寄生数量。寄生于脑可引起头晕、恶心、呕吐以及癫痫等症状；寄生于眼部，可导致视力下降甚至失明；寄生于肌肉组织则引起局部肌肉疼痛。

【诊断】　生前诊断比较困难，可以检查眼睑和舌部，看有无因猪囊尾蚴引起的豆状肿胀。触摸到舌部有稍硬的豆状结节时，可作为生前诊断的依据。

一般只有在宰后检验时才能确诊。宰后检验咬肌、腰肌等骨骼肌以及心肌，看是否有乳白色椭圆形或圆形的猪囊虫。镜检，可见猪囊虫头节上有 4 个吸盘及两圈小钩。钙化后的囊虫，包囊中呈现大小不同的黄白色颗粒。

目前血清学诊断方法也已经被应用于猪囊虫病的诊断上，如间接血凝试验、间接荧光抗体试验、酶联免疫吸附试验等。

【治疗】　可用下列药物治疗：

1. 吡喹酮：按 30～60 毫克/千克体重，每天 1 次，用药 3 次。

2. 丙硫咪唑：按 30 毫克/千克体重，每天 1 次，用药 3 次，早晨空腹服药。此外，氟苯咪唑也有很好的治疗效果。

【预防】　由于有钩绦虫病和猪囊尾蚴病对人的危害性很大，因此防治猪囊尾蚴病是一项非常重要的工作。另外，有囊尾蚴的猪肉，常不能食用，造成很大的经济损失。对于猪囊尾蚴病须采取综合性的预防措施。

1. 加强城乡肉品卫生检验，实行定点屠宰、集中检疫。对有囊尾蚴的猪肉，应做无害化处理。

2. 做到人有厕所、猪有圈。在北方主要是改造连茅圈，防止猪食人粪而感染囊虫，彻底杜绝猪和人粪的接触机会。人粪需经无害化处理后方可利用。

3. 普查普治高发人群，发现人患绦虫病时，及时驱虫。驱虫后排出的虫体和粪便必须严格处理。

4. 注意个人卫生，改变饮食习惯，不吃生的或未煮熟的猪肉。

5. 加强科普宣传教育，提高人们对猪囊尾蚴病的危害以及感染途径和方式的认识，自觉参与防治囊虫病。

二、细颈囊尾蚴病

细颈囊尾蚴是泡状带绦虫的中绦期，寄生于猪、绵羊、山羊、黄牛等多种家畜及野生动物的肝脏浆膜、大网膜及肠系膜等处，严重感染时还可进入胸腔，寄生于肺部。成虫为泡状带绦虫，寄生于犬、狼等食肉兽的小肠。细颈囊尾蚴病呈世界性分布，我国各地普通流行，尤其是猪，感染率为50%左右，个别地区高达70%，且大小猪只都可感染，除影响仔猪的生长发育和增重外，严重时可引起仔猪死亡；对于肉类加工业，可因屠宰失重和胴体品质降低而导致巨大的经济损失。

细颈囊尾蚴俗称“水铃铛”，呈乳白色、囊泡状，大小不等，可达鸡蛋大或更大（见图2-2-9）。

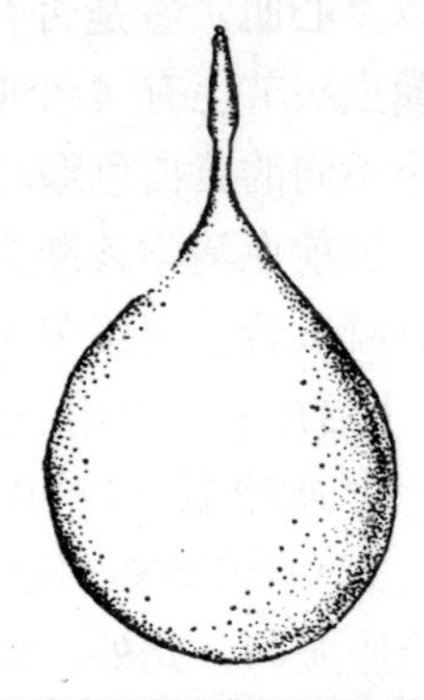

图2-2-9 细颈囊尾蚴

【流行病学】 本病分布广泛，凡有狗分布的地方，一般都有牲畜感染细颈囊尾蚴，以猪的感染最为普遍。流行原因主要是由于感染泡状带绦虫的犬、狼等动物的粪便中排出绦虫的节片或虫卵，它们随着终末宿主的活动污染了牧场、饲料和饮水而使猪等中间宿主遭受感染。每逢农村宰猪或牧区宰羊时，犬多守立于旁，凡不宜食用的废弃内脏便丢弃在地，任犬吞食，这是犬易于感染泡状带绦虫的主要原因；犬的这种感染方式和这种形式的循环，在我国不少地方的农村是很常见的。

【症状】 多呈慢性经过，感染早期，大猪一般无明显症状。但仔猪可能出现急性出血性肝炎和腹膜炎症状，体温升高，腹部因腹水或腹腔内出血而增大，可能于急性期死亡；耐过者生长发育受阻，但多数仅表现虚弱，消瘦。

【病理变化】 急性病例，可见到肝脏肿大，肝表面有很多小结节和出血点，实质中能找到虫体移行的虫道。初期虫道内充满血液，以后逐渐变为黄灰色。有时腹腔内有大量带血色的渗出液和幼虫。

慢性病例，肝脏局部组织色泽变淡，呈萎缩现象，肝浆膜层发生纤维素性炎症，形成所谓“绒毛肝”。肠系膜、大网膜和肝脏表面有大小不等的水铃铛。

【诊断】 本病生前诊断比较困难，可用血清学方法诊断；尸体剖检时发现虫体即可确诊。肝脏中的细颈囊尾蚴应注意与棘球蚴相区别，前者只有一个头节，且囊壁薄而透明，后者囊壁厚而不透明。

【治疗】 治疗可采用吡喹酮，按 50 毫克/千克体重，与液体石蜡按 1∶6 比例混合研磨均匀，分两次间隔 1 天深部肌肉注射，可全部杀死虫体；或硫双二氯酚 0.1 克/千克体重喂服。

【预防】 本病重在预防，而不是治疗，预防必须采取综合性预防措施。

1. 禁止犬类进入屠宰场，禁止把含细颈囊尾蚴的脏器丢弃喂犬。
2. 防止犬进入猪舍，避免饲料、饮水被犬粪便污染。
3. 对犬定期驱虫，扑杀野犬。

三、反刍兽莫尼茨绦虫病

莫尼茨绦虫病是由裸头科莫尼茨属的扩展莫尼茨绦虫和贝氏莫尼茨绦虫寄生于牛、羊、骆驼等反刍兽的小肠内而引起的一种重要寄生虫病。本病分布于世界各地，我国各地均有报道，多呈地方性流行。主要危害羔羊和犊牛，影响幼畜生长发育，严重感染时，可导致大批死亡。

莫尼茨绦虫头节小，近似球形，上有 4 个吸盘，无顶突和小钩。其中，扩展莫尼茨绦虫长可达 10 米，宽可达 1.6 厘米，呈乳白色。虫卵近似三角形；贝氏莫尼茨绦虫长可达 4 米，宽可达 2.6 厘米，呈黄白色。虫卵为四角形。

【流行病学】 莫尼茨绦虫为世界性分布，在我国的东北、西北和内蒙古的牧区流行广泛；在华北、华东、中南及西南各地也经常发生。莫尼茨绦虫主要危害 1.5～8 月龄的羔羊和当年生的犊牛。

动物感染莫尼茨绦虫是由于吞食了含似囊尾蚴的地螨。地螨种类繁多，现已查明有 30 余种地螨可作为莫尼茨绦虫的中间宿主，其中以肋甲螨和腹翼甲螨感染率较高。地螨在富含腐殖质的林区，潮湿的牧地及草原上数量较多，而在开阔的荒地及耕种的熟地里数量较少。地螨性喜温暖与潮湿，在早晚或阴雨天气时，经常爬至草叶上；干燥或日晒时便钻入土中。雨后牧场上，地螨数量显著增加。成螨在牧地上可存活 14～19 个月，因此，被污染的牧地可保持感染力达近两年之久。地螨体内的似囊尾蚴可随地螨越冬，所以，动物在初春放牧一开始，即可遭受感染（见图 2-2-10）。

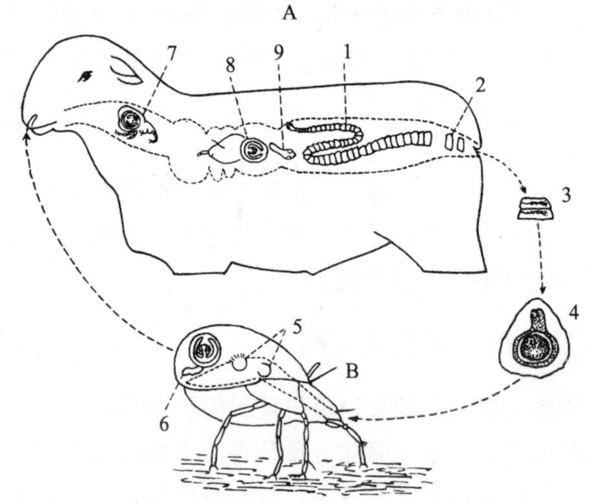

A. 终末缩主；B. 中间宿主；1. 小肠中的成虫；2. 孕节随粪便排出；3. 孕节；4. 虫卵释出；5. 地螨吞食了虫卵，卵在肠内孵化，六钩蚴移行到体腔发育；6. 发育成熟的似囊尾蚴；7. 地螨被吞食；8. 地螨被消化，似囊尾蚴释出；9. 头节伸出吸附在肠壁上，5~6 周发育为成虫

图 2-2-10 莫尼茨绦虫发育史

本病有明显的季节性，这与地螨的习性和分布密切相关。各地主要感染期有所不同，南方感染高峰在 4—6 月，北方主要在 5—8 月。

【症状】 莫尼茨绦虫病主要危害幼畜，成年动物一般无临床症状。幼年羊最初的表现是精神不振，消瘦，离群，粪便变软，后发展为腹泻，粪中含粘液和孕节片，进而衰弱，贫血。有的病畜有明显的神经症状，如无目的的运动，步样蹒跚，有时有震颤。神经型的莫尼茨绦虫病羊往往以死亡告终。

【病理变化】 尸体贫血，消瘦，粘膜苍白。胸腹腔有多量渗出液。肠有时发生阻塞或扭转。肠粘膜出血，小肠内有虫体。

【诊断】 根据患病犊牛或羔羊粪球表面有黄白色的孕节片，形似煮熟的米粒，孕节涂片检查时，可见到大量灰白色、特征性的虫卵；或用饱和盐水浮集法检查粪便，发现虫卵，结合临床症状和流行病学资料等分析即可确诊。或死后剖检，在小肠内发现虫体亦可确诊。

【治疗】 常用的驱虫药物有：

1. 硫双二氯酚：剂量为羊 75～100 毫克/千克体重，牛 50 毫克/千克体重，一次口服。

2. 氯硝柳胺（灭绦灵）：剂量为羊 75～80 毫克/千克体重，牛 60～70 毫克/千克体重，制成 10%水悬液灌服。

3. 丙硫咪唑：剂量为牛、羊 10～20 毫克/千克体重，制成 1%水悬液灌服。

4. 吡喹酮：剂量为羊体重 10～15 毫克/千克体重，牛 5～10 毫克/千克体重，一次口服。

【预防】 由于莫尼茨绦虫病主要危害犊牛和羔羊，因此要做好幼畜的防护。

1. 鉴于幼畜在开春一放牧即可感染，故应在放牧后 4～5 周时进行“成虫期前驱虫”，间隔 2～3 周，再进行第二次驱虫。驱虫的对象应是幼畜；但成年动物一般为带虫者，是重要的感染源，因此也应定期驱虫。

2. 污染的牧地，特别是潮湿和森林牧地空闲两年后可以净化。

3. 土地经过几年的耕作后，地螨量可大大减少，有利于莫尼茨绦虫的预防。

4. 避免在湿地放牧，避免在清晨、黄昏和雨天放牧，以减少感染机会。

第三节　线虫病

线虫病是由线形动物门的各种寄生性线虫寄生于动物体所引起的一类寄生虫病的总称。在动物蠕虫病中约有一半以上为线虫病，且主要以土源性线虫（不需要中间宿主）为主。线虫病病原种类繁多，分布广泛，多为多种寄生虫混合感染，且寄生数量较大，线虫病常给畜牧业生产和人体健康造成严重危害。

一、旋毛虫病

旋毛虫病是重要的人畜共患寄生虫病之一，由毛形科毛形属的旋毛形线虫寄生于动物和人体内所引起。本病呈世界性分布，据 1984 年的相关报道，除南极洲外，其余各大洲的 47 个国家和地区均有流行。旋毛虫的宿主广泛，包括人、猪、犬、猫、鼠类、狐狸、虎、豹、狼、野猪等 100 多种哺乳动物均能感染。人旋毛虫病严重时可导致死亡，故肉品卫生检验中将旋毛虫检验列为首检项目。

旋毛虫虫体细小呈线状，雄虫（1.4～1.6 毫米）×（0.04～0.05 毫米），雌虫（3～4 毫米）×0.06 毫米，肉眼很难看到。虫体前部较细，后部较粗，占全长一半稍多（见图 2-2-11）。

A. 雄虫；B. 雌虫；C. 成熟的幼虫

图 2-2-11　旋毛形线虫

【流行病学】　旋毛虫分布于世界各地，几乎所有的哺乳动物甚至许多海洋动物及某些昆虫均能感染旋毛虫。由于这些动物互相捕食或新感染旋毛虫的宿主排出的粪便（内含成虫或幼虫）污染了食物，便可能成为其他动物的感染源。另外，肌肉包囊中的幼虫对外界的抵抗力强，－20℃时可保持生命力 57 天，在腐败的肉或尸体内可存活 100 天以上，并且盐渍或烟熏均不能杀死肌肉深层的幼虫。

猪感染本病可能是吞食已感染的老鼠等动物尸体、生肉屑，或吃到含有幼虫包囊的蝇蛆、步行虫等。犬由于活动范围广泛，可以吃到多种动物的尸体，故其旋毛虫的感染率远远大于猪。人感染旋毛虫与吃生猪肉或食用腌制与烧烤不当的猪肉制品有关。此外，切过生肉（有旋毛虫包囊）的菜刀、砧板污染了其他食品，也可引起感染。

【症状与病变】 旋毛虫对猪的致病力轻微，几乎不表现任何可见的临床症状。肠型旋毛虫对其胃肠的影响极小，常常不显症状。肌旋毛虫的主要变化在肌肉。如肌细胞横纹消失、萎缩、肌纤维膜增厚等。猪只有在严重感染时才会出现临床症状，表现为体温升高、腹泻、偶尔出现呕吐、躯体消瘦，而后出现后肢麻痹、呼吸困难、发声嘶哑等。

人感染大量旋毛虫时，可表现出明显的临床症状，肠旋毛虫病主要表现肠炎症状；肌旋毛虫可引起急性肌炎、发热、嗜酸性白细胞增多、心肌炎等症状。如果不及时治疗可能危及生命。

【诊断】 猪旋毛虫病的生前诊断比较困难，主要是采用变态反应和血清学反应。宰后检出常采用肉眼和镜检相结合的方法检查膈肌，当发现肌纤维间有细小白点的可疑病灶时，撕去肌膜，从不同部位剪取麦粒大小的肉样 24 块，放于两玻片间压薄，低倍镜下观察有无包囊。但在感染早期及轻度感染时不易检出。

用消化法检查幼虫更为确切。取肉样搅碎，每克肉加入 60 毫升水、0.5 克胃蛋白酶、0.7 毫升浓盐酸，混匀，37℃消化 0.5～1 小时后，分离沉渣中的幼虫，镜检。

目前可采用 ELISA、IFAT 等方法作为猪的生前诊断手段之一，ELISA 法检测血清抗体阳性符合率可达 93%～96%，IFAT 法可达 90.47%。

【防制措施】 动物旋毛虫病由于生前诊断困难，治疗方法研究的很少。但研究表明，大剂量的丙硫咪唑（按 300 毫克/千克体重拌料，连用 10 天）、甲苯咪唑等苯并咪唑类药物疗效可靠。

预防该病须控制或消灭鼠类，农村散养猪应避免食入啮齿类动物，不用生的废肉屑和泔水喂猪等。加强屠宰卫生检疫，发现有旋毛虫的肉类应按肉品检验规程处理。宣传提倡食熟肉等。

二、猪蛔虫病

猪蛔虫病是猪的一种常见寄生虫病，是由蛔科蛔属的猪蛔虫寄生于猪小肠而引起的。本病感染普遍，呈世界性流行，无论是集约化饲养的猪，还是散养均广泛发生，据调查，我国猪群的感染强度为 17%～80%，平均感染强度为 20～30 条，因此猪蛔虫病是仔猪的一种常见多发的重要寄生虫病。本病主要危害 3～6 月龄的猪，造成发育不良，生长迟缓，增重速度可比同等条件下的猪下降 30%。严重时生长发育停滞，形成“僵猪”，甚至造成死亡，因此对养猪业的危害非常严重，是造成养猪业损失最大的寄生虫病之一。

猪蛔虫是一种大型线虫。新鲜虫体为淡红色或淡黄色，死后则为苍白色。虫体呈中间稍粗，两端较细的圆柱状。口孔由三个唇片围绕，呈“品”字形排列，背唇较大，两侧腹唇较小。雄虫长 15～25 厘米，宽约 0.3 厘米，尾端常向腹面弯曲，形似钓鱼钩。雌虫长 20～40 厘米，宽约 0.5 厘米，虫体较直，尾端稍钝。

【流行病学】 本病发病率高，不同品种、年龄、性别的猪均易感染，但对 3～6 月龄猪危害较大。一年四季均可发生，在空气湿度较高、环境温度 28～30℃条件下更易侵染。

猪蛔虫病的流行与饲养管理、环境卫生关系密切。在饲养管理不良、卫生条件恶劣和猪只过于拥挤的猪场，在营养缺乏，特别是饲料中缺少维生素和必需矿物质的情况下，3～5 月龄的仔猪最容易大批感染。

猪蛔虫病广泛流行的主要原因：第一，蛔虫生活史简单，不需中间宿主参与；第二，繁殖力强，产卵量大；第三，卵对外界各种因素（如紫外线、干燥、缺氧、化学药品等）均有很强的抵抗力。

【症状】 猪蛔虫病的临床症状随着猪的年龄大小、猪体质的好坏、感染的数量以及蛔虫的发育阶段的不同而有所不同。

幼虫移行至肝脏时，引起肝组织出血、变性和坏死，形成云雾状的蛔虫斑（或称乳斑）。移行至肺时，引起蛔虫性肺炎。临床主要表现为精神沉郁，食欲减退，异嗜，营养不良，贫血；感染严重时表现体温升高、咳嗽、呼吸增快、呕吐和腹泻等症状，病猪伏卧在地，不愿走动。幼虫移行时还可导致荨麻疹和某些神经症状之类的反应。

成虫致病性较幼虫弱，但大量寄生时亦可造成严重危害：夺取宿主大量的营养，导致消瘦、贫血等消化机能障碍症状，影响猪的发育和饲料转化。成虫寄生在小肠时可机械性地刺激肠粘膜，引起腹痛。蛔虫数量多时常聚集成团，堵塞肠道，严重时因肠破裂而致死。有时蛔虫可进入胆管，造成胆管堵塞，导致黄疸、贫血等症状。

【诊断】 蛔虫病的确诊需作实验室检查。对两个月以上的仔猪可采用漂浮法检查粪便中的虫卵。2 个月以上的猪查虫卵，1 克粪便中虫卵数达 1 000 个以上时，方可诊断为蛔虫病。

幼虫寄生期由于粪便中尚无虫卵排出，故可采用剖检或血清学方法进行诊断。肝脏和肺脏的特征性病变有助于诊断；用贝尔曼法或凝胶法分离肝、肺或小肠内的幼虫也可确诊。此外，目前血清学方法中，已研制出了特异性较强的 ELISA 检测法。

【治疗】 治疗可用以下药物：

1. 丙硫咪唑（阿苯哒唑）：按每千克体重 10 毫克，口服。

2. 硫苯咪唑（芬苯哒唑）：按每千克体重 3 毫克，连用 3 天。

3. 氟苯咪唑：按每千克体重 30 毫克混饲，连用 5 天；或 5 毫克一次口服。

4. 甲苯咪唑：按每千克体重 10～20 毫克，混饲。

5. 左旋咪唑：按每千克体重 10 毫克，喂服或肌注。

6. 伊维菌素：按每千克体重 0.3 毫克，内服或皮下注射；或每千克饲料 0.1 毫克连喂 2 周或 0.2 毫克连喂 1 周。

7. 多拉菌素：针剂，按每千克体重 0.3 毫克，一次肌肉注射。

【预防措施】 本病的预防措施主要是定期驱虫、及时清除粪便、搞好环境卫生、预防仔猪感染等。

1．驱虫，消除带虫猪。包括预防性、治疗性驱虫。育肥猪 3 月、5 月龄各驱虫 1 次；种公猪每年至少驱虫 2 次；母猪产前 1～2 周驱虫；仔猪断奶转圈时驱虫一次；后备猪配种前驱虫；新引进猪驱虫后再合群。

2．保持饲料和饮水清洁及饲料全价营养。

3．保持猪舍和运动场清洁，及时清除粪便并无害处理，防止虫卵散播；定期用 20%～30%新鲜石灰水、40%热碱水等消毒。产房和猪舍在进猪前彻底清洗和消毒。

三、猪食道口线虫病

由盅口科食道口属的线虫寄生在猪的结肠内所引起的一种以结肠炎和肠壁结节为特征的寄生虫病。虫体致病力较轻微，只有在严重感染情况下才引起结肠炎。猪体内的食道口线虫有 3 种，分别为有齿食道口线虫、长尾食道口线虫和短尾食道口线虫。由于食道口线虫的幼虫能在宿主肠壁上形成结节，故又称结节虫。本病感染较为普遍，是目前我国规模化猪场流行的主要线虫病之一。

【流行病学】 集约化方式饲养的猪和散养的猪均有本病的发生，成年猪被寄生的较多。潮湿和不勤换垫草的猪舍中，感染也较多，因潮湿的环境有利于虫卵和幼虫的发育和存活。放牧猪在清晨、雨后和多雾时易遭感染。感染性幼虫可以越冬。在室温 22～24℃的湿润状态下，可生存达 10 个月，在－20℃～－19℃可生存 1 个月。虫卵和幼虫对干燥和高温的耐受性较差，60℃高温下迅速死亡。

【症状与病变】 幼虫感染时在肠壁形成粟粒状的结节。若结节在浆膜面破裂，可引起腹膜炎；在粘膜面破裂则可形成溃疡，引起顽固性肠炎，继发细菌感染时可导致化脓性结节性大肠炎。患猪表现食欲减退、贫血、消瘦、发育障碍、腹痛、腹泻，粪便中常带有脱落的粘膜，严重时可引起死亡。

成虫阶段的致病性较轻微，但会影响增重和饲料转化。严重感染时，由于虫体对肠壁的机械损伤和毒性物质作用，可引起渐进性贫血和虚弱，甚至导致死亡。

【诊断】　采用漂浮法检查粪便中的虫卵或培养粪便检查幼虫即可确诊。虫卵呈椭圆形，卵壳薄，内有胚细胞，但易与红色猪圆线虫卵相混淆，若采用粪便培养至第 3 期幼虫即可鉴别。食道口线虫幼虫短而粗（0.6 毫米），尾鞘长；而红色猪圆线虫幼虫长而细（0.8 毫米），尾鞘短。

【防制措施】　本病应采取综合性预制措施：

1. 预防性驱虫，每年春秋对猪各进行一次预防性驱虫。

2. 圈舍保持干燥，勤换垫草，及时清理粪便堆积发酵，以杀死虫卵和幼虫。

3. 保持饲料和饮水的清洁，避免被幼虫污染。

4. 要给予全价营养，放牧时选择干燥牧场，不在低洼潮湿牧场放牧，提倡圈养猪，凡是圈养猪感染机会较少。

常用的驱线虫药对成虫均有效，但对组织中幼虫有效的药物很少，所以要重复用药，间隔时间一般为 1～2 个月。母猪在分娩前一周用药，仔猪在出生后 1 个月驱虫，可有效地防止仔猪的感染。

四、猪后圆线虫病

猪后圆线虫病是由后圆科后圆属的线虫寄生于猪的支气管和细支气管内所引起的一种以咳嗽、呼吸困难、生长发育障碍等为特征的寄生虫病，又称肺线虫病。本病在我国各地广泛存在，常呈地方性流行，但规模化猪场一般不发生。本病对幼猪危害很大。

【流行病学】　本病主要感染仔猪和育肥猪，据报道，6～12 月龄的猪最易感。病猪和带虫猪是本病的主要传染源，而被猪后圆线虫卵污染并有蚯蚓的牧场、运动场、饲料种植场以及有感染性幼虫的水源等均可能为猪感染的重要场所。本病主要是经消化道传播，是猪吞噬了含有感染性幼虫的蚯蚓而引起的。因此，本病的发生与蚯蚓的孳生和猪采食蚯蚓有密切的关系；猪的发病季节与蚯蚓的活动季节相一致，即多在夏秋季节。

野猪后圆线虫是我国猪肺线虫病的主要病原，其流行广泛。由于虫卵和第 1 期幼虫对外界环境抵抗力强，可以作为中间宿主的蚯蚓种类多、感染率高，加之感染性幼虫在外界或蚯蚓体内可长期保持感染性等因素，造成本病流行。

【症状】 轻度感染的猪症状不明显，但影响生长和发育。瘦弱的幼猪（2～4 月龄）感染虫体较多，而又有气喘病、病毒性肺炎等疾病合并感染时。则病情严重，具有较高死亡率。病猪的主要表现为食欲减少，消瘦，贫血，发育不良，被毛干燥无光；阵发性咳嗽，特别时早晚运动后或遇冷空气刺激时尤为剧烈，鼻孔流出脓性粘稠分泌物，严重病例呈现呼吸困难；有的病猪害发生呕吐和腹泻；在胸下，四肢和眼睑部出现浮肿。

猪肺线虫幼虫还可携带流感、猪瘟等病毒，从而加重病情，死亡率增高。

【诊断】 根据临床症状，结合流行特点，病理剖检找出虫体而确诊。剖检时，剪开并挤压膈叶后缘，发现成虫即可确诊。可用饱和硫酸镁或硫代硫酸钠溶液浮集法检查粪便，也可用变态反应诊断法进行检测。对怀疑为本病的猪，主要检查含粘液部分。

【治疗】 可采用下列药物进行治疗。肺炎严重时应使用抗生素以防继发感染。

1. 左咪唑：按 10 毫克/千克体重喂服或肌注。
2. 甲苯咪唑：按 10～20 毫克/千克体重，混在饲料中喂服。
3. 氟苯咪唑：按 30 毫克/千克体重混饲，连用 5 天；或 5 克一次口服。
4. 硫苯咪唑（芬苯哒唑）：按 3 毫克/千克体重，连用 3 天。

【防制措施】 本病应采取综合性预制措施：

1. 猪舍、运动场应保持干燥，并定期消毒。
2. 猪舍铺设水泥地面，防止猪拱土食入蚯蚓。
3. 及时清除粪便并堆积发酵。
4. 对放牧猪在夏秋季用抗线虫药定期驱虫具有较好的预防效果。

五、禽蛔虫病

禽蛔虫病是由禽蛔科、禽蛔属多种蛔虫寄生于禽小肠内引起的一种寄生虫病。鸡、火鸡、鹅、鸽和鹌鹑等多种禽类均可发生蛔虫病，其中以鸡的蛔虫病较为严重，遍及世界各地。主要危害雏鸡，影响生长发育，甚至可造成雏鸡大批死亡。

【流行特点】 各种禽类均有易感性，以雏禽易感性最高，随着年龄的增加，感染性则逐渐下降。雏鸡感染后病情较重。成年鸡多为带虫者。饲养管理不当或营养不良的鸡群易感性较强，饲料中缺乏维生素 A 与维生素 B 时，能降低雏禽对蛔虫的抵抗力。

禽蛔虫卵对消毒药具有较强的抵抗力，但对干燥和高温（50℃以上）敏感。在阴凉潮湿的地方，可生存很长时间。虫卵对直射阳光敏感。

【症状】 本病主要危害雏鸡。患雏生长发育受阻，委靡，呆滞，翅膀下垂，羽毛松乱，贫血，粘膜和鸡冠苍白。消化机能障碍，食欲下降，下痢与便秘交替，稀粪中含带血粘液，最后因衰竭而死亡。严重感染者，可因肠、胃阻塞而致死。成鸡多无症状，感染量大者，表现下痢、贫血和产蛋下降等。

【诊断】 粪便检查发现虫卵或剖检发现虫体即可确诊。

【治疗】 可用左咪唑、噻苯唑、伊维菌素等药物驱虫。

【防制措施】 应采取综合的预防措施。加强饲养管理，饲喂全价饲料，给予足够营养；清洁禽舍，及时清扫粪便并堆积发酵；成禽与雏禽分开饲养；对易感禽群定期驱虫，每年 2～3 次。

六、鸡异刺线虫病

鸡异刺线虫病是由尖尾目、异刺科、异刺属的鸡异刺线虫寄生于鸡盲肠而引起的一种寄生虫病。虫体寄生于鸡、火鸡及水禽的盲肠内，故又称鸡盲肠虫。异刺线虫是一种常寄生于鸡的蠕虫，它不仅本身能引起鸡发病，而且它的虫卵还能携带鸡组织滴虫，鸡吞食这种含有组织滴虫的虫卵后，会发生鸡组织滴虫病。本病分布广泛，我国各地均有发现，普遍存在于鸡群中。

【症状】 异刺线虫寄生于鸡盲肠粘膜后，以其体液为营养，损伤肠粘膜，引起粘膜发炎、出血，肠壁增厚，造成鸡消化机能障碍。患鸡表现为少食或不食、消瘦、贫血和下痢。成年母鸡产蛋率下降或停止；雏鸡发育停滞，逐渐衰竭而死亡。

【诊断】 应用饱和盐水浮集法检出粪便中的虫卵，或剖检在盲肠发现虫体即可确诊。

【防制措施】 参照禽蛔虫病的防治措施。

第四节 棘头虫病

棘头虫属于棘头动物门棘头虫纲的动物。棘头虫主要寄生在畜禽的消化道。猪棘头虫病是由棘头虫动物门少棘科巨棘吻属的蛭形巨吻棘头虫寄生于猪小肠内而引起的一种重要的人兽共患寄生虫病。也感染野猪、狗和猫，偶见于人。我国各地均有报道。

蛭形巨吻棘头虫虫体大，呈长圆柱形，乳白色或淡红色，前部较粗，向后逐渐变细，体表有明显的环状皱纹。头端有一个可伸缩的吻突，吻突上有 5～6 列强大向后弯曲的小钩，每列 6 个（见图 2-2-12）。

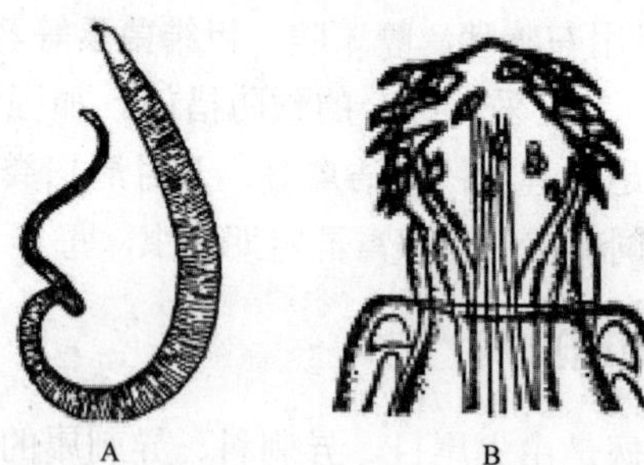

A. 雌虫；B. 吻突

图 2-2-12 蛭形巨吻棘头虫

【流行病学】 本病呈地方性流行，主要感染 8～10 月龄猪，流行严重的地区感染率可高达 60%～80%。猪蛭形巨吻棘头虫的发育需要中间宿主——金龟子及其他甲虫参与。因此，感染季节与金龟子的活动季节一致。金龟子一般出现在早春至六七月，因此每年春夏为猪感染棘头虫的感染季节，放牧猪比舍饲猪感染率高。后备猪比仔猪感染率高。人感染猪巨吻棘头虫与人们的生活习惯有关。在流行区，儿童有烧吃、炒吃，甚至生吃天牛、金龟的习惯，所以患者以学龄前儿童和青少年为主。

【症状】 患猪一般表现贫血、消瘦及发育障碍；严重感染时，食欲下降，下痢或水样腹泻，粪便带血甚至形成小血凝块，有的腹泻和便秘交替。腹痛，腹部着地，不愿起立行走或呈犬坐式。虫体在固着部位引起脓肿、穿孔或破裂时，引起泛发性腹膜炎，症状加剧，体温升高，衰弱，不食、腹痛卧地，多以死亡告终。有的猪因虫体代谢产物中毒，出现惊叫、肌肉震颤、癫痫等神经症状。

【诊断】 根据流行病学特点、临床症状，结合水洗沉淀法检出粪便中的棘头虫卵，即可确诊。棘头虫在人体内多不能发育到性成熟，故在粪便中不能查见虫卵。

【治疗】 对本病的治疗，尚无特效驱虫药，可试用左旋咪唑、丙硫咪唑、氯硝柳胺等药物。

1. 左旋咪唑：10 毫克/千克体重，口服；或按 4～6 毫克/千克体重肌肉注射，每天 1 次，连用 2 天。

2. 丙硫苯咪唑：5 毫克/千克体重，混入饲料，或配成混悬液给药，每天 1 次，连用 2 天。

3. 氯硝柳胺：20 毫克/千克体重，一次口服。

【防制措施】 本病应采取综合防制措施：

1. 及时治疗病猪，对粪便进行堆积发酵，利用生物热杀灭虫卵，切断传播途径。

2. 流行地区的猪只应定期驱虫，每年春、秋季各 1 次，以消灭感染源。

3. 在甲虫活动季节，要圈养猪只，不诱捕金龟子等甲虫喂猪。

4. 猪圈舍及运动场应硬化，以免拱土时吃入中间宿主。

5. 宣传教育人禁食甲虫。

第五节　动物原虫病

原虫是最原始、最简单、最低等的单细胞真核动物，体积微小而能独立完成生命活动的全部生理功能。在自然界分布广泛，种类繁多，迄今已发现 65 000 余种，多数营自生或腐生生活，分布在海洋、土壤、水体或腐败物内。约有近万种为寄生性原虫，生活在动物体内或体表。动物原虫是指寄生在人和动物体腔道、体液、组织或细胞内的原虫，其中的一些种类严重危害动物的健康，构成广泛的区域性流行。

一、鸡球虫病

鸡球虫病是一种全球性的原虫病，它是集约化养鸡业最为多发、危害严重且防治困难的疾病之一，是对鸡危害最严重的寄生虫病，尤以肉鸡为重，也是所有动物疾病中经济损失最严重的疾病之一。在各种鸡病中，球虫病的发生率最高，占 1/6～1/5。集约化养鸡场则是球虫病爆发的最适宜场所，其发病率为 50%～70%，死亡率 20%～30%，严重时高达 80%。

全世界每年因鸡球虫病造成的损失达 20 亿英镑，抗球虫药每年消费是 3.2 亿美元。我国抗球虫药的年消费是 2.4 亿～4.8 亿元人民币。它不仅增加了治疗球虫病的药费开支，也使鸡的生长速度减缓，饲料转化率降低，同时也因大量使用抗球虫药，造成鸡肾脏等脏器的毒副作用增大，从而影响了肉鸡产肉品质和蛋鸡产蛋性。日前已被美国农业部列为对禽类危害最严重的五大疾病之一。鸡球虫病是由孢子纲、艾美耳科、艾美耳属的 7 种球虫寄生于鸡的肠道引起的，多危害 15～50 日龄的雏鸡。

引起鸡球虫病的病原主是艾美耳球虫（见图 2-2-13），包括柔嫩艾美耳球虫、毒害艾美耳球虫、堆型艾美耳球虫、布氏艾美耳球虫、巨型艾美耳球虫、和缓艾美耳球虫及早熟艾美耳球虫等。

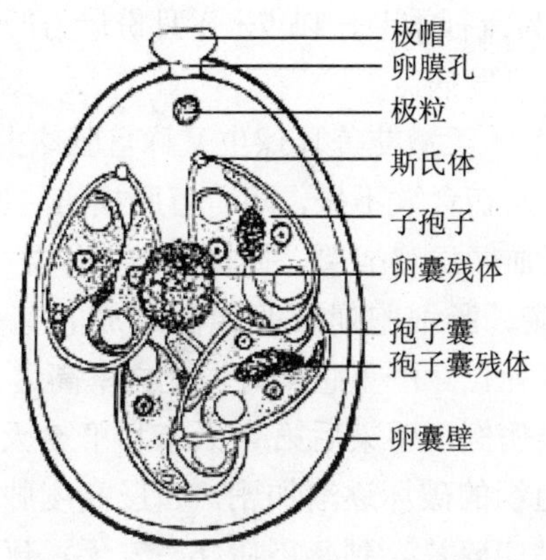

图 2-2-13　艾美耳属球虫孢子化卵囊结构

【流行病学】　鸡球虫是宿主特异性和寄生部位特异性都很强的原虫，鸡是各种鸡球虫的唯一宿主。全世界报道的有 9 个种，其中 7 个种受到公认。各种球虫致病性不同，以柔嫩艾美耳球虫致病性最强，其次为毒害艾美耳球虫，但一般情况下多为两个以上虫种混合感染。所有日龄和品种的鸡都有易感性，但其免疫力发展很快，并能限制其再感染。球虫病一般暴发于 3～6 周龄的雏鸡，2 周龄以内的雏鸡很少发病，毒害艾美耳球虫常危害 8～18 周龄的鸡。病鸡排出卵囊达数月之久，因而是主要传染源，鸡通过摄入有活力的孢子化卵囊遭受感染，被粪便污染过的饲料、饮水、土壤或器具等都有卵囊的存在；其他动物、尘埃和管理人员，都可成为球虫的机械传播者。

卵囊对恶劣的外界环境条件和消毒剂具有很强的抵抗力。在土壤中可以存活 4～9 个月。温暖潮湿的地区有利于卵囊的发育，在合适的温度、湿度和氧气的条件下，经过 18～30 小时发育为孢子化卵囊，但低温、高温和干燥均会延迟卵囊的孢子化过程，有时会杀死卵囊。

饲养管理条件不良和营养缺乏能促使本病的发生。拥挤潮湿或卫生条件恶劣的鸡舍最易发病。本病多在温暖潮湿的季节流行。我国北方4—9月份为流行季节，以7—8月份最为严重，而舍饲的鸡场中，一年四季均可发病。

【症状与病变】 柔嫩艾美耳球虫又称盲肠球虫，对3～6周龄雏鸡致病性最强，病初食欲不振，随着盲肠损伤的加重，出现下痢，血便，甚至排出鲜血。病鸡战栗，拥挤成堆，体温下降；食欲废绝，最终由于肠道炎症、肠细胞崩解等原因造成的有毒物质被机体吸收，导致自体中毒死亡。严重感染时，死亡率高达80%。病变主要在盲肠，严重感染病例，感染后第4天末和第5天，随着裂殖生殖的发展，对肠壁组织的破坏逐渐加剧，盲肠高度肿大，肠腔中充满血凝块和脱落的粘膜碎片。到感染后6～7天，盲肠中的血液和脱落的粘膜逐渐变硬，形成红色或红白相间的肠芯，在感染后8天从粘膜上脱落下来。轻度感染时，病变较轻，无明显出血，粘膜肿胀，从浆膜面可见脑回样结构，在感染后10天左右粘膜再生恢复。而严重感染者，粘膜的损伤难以完全恢复。

毒害艾美耳球虫多感染2月龄以上的中雏鸡，患鸡精神不振，翅下垂，弓腰，下痢和脱水。病变主要在小肠，表现为小肠中部高度肿胀或气胀，有时可达正常时的2倍以上；肠壁充血、出血和坏死，粘膜肿胀增厚；肠内容物中含有多量的血液、血凝块和坏死脱落的上皮组织。感染后第5天出现死亡，第7天达高峰，死亡率仅次于盲肠球虫。病程可延续到第12天。

堆型艾美耳球虫引起的病变主要在十二指肠。轻度感染病变局限于十二指肠袢，呈散在局灶性灰白色病灶，横向排列成梯状。严重感染时可引起肠壁增厚和病灶融合成片。病初粘膜变薄，覆以横纹状白斑，肠道苍白，含水样液体。

布氏艾美耳球虫引起病变主要在小肠至直肠部位，浆膜面可见肠系膜血管和肠壁血管充血，肠道变细，肠壁变薄，肠粘膜出血，肠内容物以粘液和少量血液为主。感染后第5～7天，整个小肠呈现干酪样侵蚀，粪便中有凝固的血液和粘膜碎片。

巨型艾美耳球虫引起的病例临床常见严重的消瘦、苍白、羽毛蓬松、食欲不振和下痢。剖检可见肠腔胀气、肠壁增厚，肠道内有黄色的粘液和血液。感染后 5～8 天，引起肠壁充血、水肿，形成淤斑，严重者肠粘膜大量崩解。

和缓艾美耳球虫可引起增重不良和失去色素，剖检病鸡可见小肠下段苍白。

早熟艾美耳球虫致病性不强，病变不明显，但严重感染时可引起饲料转化率降低。

【诊断】 根据流行病学（年龄、季节等）、临床症状、剖检综合分析，镜检粪便或肠粘膜触片、刮取物、肝脏、胆汁等发现球虫卵囊或其他各阶段虫体可确认。确定球虫种类需观察孢子化卵囊大小、特征、形状等，并根据病变位置、特征等。

【治疗】 有多种药物均可治疗鸡球虫病。

1. 磺胺氯吡嗪：常用于治疗暴发性球虫病，混饲 0.06%～0.1% 或饮水 0.03%～0.04%，连用 3 天。

2. 氨丙啉：按 0.012%～0.024%混入饮水，连用 3 天。

3. 百球清：2.5%溶液，按 0.002 5%混入饮水，连用 3 天。

4. 马杜拉霉素：0.000 5%～0.000 6%混饲，连用。兔敏感。

5. 尼卡巴嗪：混饲 0.01%～0.012 5%，育雏期可连续给药。

6. 氯苯胍：预防 0.003%～0.003 3%，混饲连用；治疗量加倍，连用 3～7 天，后改预防量。

7. 常山酮：预防 0.000 3%混饲，可连用至蛋鸡上笼。治疗量加倍，混饲连用一周，后改预防量。

【防制措施】 采取综合性措施，以预防为主。加强饲养管理，防止卵囊污染饲料、饮水；保持圈舍清洁、干燥和通风，经常清理粪便，堆积发酵；定期消毒，可用沸水、3%～5%热碱水或 1%克辽林液等消毒地面、畜舍、笼具、饲槽和饮水槽等，一般可每周一次；日粮中添加 0.000 025%～0.000 05%硒和 100 U/kg 维生素 E，增强机体抵抗力。

1. 药物预防：预防用的抗球虫药主要有以下几种：氨丙啉，按 0.012 5%混入饲料，无休药期。尼卡巴嗪，按 0.012 5%混入饲料，休药 5 天。马杜霉素，按 0.005%～0.007%混入饲料，无休药期。沙里霉素，按 0.007 5%～0.012 5%混入饲料，休药 3 天。莫能霉素，按 0.000 1%混入饲料，无休药期。盐霉素，按 0.005%～0.006%混入饲料，无休药期。常山酮，按 0.000 3%混入饲料，休药 5 天。地克珠利，按 0.001%混入饲料或饮水，无休药期。氯苯胍，按 0.000 3%混入饲料，休药 5 天，由于可使禽肉带异味，近年来已基本停用。

抗球虫药连续使用一定时间后，都会产生不同程度的抗药性。但通过合理地使用抗球虫药，可以减缓耐药性的产生，提高防治效果。对肉鸡常采用穿梭用药和轮换用药的方法来防止耐药性的产生。

2. 免疫预防：为避免药物残留对环境和食品的污染以及耐药虫株的产生，免疫预防愈来愈受到重视。目前已有数种球虫疫苗，主要分为两类：活毒虫苗和早熟弱毒虫苗。其中国际上已有 4 种商品化疫苗大量使用，它们是：Coccicox（美国）、Immucox（加拿大）、Paracox（英国）、Livacox（捷克），前两种是由未致弱的活卵囊制成的活毒虫苗，第三种是由早熟虫株制成的弱毒虫苗，第四种是活卵囊和弱毒卵囊混合制成的虫苗。目前已在生产中取得较好的预防效果。国内也有一些单位研制球虫苗，其效果与进口球虫苗相当。

二、鸭球虫病

寄生于鸭的球虫包括艾美耳属、泰泽属、温扬属和等孢属的多种球虫，目前已报道的有 18 种球虫寄生于鸭肠道上皮细胞。寄生于我国北京鸭的主要致病种是毁灭泰泽球虫和菲莱氏温扬球虫，寄生于鸭的小肠上皮细胞，致病性前者最为严重。临床上多为混合感染，其发病率为 30%～90%，死亡率为 29%～70%，耐过病鸭生长发育受阻，增重缓慢。此外，还有 2 种鸭球虫寄生于野鸭的肾脏，也有较强的致病性。

鸭球虫主要是毁灭泰泽球虫和菲莱氏温扬球虫（见图 2-2-14）。

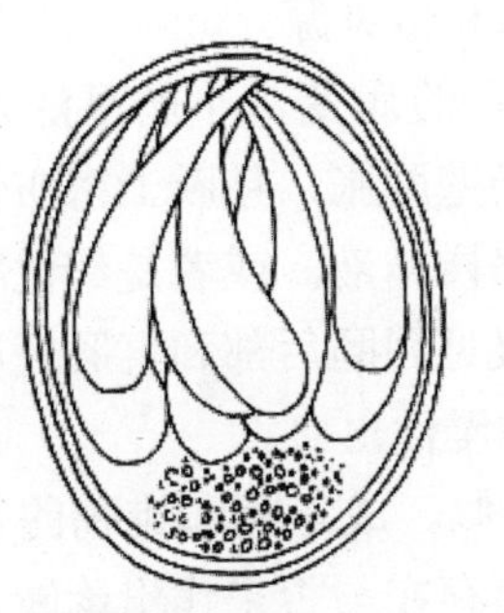
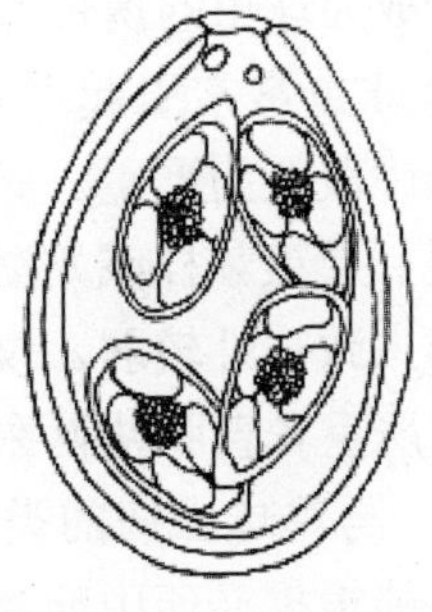

图 2-2-14　毁灭泰泽球虫和菲莱氏温扬球虫

1. 毁灭泰泽球虫：卵囊呈椭圆形，浅绿色，无卵膜孔，大小为（9.2～13.2 微米）×（7.2～9.9 微米），平均为 11 微米×8.8 微米。孢子化卵囊内无孢子囊，8 个裸露的子孢子游离于卵囊内。

2. 菲莱氏温扬球虫：卵囊大，呈卵圆形，浅蓝绿色。卵囊大小为（13.3～22 微米）×（10～12 微米），平均为 17.2 微米×11.4 微米，孢子化卵囊内含 4 个孢子囊，每个孢子囊内含 4 个子孢子。

二者均寄生于鸭小肠上皮细胞内，发育过程与鸡球虫类似。

【流行病学】　鸭球虫病的传播主要是通过被病鸭或带虫鸭粪便污染的饲料、饮水、土壤或用具等，饲养管理人员也可能成为该病的机械性传播者。鸭球虫具有明显的宿主特异性，它只能感染鸭。同样，其他禽类的球虫也不能感染鸭。

各种年龄的鸭对本病均易感，尤以 1 月龄左右的雏鸭最易感，且死亡率也高，耐过的鸭往往生长受阻，发育不良。鸭球虫病的发病与季节有密切关系，一般多见于 7—10 月发病。北京地区流行于 4—11 月份，以 9—10 月份发病率最高。

【症状与病变】　毁灭泰泽球虫致病性较强，菲莱氏温扬球虫致病性轻微，临床上多为混合感染，对雏鸭危害很大。病鸭表现精神委顿，缩脖，食欲下降，渴欲增加等症状，拉稀，随后排血便，粪便呈暗红色，腥臭。发病当日或 2～3 天出现死亡，死亡率为 20%～30%，严重感染时可达 80%，耐过病鸭生长发育受阻。成年鸭很少发病，但常常成为球虫的携带者和传染源。

毁灭泰泽球虫常常引起严重的病变，小肠呈泛发性出血性肠炎，尤以小肠中段最为严重。肠壁肿胀，粘膜上密布针尖大小的出血点，或上覆一层糠麸样或奶酪样粘液，或者是红色胶冻样粘液。菲莱氏温扬球虫致病性较弱，仅见回肠后部和直肠轻度出血，上有散在出血点，严重者直肠粘膜弥漫性出血。

【诊断】 与鸡球虫病的类似。成年鸭和雏鸭的带虫现象极为普遍，所以不能根据粪便中卵囊存在与否来作出诊断，应根据临床症状、流行病学资料和病理变化综合判断。在临床上还应与鸭霍乱和鸭出血症进行鉴别诊断。

【防制措施】 加强饲养管理和搞好环境卫生，保持鸭舍干燥、通风和清洁。定期清除鸭粪，防止饲料和饮水及用具被鸭粪污染。可使用磺胺六甲氧嘧啶、磺胺甲基异噁唑等磺胺类药物或地克珠利进行预防和治疗。

三、兔球虫病

兔球虫病是由寄生于家兔的肠上皮细胞和肝脏胆管上皮细胞内的艾美耳属球虫引起的，是家兔最常见且危害严重的一种寄生虫病。幼兔对球虫的抵抗力较弱，其感染率可高达 100%，患病后幼兔的死亡率也很高，一般可达 70%。耐过的病兔长期不能康复，生长发育受到严重影响，一般可减重12%～27%。

兔球虫各种均属艾美耳属，据文献记载共有 16 个种，分别是斯氏艾美耳球虫、穿孔艾美耳球虫、大型艾美耳球虫、中型艾美耳球虫、小型艾美耳球虫、无残艾美耳球虫、盲肠艾美耳球虫、肠艾美耳球虫、梨形艾美耳球虫、那格浦尔艾美耳球虫、松林艾美耳球虫、新兔艾美耳球虫、长形艾美耳球虫、黄艾美耳球虫、野兔艾美耳球虫和雕斑艾美耳球虫。其中除斯氏艾美耳球虫寄生于胆管上皮细胞内之外，其余各种都寄生于肠粘膜上皮细胞内，一般多为混合感染。

【流行病学】 各种品种的家兔对兔球虫都有易感性，断奶后至 3 月龄的幼兔易感性和死亡率最高；成年兔为隐性感染。本病主要是通过采食和饮水而经口感染。病兔、带虫兔以及被卵囊污染的用具、环境等都是本病的传染源，鼠类、昆虫及饲养人员都可以是本病的机械传播者。营养不良、兔舍卫生条件恶劣所造成的饲料与饮水遭受兔粪等污染，最易促成本病的发生和传播。成年兔多为带虫者，在幼兔球虫病的传播中起着重要的作用。球虫病各个季节都可发生，但以高温高湿季节多发，在南方为 5—7 月份，北方为 7—9 月份。兔舍潮湿和高温高潮地区发病率高。球虫卵囊的抵抗力极强，在潮湿的土壤中可存活数年，因此，兔场一旦发生球虫病就很难根除。

【症状与病变】　病兔表现精神沉郁，食欲减退，伏卧不动，眼、鼻分泌物增多，眼结膜苍白或黄染。按球虫寄生部位可分为肝型、肠型和混合型，以混合型居多。肠型以顽固性下痢，腹泻带血为特征，常急性死亡。肝型以腹围增大下垂，肝肿大，触诊有痛感，结膜轻度黄染为特征。混合型则兼具两者特点，可见腹泻或腹泻与便秘交替，粪便带血及粘液或肠粘膜。尿频，或常呈排尿姿势。腹围增大下垂，肝区触诊疼痛。结膜苍白有时黄染。后期往往出现神经症状，痉挛抽搐或麻痹，多因极度衰弱尖叫死亡。死亡率为 50%～60%，有时高达 80%以上。病程 10 余日至数周，病愈后长期消瘦，发育不良，尸体消瘦，粘膜苍白。肝脏表面和实质内有许多白色或黄白色结节，呈圆形，如粟粒至豌豆大，沿小胆管分布。取结节作压片镜检，可以看到裂殖子、裂殖体、配子体和卵囊等不同发育阶段的虫体。

肠球虫病的病变主要在肠道，肠道血管充血，十二指肠扩张、肥厚，粘膜发生卡他性炎症，小肠内充满气体和大量粘液，粘膜充血、出血。慢性病例，肠粘膜呈淡灰色，上有许多小的白色结节，压片镜检可见大量卵囊，肠粘膜上有时有小的化脓性、坏死性病灶。

【诊断】　根据流行病学资料、临床症状及病理剖检结果，可做出初步诊断。如在粪便中发现大量卵囊或在病灶中发现大量各个不同发育阶段的球虫，即可确诊。

【治疗】 发生家兔球虫病时，可用下列药物进行治疗：

1. 磺胺六甲氧嘧啶（SMM）：按 0.1%的浓度混入饲料中，连用 3～5 天，停药一周，再用一个疗程。

2. 磺胺二甲基嘧啶与 TMP：按 5∶1 混合后，以 0.2%的浓度混入饲料中，连用 3～5 天，停 1 周后，再用一个疗程。

3. 克球粉 100 毫克/千克和苄喹硫酯合剂 8.35 毫克/千克混饲。

4. 氯苯胍：按 30 毫克/千克体重混入饲料中连用 5 天，隔 3 天后再重复一次。

【防制措施】 应采取综合性的预防措施。

1. 兔舍应清洁卫生，干燥通风。

2. 加强饲养管理，注意饲料及饮水卫生，及时清扫粪便，防止兔粪污染草料和饮水。

3. 幼兔和成年兔分笼饲养，发现病兔立即隔离治疗。

4. 饲喂用具及兔笼等应高温高热消毒，以杀死卵囊。

5. 合理安排母兔的繁殖，使幼兔断奶不在梅雨季节。

6. 在该病流行季节里，对断奶的仔兔，可拌入药物饲喂预防兔球虫病。

四、猪球虫病

球虫病是由球虫寄生于猪肠道上皮细胞而引起的寄生虫病。本病主要危害仔猪，导致仔猪下痢和增重下降，成年猪常为隐性感染者或带虫者。

多种球虫都能感染猪，其中等孢属的猪等孢球虫是主要的致病因素。

【流行病学】 仔猪因食入被感染性卵囊污染了的饲料与饮水而感染，感染后是否发病取决于摄入的卵囊的数量和虫种。各种品种的猪均有易感性，5 月龄以内的猪感染率较高，发病明显，6 个月以上的猪很少感染。成年猪为带虫者，是本病的传染源。猪等孢球虫主要危害 2 周龄内初生仔猪。多发于 7～10 日龄哺乳仔猪，1～2 日龄仔猪感染时症状最为严重，并可伴有病毒和细菌的感染。

饲养管理不善，如无圈饲养、仔猪到处乱跑；圈舍建立在地势偏低，潮湿的地方；圈舍卫生条件差，仔猪群过于拥挤时多发本病。患其他传染病或肠道线虫病而抵抗力降低时也易感染球虫病。本病多发生于气候温暖，雨水较多的梅雨季节。

【症状与病变】 猪等孢球虫的感染以水样或脂样腹泻为特征。病猪主要表现为食欲减少，下痢，仔猪拉黄色或白色粘性粪便，后为水样稀粪，恶臭，腹泻可持续 4～8 天。病仔猪厌食，精神极差，脱水，消瘦，生长发育迟缓。但仔猪球虫病通常无血便。但下痢特别严重时，可能引起死亡，死亡率可达 10%～50%。

艾美耳球虫感染通常无明显的临床症状，可发现于 1～3 月龄腹泻的仔猪。在弱猪中可持续 7～10 天。表现为食欲不振、腹泻，或便秘与腹泻交替。病猪一般均能自行耐过，逐渐恢复。

组织学检查，病灶局限在空肠和回肠，以绒毛萎缩与变钝、局灶性溃疡、纤维素坏死性肠炎为特征，并在上皮细胞内见有发育阶段的虫体。

【诊断】 7～10 日龄仔猪出现腹泻，抗生素治疗无效，这是仔猪等孢球虫病的特征。根据流行病学，临床症状，结合漂浮法检出粪便中的卵囊，或小肠涂片、组织切片发现发育阶段的球虫虫体即可确诊。

【防制措施】 发现感染球虫病的猪立即隔离治疗，可用百球清，按 20～30 毫克/千克体重一次口服，另外可配合维生素和健胃药治疗。母猪产前 2 周及整个哺乳期在饲料中按 250 毫克/千克的量添加氨丙啉可预防等孢球虫。

经常打扫猪圈、运动场，保持圈舍干燥通风。将猪粪和垫草运往贮粪地点进行消毒处理。将猪按年龄分群饲养。对各种用具定期进行消毒，用 2%克辽林溶液喷洒圈舍墙壁和地面。猪最好要圈养；新生仔猪应母乳喂养，哺乳母猪乳房要经常擦洗。

五、弓形虫病

弓形虫病又称弓形体病，是由真球虫目、弓形虫科、弓形虫属的刚地弓形虫寄生于多种动物（如猪、马、牛、羊、犬等）有核细胞内引起的一种寄生虫病。临床特征为高热稽留，侵害呼吸系统和网状内皮系统，传染性强，发病率和死亡率高，对人畜禽危害严重。本病呈世界性分布，人和动物的感染率都很高。

病原为刚地弓形虫。目前，大多数学者认为发现于世界各地人和各种动物的弓形虫只有一个种，但有不同的虫株。

弓形虫在其全部生活史中可出现五种不同的形态：即速殖子（滋养体）、包囊、裂殖体、配子体、卵囊。裂殖体和有性生殖阶段虫体可出现于猫和其他猫科动物小肠绒毛上皮细胞内。但与致病性和传播有关的发育期为速殖子、包囊和卵囊。

【流行病学】 病畜禽和带虫者为感染来源，其肉、内脏、血液、分泌物、排泄物及乳、流产胎儿体内、胎盘和其他流产物中都含有大量的滋养体、速殖子、慢殖子。终末宿主为猫科的猫属和山猪属如家猫、野猫、美洲豹、亚洲豹、猞猁等。中间宿主为 200 多种哺乳动物（包括人）和禽类。终末宿主体内的卵囊可随粪排出，污染饲料、饮水和土壤，可保持数月的感染力。感染途径呈多样化：各种病料中的各阶段虫体的不同阶段——滋养体、速殖子、慢殖子、卵囊经口吃入或通过损伤的皮肤、呼吸道、消化道粘膜及眼、鼻等途径侵入宿主体内均可造成感染；经胎盘感染胎儿普遍存在；污染的注射器、产科器械及其他用品可机械性传播；多种昆虫，例如食粪甲虫、蟑螂、污蝇等和蚯蚓可机械性传播卵囊。临床期间患畜的唾液、痰、粪、尿、乳汁、腹腔液、眼分泌物、肉、内脏、淋巴结及急性病例的血液中都可能含有速殖子，如外界条件有利于其存在，其他动物就可以受到传染。人感染主要是吃入含虫肉、乳、蛋及污染蔬菜的卵囊或玩猫时吃入卵囊。

【症状】 猪：症状最严重，危害最大，新疫区可引起大批死亡。急性病例潜伏期 3～7 天，高热稽留，体温上升达 40～42℃，精神沉郁，食欲减退或废绝。便秘或腹泻。呼吸困难、咳嗽气喘，呕吐。结膜潮红，眼分泌物增多，呈粘性或脓性。体表淋巴结肿大，尤以腹股沟淋巴结肿大显著。皮肤出现紫红色瘀血斑块，尤见于下肢、耳、鼻、尾等部位，甚至大面积发绀。侵害脑则有神经症状——极度兴奋或有转圈运动，最后昏迷死亡。病程数天至半月。怀孕母猪感染后经胎盘侵害胎儿则引起流产、死胎或胎儿畸形。亚急性病例潜伏期 10～14 天或更长，症状似急性病例，但较轻，病程亦缓慢。慢性病例临床上常不易察觉。亦有隐性感染和病愈后的带虫者，特别老疫区较明显。

绵羊：主要表现呼吸系统症状和轻度神经兴奋，严重时可致死。

鸡：主要为神经症状，以麻痹、瘫痪多见。

兔：主要是高热、厌食、呼吸困难和神经症状。

狗：主要以发热、腹泻、运动失调、呼吸困难和肺炎为常见。

猫：抑郁、厌食、嗜睡、高热、消瘦、黄疸、眼炎、呼吸困难和肺炎，甚至突然死亡，其中以肺炎常见。孕猫则死产或流产。

人：后天感染主要为淋巴结炎和脑炎及发热、皮肤丘疹等，重者可致死。深部颈淋巴结炎，伴以发热、不适、疲劳、肌肉痛及咽痛和头痛等。脑炎则头痛，定向力障碍，嗜睡，轻偏瘫，反射异常，惊厥或昏迷。孕妇感染可致异常产、畸胎、死胎、流产、不孕等。

【病变】 急性病例有全身性病变，表现为全身淋巴结、肝脏、脾脏、肾脏等肿大、出血，尤以肺门淋巴结肿大最明显，并有许多出血点和针尖大到米粒大灰白色坏死灶。在网状内皮系统细胞——单核细胞、淋巴细胞、肝柯赫氏细胞、肺泡上皮细胞（尘埃细胞）和淋巴结窦内皮细胞的胞浆内可查到单个、成双或 3、5、6 个不等的弓形虫。

慢性病例主要表现各内脏器官的水肿，及散在的坏死灶。主要见于老龄动物。

【诊断】 根据流行病学、临床症状和病理剖检等可作出诊断，确诊需查病原：

1. 直接镜检：取肺、肝、淋巴结涂片，用姬姆萨氏液染色后检查；或取患畜的体液、脑脊液涂片染色检查。也可取淋巴结研碎后加生理盐水过滤，经离心沉淀后，取沉渣作涂片染色镜检。此法简单，但有假阴性，必须对阴性猪作进一步诊断。

2. 动物接种，分离虫株：无菌采可疑动物或尸体体液或组织研磨、过滤，腹腔内接种小鼠或家兔，盲传 2～4 代，每代一周，最后剖杀，取腹水、血液查虫体。

3. 免疫诊断：包括染色试验、IHA、ELISA、免疫荧光试验、放射免疫测定、补反、琼扩、皮内试验、中和试验等，其中以前四种方法应用居多，更以 IHA 简单、快速、敏感和特异而广泛应用。

4. PCR 方法：提取待检动物组织 DNA，进行 PCR 扩增，如能扩出已知特异性片段，则表示待检猪为阳性，否则为阴性。但必须设阴阳性对照。

【治疗】 急性病例使用磺胺类药物有一定疗效，磺胺药与三甲氧苄氨嘧啶（TMP）或乙胺嘧啶合用有协同作用。亦可使用林可霉素。

磺胺-6-甲氧嘧啶（SMM）：按 60～100 毫克/千克体重口服。

磺胺-5-甲氧嘧啶（SMD）：按 60～100 毫克/千克体重口服。

磺胺嘧啶（SD）：按 70 毫克/千克体重口服；或增效磺胺嘧啶钠注射液 20 毫克肌注。

【防制措施】 切断传染途径，勿与猫狗等密切接触，防止猫粪污染食物、饮用水和饲料。加强卫生宣教、搞好环境卫生和个人卫生，不吃生的或不熟的肉类和生乳、生蛋等；控制或消灭鼠类，以防止猪食入鼠类；不用生肉喂猫，猫粪应进行无害化处理等。保持动物圈舍、运动场的卫生，粪便经常清除，堆积发酵处理。

六、禽组织滴虫病

组织滴虫病是由毛滴虫目、火鸡组织滴虫寄生于火鸡、鸡、野鸡、孔雀、珠鸡和鹌鹑等禽、鸟类的盲肠和肝脏引起的一种寄生虫病。该病主要侵害肝和盲肠，又名盲肠肝炎；因发病后期出现血液循环障碍，头部颜色发紫，因而又称黑头病。本病呈世界性分布，在加拿大、法国、英国、美国、意大利等一些主要火鸡饲养国，非常普遍。本病以侵害火鸡为主，其他家禽易感性不高，但组织滴虫可以引起家禽的生长发育迟缓、产蛋下降，阻碍养禽业健康发展，对畜牧业生产造成巨大的经济损失。

【流行病学】 自然感染情况下，火鸡最易感，尤其是 3～12 周龄的火鸡。鸡和火鸡的易感性随年龄而变化，鸡在 4～6 周龄易感性最强，火鸡 3～12 周龄的易感性最强。鸡常作为组织滴虫的隐性宿主，可以散播组织滴虫给其他更易感的禽类引起发病。组织滴虫可与球虫、蛔虫、隐孢子虫、大肠杆菌、沙门氏菌等混合感染，其他感染因素的存在亦可促进组织滴虫病的发生与发展，加剧病情，使病程加快，死亡率增加。

本病通过消化道感染。组织滴虫因有异刺线虫虫卵的卵壳保护，在外界能生存较长的时间，成为重要的传染源。蚯蚓吞食土壤中的异刺线虫虫卵或幼虫后，组织滴虫随即进入蚯蚓体内而使之成为重要的传播媒介。在没有异刺线虫和蚯蚓作保护时，组织滴虫对外界抵抗力不强，数分钟内即死亡。在野生动物群体中，雉和北美鹑类可充当保虫宿主，节肢动物中的蝇、蚱蜢、蟋蟀等都可作为机械性传播媒介。

【症状与病变】 本病潜伏期 7～12 天，最短 5 天，常发生于第 11 天。雏火鸡易感性最强。禽感染后表现为呆立，翅膀下垂，步态蹒跚，眼半闭，头下垂，畏寒下痢，食欲不振。末期，有些病禽因血液循环障碍，鸡冠肉髯发绀，呈暗黑色，故称“黑头病”。病程 1～3 周，病愈鸡的体内仍有组织滴虫，带虫者可长达数周或数月向外排虫。成年鸡一般不表现任何症状。

病变主要在盲肠和肝脏，表现为盲肠炎和肝炎。剖检可见一侧或两侧盲肠肿胀，肠壁肥厚，内脏充满浆液性或出血性渗出物，渗出物常发生干酪化，形成干酪状的盲肠肠芯或盲肠穿孔，引起腹膜炎。肝脏肿大，紫褐色，表面出现黄绿色圆形、下陷的“铜钱样”坏死灶，直径可达 1 厘米，单独存在或融合成片状。

【诊断】 根据流行病学和病理变化，发现典型病变即可确诊。检查病原难度较大。检查方法是：在病禽盲肠肠芯与肠壁之间刮取少量病料置载玻片上，再加入少量加温（37～40℃）的生理盐水混匀，加盖玻片后立即在显微镜下检查，发现活动的虫体即可确诊。

组织滴虫可与球虫、蛔虫、隐孢子虫、大肠杆菌、沙门氏菌等混合感染，诊断时应注意区别。

【治疗】 对鸡组织滴虫病可选用下列药物进行治疗。

1. 呋喃唑酮：0.04%浓度混饲，连喂 7～10 天。

2. 甲硝唑：治疗按 250 毫克/千克混饲，每日 3 次，连用 5 天；预防用 200 毫克/千克混饲，休药 5 天。

3. 洛硝哒唑：预防按 500 毫克/千克比例混于饲料中，休药 5 天。

【防制措施】 鸡和火鸡隔离饲养；成年鸡和雏鸡分开饲养；成禽应定期驱除异刺线虫。加强饲养管理，搞好环境卫生，保持鸡舍的干燥、清洁、通风和光照良好；防止鸡群过分拥挤，注意饲料的营养平衡。

七、住白细胞虫病

住白细胞虫病，又称白冠病，是由疟原虫科、住白细胞虫属的原虫寄生于鸡的血液细胞和内脏器官的组织细胞内所引起的一种原虫病。因本属虫体最早在宿主白细胞内发现，故名为住白细胞虫并沿用至今。该病在我国广东、福建、上海、四川、山东、山西、辽宁、北京、河北等省市都有发生，特别是南方地区发病较为普遍。其对雏鸡危害严重，可引起大批死亡。该病可造成产蛋鸡贫血、腹泻、产蛋率下降。对养鸡业危害严重，所以我国农业部将本病列为进口动物检疫对象之一。

【流行病学】 住白细胞虫的传播媒介为蠓和蚋。卡氏住白细胞虫的传播媒介为荒川库蠓、环斑库蠓、尖喙库蠓、恶敌库蠓等。库蠓为双翅目、蠓科的小型昆虫，体长 1～3 毫米，灰黑色，刺吸式口器，翅上无鳞片，但有的部位有翅斑，嗅觉灵敏，飞翔速度快，多在外界气温 20℃以上开始出现，且低压闷热的天气最猖狂。一般以日出前 1～2 小时及日落前 1～2 小时最为活跃，常在鸡舍门窗上空成群飞翔，此时雌雄交配，成蠓一般在阴暗潮湿处栖息，雄蠓不吸血，交配后死亡，雌蠓吸血，饱血后产卵，雌蠓以Ⅳ期幼虫或卵的形式越冬，但吸血后雌蠓也可在温暖隙缝或洞穴内生存。

住白细胞虫病的发生有一定的季节性，这与库蠓和蚋的活动季节性相一致。当气温在20℃以上，库蠓和蚋繁殖快，活力强，住白细胞虫的发生和流行也就严重。热带和亚热带地区全年都可发生该病。北方多发生于6—11月份，南方多发生于4—10月份。

一般2～7月龄的鸡感染率和发病率都较高，而8～12月龄的成鸡或一年以上的种鸡，虽感染率高，但发病率不高，血液中虫体较少，多为无症状的带虫者。自然感染的潜隐期为6～10天。

【症状】 潜伏期6～10天。对雏鸡危害严重，症状明显，发病率高，可达50%，能引起大批死亡，死亡率可达26%～50%。病初体温上升，食欲下降，多饮水，精神沉郁；咯血，甩头，流口水，贫血，冠髯苍白；下痢，粪绿色或灰白。后期不愿走动，甚至腿麻痹，卧地不起。病程1～2天内，重者死亡。本病特征症状是死前口流鲜血、贫血、鸡冠和肉垂苍白。病鸡常因呼吸困难死亡。

青年鸡和成年鸡感染后病情较轻，一般死亡率不高。病鸡主要表现鸡冠苍白、消瘦、贫血拉水样的白色或绿色稀粪，生长发育受阻，母鸡产蛋率下降，甚至停止。

【病变】 虫体的寄生可破坏各器官组织微血管内皮细胞，引起机体广泛性出血。剖检可见尸体消瘦，血液稀薄；全身皮下出血，肌肉尤其是胸肌、腿肌、心肌有大小不等的出血点；各内脏器官肿大出血，尤其是肾、肺出血最严重；肝脾肿大。胸肌、腿肌、心肌及肝脾等器官上有灰白色或稍带黄色的、针尖至粟粒大与周围组织有明显分界的小结节。将这些结节挑出涂片、染色，可见许多裂殖子散出。

【诊断】 根据流行病学、临床症状和剖检病变做出初步诊断。病原检查需要对血液涂片或脏器涂片进行姬姆萨染色，在显微镜下发现虫体，即可确诊。

【治疗】 目前认为较有效的药物有泰灭净、磺胺二甲氧嘧啶、磺胺喹噁啉等。

1. 泰灭净：预防时用25～75毫克/千克拌料，连用5天，停2

天，为一疗程。治疗时可按 100 毫克/千克拌料连用 2 周或 0.5%连用 3 天，再 0.05%连用 2 周。它是目前最有效的治疗药。

2．磺胺二甲氧嘧啶：预防用 25～75 毫克/千克，混入饲料或饮水；治疗按 0.05%的比例饮水 2 天，然后再按 0.03%饮水 2 天。

3．磺胺喹噁啉：预防用 50 毫克/千克，混入饲料或饮水。

4．克球粉：预防用 125～250 毫克/千克混入饲料。治疗用 250 毫克/千克混入饲料连续服用。

治疗过程中应防止药物中毒和抗药性产生。应采取间断性用药防止药物中毒，采用交替用药或联合用药防止产生抗药性。

【防制措施】 本病重点在于预防，可采取综合性的防范措施。清除禽舍周围库蠓、蚋栖息的杂草，用杀虫剂喷洒禽舍墙壁、门窗、地面，控制和杀灭媒介昆虫；投服药物预防该病，并及时淘汰病鸡。

八、小袋纤毛虫病

结肠小袋纤毛虫病是由纤毛虫纲、毛口目、小袋虫科、小袋虫属的结肠小袋虫寄生于猪、人大肠内引起的一种人兽共患原虫病。本病呈世界性分布，以热带和亚热带地区多发。猪的感染极为普遍，感染率 20%～100%，我国南方地区多发，主要危害仔猪。

【流行特点】 结肠小袋纤毛虫呈世界性分布，以热带、亚热带地区较多，已知 30 多种动物能感染此虫，其中猪的感染较普遍，是最重要的传染源，感染率可达 60%～70%。通常认为人的感染来源于猪，不少病例有与猪接触史。有的地区人的发病率与猪的感染率一致，故认为猪是人体结肠小袋纤毛虫病的主要传染源。但也有的地区猪的感染率很高，而人群中感染率极低，或只发现猪感染。人感染主要是通过食入被包囊污染的食物或饮水。滋养体对外界环境有一定的抵抗力，如在厌氧的环境和室温条件下能存活 10 天，但在胃酸中很快被杀死，因此，滋养体不是主要的传播时期。包囊的抵抗力较强，在室温下可存活 2 周至 2 个月，在潮湿环境里能存活 2 个月，在干燥而阴暗的环境里能存活 1～2 周，在直射阳光下 3

小时后死亡，对于化学药物也有较强的抵抗力，在 10%福尔马林中能存活 4 小时。

【症状与病变】 结肠小袋纤毛虫侵害的主要部位是结肠，其次为直肠和盲肠。一般情况下，猪不表现症状，但当消化功能紊乱、抵抗力下降、特别是并发细菌感染时，可造成溃疡性肠炎，患猪表现精神沉郁，食欲减退，喜卧，有些病猪体温升高。最常见的症状是腹泻，粪便恶臭，多带血和粘液，仔猪发病较严重，可在 2～3 天内死亡。成年猪多为带虫者。人感染结肠小袋虫后，主要表现顽固性下痢，病情常较严重。

【诊断】 在粪便中找到滋养体或包囊即可确诊。滋养体能运动，呈卵圆形或梨形，大小为（30～150 微米）×（25～120 微米）。包囊不能运动，呈球形或卵圆形，直径约 40 微米，外被两层囊膜，内含一个虫体。

【防制措施】 治疗可选用甲硝唑、呋喃唑酮等。预防应以搞好猪场环境卫生和消毒工作，严格管理猪粪，做无害化处理；饲养人员注意个人卫生和饮食卫生，以免遭受感染。

第六节　蜘蛛昆虫病

蜘蛛昆虫学是专门研究暂时或永久性寄生在人畜禽体表或体内的一些节肢动物及其所引起的疾病的科学，同时还研究作为疾病传播者或媒介的蜱螨昆虫及其所传播的传染病、原虫病和蠕虫病之间的关系。蜘蛛昆虫病具有重要的公共卫生意义。与兽医有关的蜘蛛昆虫病主要包括蛛形纲的蜱螨病和昆虫纲营寄生的昆虫病。

一、蜱病

蜱类属于节肢动物门、蛛形纲、蜱螨目、蜱亚目的硬蜱科、软蜱科和纳蜱科。其中最常见且对家畜危害性最大的为硬蜱科，其次为软蜱科。

（一）硬蜱

硬蜱俗称扁虱、牛虱、草爬子、狗豆子等。多数寄生于哺乳动物体表，少数寄生于鸟类和爬行类动物，个别寄生于两栖类动物。雌雄蜱均能吸血。

硬蜱在传播寄生虫病和传染病的病原上，起着重大作用。硬蜱是家畜梨形虫病的传播者，此外，还能传播病毒性疾病（如马脑脊髓炎、森林脑炎、蜱媒出血热等）和细菌性疾病（如炭疽、布氏杆菌病、野兔热等），以及立克次氏体病（如 Q 热、蜱媒斑疹伤寒等）。

硬蜱呈红褐或灰褐色，饥饿时呈前窄后宽，背腹扁平的长卵圆形，芝麻粒大到大米粒大（2～13 毫米），饱血后呈椭圆或圆形，身体可增大几倍到几十倍，雌虫可增大 100～200 倍达蓖麻粒大。头胸腹融为一体（见图 2-2-15）。

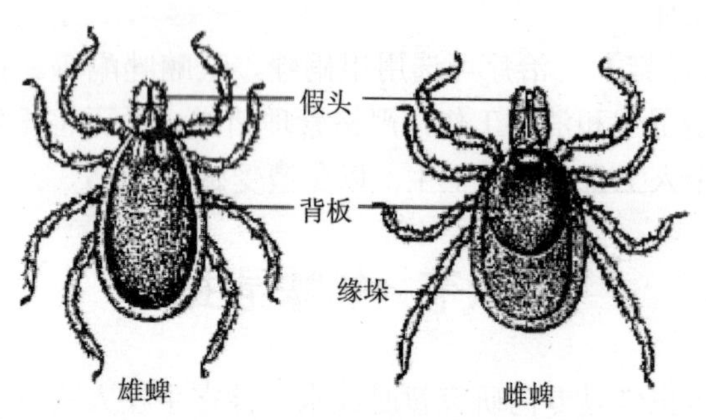

图 2-2-15 硬蜱成虫

【流行病学】 蜱类的活动具有明显的季节。在季节变化分明的地区，蜱类通常都在一年中的温暖季节活动，在同一地区，不同种类的蜱其活动季节各不相同；而同一种蜱在不同地区，由于气候和环境的不同，其活动时间的长短也有差别。

【症状】 硬蜱在动物体表寄生，吸血时能机械地损伤皮肤，造成寄生部位的痛痒，使动物骚动不安、摩擦或啃咬。在硬蜱固着处，造成伤口，继而引起皮肤发炎和伤口生蛆等。硬蜱能吸食血液，当大量寄生时，可引起动物贫血、消瘦、发育不良、皮毛的质量降低以及产乳量下降等。有些种的蜱唾腺可分泌一中神经毒素，引起动物出现全身麻痹或后肢麻痹等，称为“蜱瘫痪”。

此外，蜱还可以传播多种病原，如细菌、病毒、支原体、螺旋体、衣原体、立克次氏体以及原虫、线虫等。硬蜱在兽医学上具有重要的地位，因对家畜危害严重的巴贝斯虫病、泰勒虫病都必须依靠硬蜱传播。

【诊断】 依据流行病学特点，结合临床症状，在动物体表发现蜱即可做出诊断。

【防制措施】 对硬蜱的防治在预防家畜和人的某些疾病上具有很重要的意义。应在充分了解和掌握各种蜱的生物特性的基础上，因地制宜地采取综合性防治措施才能取得较好的效果。

1．消灭畜体上的蜱（畜体灭蜱）：

（1）手工、器械法灭蜱：用手工或器械拔除畜体上的蜱，也可将油类如凡士林、石蜡油等涂于蜱体上，使其不能呼吸；也可用蚊香、烟头烧蜱。此法只能用于少量寄生时。拔蜱时应垂直拔下，以免将口器断在畜体皮内；应注意安全。不要漏掉幼蜱及雄性蜱。

（2）化学药物法：用药粉喷撒或药液涂擦、喷淋、药浴、洗刷畜体或注射均可，如 0.005%～0.01%敌杀死，0.006%～0.01%杀灭菊酯喷洒或药浴，2 毫克/千克氟苯醚菊酯背部浇注，1%～2%敌百虫或 40%敌敌畏喷洒；寒冷季节可用伊维菌素 15～20 微克/千克（预防）或 100～200 微克/千克（治疗）皮下注射或马拉硫磷、西维因粉撒布。

2．杀灭畜舍及运动场内的蜱：

定期用杀蜱药物处理畜舍，包括地面、墙壁等处的缝隙。对引进的或输出的家畜均应进行检查和灭蜱工作。暴晒新割牧草防止蜱入畜舍。

3．消灭自然界的蜱（牧场灭蜱、外环境灭蜱）：

改变自然环境是消灭蜱的最好方法，创造不利于硬蜱生存的环境。

（1）牧场轮牧或喷洒杀蜱药剂：蜱一年不吸血便死亡，所以一年更换一个放牧地点可灭蜱。

（2）消灭无经济价值的宿主，如捕杀啮动物等。

（3）深翻、改良土壤，消除杂草及灌木丛等，以消灭蜱的孳生地。

（4）生物防制法：培养蜱的天敌如跳小蜂（寄生蜂），其能在蜱的若虫体内寄生和大量产卵，将蜱致死。

各种药剂的长期使用，可使蜱产生耐药性，因此，杀虫剂应混合使用或轮流使用，以增强杀虫效果和推迟发生抗药性。

（二）软蜱

软蜱种类繁多，全世界已超过 155 种。软蜱寄生于畜禽体表，它们多生活在畜禽舍的缝隙、巢窝和洞穴等处，当畜禽夜间休息时，即侵袭畜禽体表叮咬吸血。大量寄生时引起畜禽消瘦、生产力下降，甚至可造成死亡。有些软蜱也可传播家畜的疾病，如羊血孢子虫病、牛边虫病等。

虫体椭圆形，未吸血时腹背扁平，背面稍隆起，成虫体长 2～10 毫米；饱血后胀大如赤豆或蓖麻子状，大者可长达 30 毫米。体前端较窄（见图 2-2-16）。

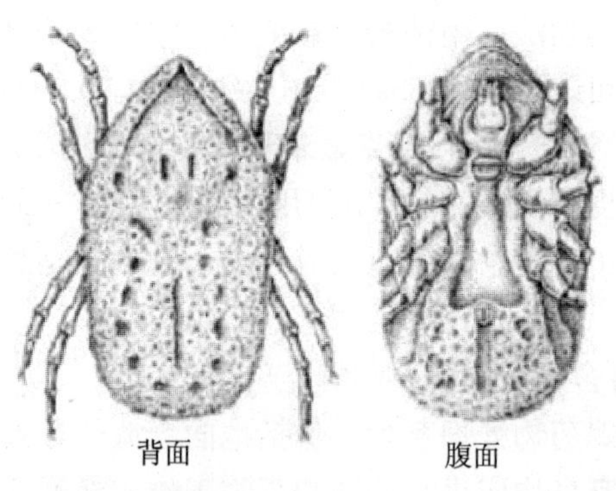

图 2-2-16　软蜱

软蜱只在吸血时才到宿主身上，吸完血后就落下来，藏在动物的居处。吸血多半在夜间，因此，软蜱的生活习性和臭虫很相似。软蜱在宿主身上吸血的时间一般为 0.5～1 小时，但很多软蜱的幼虫吸血时间较长。例如，波斯锐缘蜱的幼虫，附着在鸡的身上达 5～6 天。成蜱一生可吸血多次，每次吸血后落下藏于窝巢中，所以被寄生家畜的窝巢是软蜱的大本营。成虫的耐饥饿力很强。

【症状】 大量软蜱寄生时，可引起畜禽消瘦，贫血，产奶或产蛋能力下降，软蜱性麻痹，甚至死亡。波斯锐缘蜱是鸡埃及立克次体和鸡螺旋体的传播媒介。已证实拉合尔钝缘蜱可带有布氏杆菌和 Q 热立克次氏体。

【诊断】 依据其生活特点及致病症状可做出诊断。软蜱多生活在畜禽舍的缝隙、巢窝和洞穴等处，当畜禽夜间休息时，即侵袭畜禽体表叮咬吸血。

【防制措施】 参阅消灭畜舍内和畜体上硬蜱的方法。消灭鸡体上的波斯锐缘蜱时，应特别注意将药物涂擦于幼虫的主要寄生部位，如两翼下面。还可用敌敌畏块状烟剂熏杀，用量为每立方米 0.5 克烟剂，熏后闭门窗 1～2 小时，然后通风排烟。

敌敌畏烟剂：氯酸钾 20%、硫酸铵（化肥）15%、80%敌敌畏 20%、白陶土（或黄土）25%、细锯末（干）20%。将上述研细混匀，按比例混合均匀，然后加入敌敌畏再充分搅拌均匀，压制成块。

苏云金杆菌的制剂——内晶菌灵，涂洒于犬的体表，能使蜱死亡率达 70%～90%。国内试用伊维菌素治疗波斯锐缘蜱和拉合尔钝缘蜱取得了良好效果。

二、螨病

螨病又叫疥癣，俗称癞病，是由疥螨科、痒螨科、蠕形螨科、皮刺螨科和恙螨科的螨寄生在畜禽体表、表皮内或毛囊、皮脂腺内而引起的一种慢性寄生性皮肤病。患畜可表现剧痒、湿疹性皮炎、皮肤结痂、增厚、脱毛等，并可由患部逐渐向周围扩展。本病为接触感染，具有高度的传染性，可给畜牧业造成巨大的经济损失。

疥螨虫体圆形或龟形，微黄白色或暗灰色，雄虫大小（0.2～0.23 毫米）×（0.14～0.19 毫米），雌虫大小（0.33～0.5 毫米）×（0.25～0.35 毫米），肉眼勉强可见。虫体背面隆起，腹面扁平，头胸腹融为一体。疥螨科中与兽医有密切关系的有三个属，即疥螨属、背肛疥螨属和膝螨属，其中以疥螨属最为重要，可引起绵羊、山羊、牛、马、骆驼、猪、兔、犬等动物的疥螨病。

痒螨虫体呈长椭圆或卵圆形，（0.3～0.9 毫米）×（0.2～0.52 毫米）。刺吸式口器，4 对足较细长，均超出体缘。寄生于皮肤表面，以刺吸体液、淋巴液或渗出液为营养。痒螨科与兽医有密切关系的有三个属，即痒螨属、足螨属和耳螨属，其中以痒螨属最为重要，可引起绵羊、山羊、牛、水牛、马、兔、犬等动物的痒螨病。

（一）疥螨病

疥螨病是由疥螨科、疥螨属的螨寄生于人畜皮内引起的重要螨病。疥螨有人疥螨及其不同的变种，根据其侵袭的宿主分别称人、兔、猪、犬、马、牛、羊疥螨等变种，这些疥螨对宿主特异性并不十分严格，如经常接触家畜的人，可能受家畜疥螨的侵袭，也能转移到人体上，但寄生的时间较短，危害也较轻。螨病常可引起动物大面积发病，严重时可引起大批死亡，给畜牧业带来巨大损失。

【流行病学】 螨病是一种高度接触性传染病。可由患病动物与健康动物直接接触而感染，也可通过被螨及其虫卵污染的畜舍、用具及活动场所等间接接触引起感染。当病畜患部剧痒时，患畜擦痒皮肤落屑可造成传播。此外，亦可由工作人员的衣物和诊断治疗器械传播病原。

本病主要发生于秋末、寒冬和初春季节。春秋冬季节，光照不足，家畜被毛增厚，绒毛增生，皮肤温度增高，这些因素适合螨的发育繁殖。尤其在畜舍潮湿、阴暗、拥挤及卫生条件差的情况下，极容易造成螨病的严重流行。夏季家畜绒毛大量脱落，皮肤表面常受阳光照射，皮温增高，经常保持干燥状态，这些条件均不利于螨的生存和繁殖，仅有少数螨潜伏在耳壳、系凹、蹄踵、腹股沟部以及被毛深处，临床症状也趋于减轻或临床康复。但到了秋冬季节，螨又重新活跃起来，不但引起疾病的复发，而且带虫家畜成为最危险的感染源。

幼龄动物较易患螨病，发病也较严重，成年家畜有一定的抵抗力。体质瘦弱、抵抗力差的家畜易受感染，体质健壮、抵抗力强的家畜则不被感染。但成年体质健壮的家畜的“带螨现象”往往成为该病的感染源，这种情况应该引起高度的重视。

螨对外界环境有一定的抵抗力。疥螨在 18～20℃和空气湿度为 65%时经 2～3 天死亡，而在 7～8℃时则经过 15～18 天才死亡。卵在离开宿主 10～30 天仍可保持发育能力。痒螨对外界不利因素的抵抗力超过疥螨，如在 6～8℃和 85%～100%空气湿度条件下，在畜舍内能存活 2 个月，在牧场上能活 25 天，在－12～－2℃经 4 天死亡，在－25℃经 6 小时死亡。

【症状】 患畜以剧痒、皮肤炎症、结痂、消瘦为临床特征。多先发于头面部、耳部、口鼻周围、蹄部皮薄毛少处，严重者波及全身。虫体刺激皮肤，患部剧痒，动物摩擦患部，皮肤发炎，红肿，继之出现小丘疹，小水泡或血泡（出血），脓疱，摩擦或抓挠患部引起破溃，流出黄白色液体或血液、脓液，干涸后形成结痂，脱毛。严重者皮肤变厚，粗糙，起皱褶，硬度增加，弹性下降，甚至因衰竭引起成批死亡。温暖环境中痒感加重。

【诊断】 根据流行病学特点和临床症状可作出诊断。在患畜皮肤的病、健交界处刮皮肤至微出血采取病料，查到虫体或虫卵可确诊。方法：病料置载片上，加 5%KOH 或煤油、甘油水、石蜡油等浸泡透明后查虫体。

死虫检查法：查到死虫、活虫均可。

1．病料置载片上，添加煤油浸泡，使皮屑透明并杀死虫体，然后镜检。

2．沉淀法：病料置离心管内，加 5%KOH 或 NaOH 浸泡过夜，或在酒精灯上煮沸数分钟溶解皮屑，离心沉淀后弃上液，沉淀物制片镜检。

3．浮集法：如沉淀法制得沉淀后，在沉淀物中加 60%硫代硫酸钠液，混匀后静置 10 分钟，取表层液制片镜检。

活虫检查法：可判断虫体是否存活，特别适用于判断药物疗效。油镜观察时，可见活虫体内淋巴包含物流动。

1．直接涂片法：病料加生理盐水镜检，最常用。

2．病料置载片上，加 5%KOH、石蜡或 50%甘油水等浸泡、镜检。该法浸泡时间不能过长，一般不超过 40 分钟，时间过长则虫体死亡。

3．培养皿加温法：病料置平皿内，加盖，放在盛有 40～45℃温水的杯上，10～15 分钟后将平皿翻转，大量皮屑落于皿盖上，虫体及少量皮屑粘于皿底，取皿底镜检。

4．温水检查法：病料浸入盛有 40～45℃温水的试管内或平皿内，置恒温箱中 1～2 小时后，活螨在温热作用下由皮屑内爬出，集结成团，沉于水底部。将水底团块物倾于表面玻璃上镜检。

鉴别诊断：

湿疹：皮屑内查不到螨。痒感轻或无。在温暖环境中痒感不加剧。

痒螨病：虫体寄生于皮肤表面。症状先发于背、臀部皮厚毛密处。痒感夜间加剧。镜检病料可见痒螨。

秃毛癣：无痒感。患部呈圆或椭圆形、境界明显的浅灰色痂皮，无毛，皮硬，易剥出，剥出后皮肤光滑。病料中查不到螨。

虱与毛虱：皮肤正常，柔软有弹性。病料中无螨。患部可查到虱。

【治疗】 用药方法：涂擦、注射、药浴、喷淋、撒粉或背部浇注均可，应根据人力、疾病散播情况、季节等选用不同的方法。拟除虫菊酯类、伊维菌素为首选药。

1. 溴氢菊酯：剂量为 500 毫克/千克体重，涂抹、喷淋或药浴。

2. 巴胺磷：按 200 毫克/千克体重，药浴。

3. 1%敌百虫废机油合剂，涂擦患部，隔 5～7 天再用一次。

4. 25%敌杀死乳油 500～250 倍稀释，喷淋、药浴或涂液，间隔 8～10 天，用药两次，治愈率 100%。

5. 0.2 毫克/千克体重伊维菌素或阿维菌素皮下注射等。

6. 畜体用药的同时，用杀虫药喷洒圈舍、运动场地面、墙壁及食槽、饮水槽等，同步杀虫。

【防制措施】　螨病重在预防，发病后再治疗，常常十分被动，往往造成很大损失。

1．经常检查，发现病畜，及时隔离治疗或处理，防止接触传播。

2．注意环境卫生，保持圈舍干燥、通风良好，光照充足，防止密度过大。圈舍场地、饲喂用具应定期使用杀螨剂杀虫消毒。

3．引进或串换动物时要严格检疫，进行隔离观察，并进行预防杀螨后方可混群。

4．加强饲养管理，提供全价营养，提高机体抗病力。

5．接触病畜的人，应做好自身防护，防止被动物传染。

（二）痒螨病

痒螨病是由痒螨科痒螨属的螨虫寄生于动物体表一类永久性寄生虫病。多寄生于绵羊、牛、马、水牛、山羊和兔等家畜，以绵羊、牛、兔最为常见。痒螨属有不同的变种，均被称为马痒螨的变种，依所侵袭宿主不同分别称为绵羊、山羊、兔痒螨等，它们形状上很相似。与疥螨不同的是痒螨具严格的宿主特异性，不侵袭人，各畜间亦不交叉感染。

【症状】　各种家畜均可发病，但以绵羊、牛、兔多发。症状与疥螨病相似，但痒螨常寄生在皮厚、毛密，温、湿度较恒定的皮肤表面或毛根处。刺吸式口器，以刺吸体液、淋巴液或渗出液为营养，引起家畜受侵部位发炎、奇痒、损伤、脱毛、结痂、皮肤变厚等。

绵羊：痒螨病最常见且危害严重，多先发于背、臀部，以后蔓延至体侧及全身，严重者全身脱毛，消瘦、贫血，寒冷季节可因极度衰竭而大批死亡。

牛：先发于颈部、角根及尾根部，然后蔓延到肉垂及肩部，甚至遍及全身；症状与绵羊相似。

兔：主要发生在外耳道内，引起严重的外耳道炎，盯聍分泌过盛，干涸后形成浅黄白色硬痂皮，厚嵌于外耳道内如纸卷样，甚至完全堵塞外耳道；病耳变重下垂；剧痒，常频频摇头、挠耳。若延至筛骨及脑部，则引起转圈及癫痫样神经症状。痒螨病痒感多在夜间加重。

【诊断】 根据临床症状、发病季节、患部皮肤的变化，即可作出诊断。其他参考疥螨病。痒螨的查找应在毛密处，在瘙痒部位毛间可发现灰白色不断活动的痒螨。

【治疗与防制】 参考疥螨病。

三、昆虫病

昆虫是节肢动物门、昆虫纲所有种类动物的通称。昆虫纲是动物界中最大的节肢动物门中最大的一纲。种类繁多，分布广泛，已知有 100 万种以上。多数昆虫营自由生活，部分营寄生生活。

昆虫纲中与兽医学有关的主要是双翅目、虱目和蚤目的某些种，它们寄生于动物的体表或体内，既可作为动物的昆虫病病原体，有时又可作为某些动物寄生虫病或传染病的传播者，故直接或间接危害着人类和动物的健康。

（一）虱病

虱属于虱目和食毛目，是哺乳动物和禽类体表的永久性寄生虫，常有严格的宿主特异性。本病主要经直接接触或间接接触传播。

【症状】 血虱以吸食动物血液为主，毛虱和羽虱则以绒毛、羽毛及皮屑为食。采食时引起动物皮肤发痒、骚动不安，影响采食和休息。动物脱毛、消瘦、食欲不佳、生产力下降、幼龄动物发育不良等。

【诊断】 在动物体表发现虱或虱卵即可确诊。

【防制措施】 主要是加强饲养管理卫生，栏舍保持清洁干燥，光线充足，饲养密度适宜，定期消毒栏舍及用具。定期检查，发现患虱病的动物应及时隔离治疗。各种大、中动物可用 0.5%～1%敌百虫水溶液，300 毫克/升林丹液、300 毫克/升二嗪哝、250 毫克/升溴氰菊酯喷洒或药浴，由于不能杀死虱卵，因此应于 1～2 周后再进行一次药浴。家禽可用拟除虫菊酯类喷洒，也可用马拉硫磷沙浴。

（二）蚤病

蚤目的昆虫一般称为跳蚤，是一类小型的外寄生性吸血昆虫。蚤的种类近千种，分属于 17 个科，在我国已发现有 100 种以上，其中与兽医关系重要的有蠕形蚤和栉首蚤。

【症状】 蚤在宿主身上叮咬皮肤，吸血分泌唾液刺激宿主或排出含有血色的粪便，引起动物强烈瘙痒、不安，及皮肤炎症，影响采食和休息。大量寄生时，可见宿主贫血、消瘦或死亡。

【诊断】 在流行地区的秋、冬及初春季节，当发现家畜被毛粗乱、污秽，有发痒的表现时，即应进行检查；如果在皮肤上发现大批蚤寄生，即可确诊。

【防制措施】 在流行地区，对有蚤的幼虫孳生的场所，应清扫地面，并喷洒杀虫药。在畜体发现虫体寄生时，可用菊酯类、有机磷类或甲萘威等杀虫药喷洒杀虫。

犬、猫跳蚤也可叮人的皮肤，导致过敏或瘙痒，并可传播犬绦虫，因此，在公共卫生上有一定的意义。

（三）虱蝇病

虱蝇病是虱蝇科虱蝇属的绵羊虱蝇寄生于绵羊皮肤而引起的一种慢性皮炎，以发痒性骚扰与季节性波动为特征。这种寄生虫病分布于全球，发生率高。由于引起羊的生长发育不良、污染羊毛肉和毛的生产性能降低，以及控制计划的费用开支，所造成的经济损失很大。

【症状】 虱蝇常集中在颈、胸壁、臀部与腹部的皮肤上，成年虱蝇靠穿刺皮肤采食并摄入血液，使羊烦扰不安，影响采食休息，造成生长速度停滞，减少肉和毛的生产。大量虱蝇逐渐使宿主失血并引起不同程度的贫血。患羊咬、踢与摩擦它们的受侵袭的皮肤，可机械地损伤羊毛，使毛粗糙、断裂与脱落。在受侵袭的羊群中，所有个体可能持续地被寄生，但很少有死于无并发症的虱蝇侵袭。

【诊断】 通过在皮肤上和羊毛内发现致病数目的虱蝇进行诊断。根据虱蝇的大小、颜色容易与其他节肢动物寄生虫区别开来。

【防制措施】 受虱蝇侵袭的羊群，必须在剪毛后 6 周内进行药物治疗，常用伊力佳粉剂混料饲喂。来自有虱蝇羊群的绵羊，在加入无虱蝇的羊群前必须进行检疫与治疗。无虱蝇的绵羊不许放到受虱蝇侵袭的羊舍。

（四）牛皮蝇蛆病

牛皮蝇蛆病是由皮蝇科皮蝇属的幼虫寄生于牛背部皮下组织所引起的一种慢性寄生虫病。牛皮蝇蛆主要感染牛，偶尔可寄生于马、驴、野生动物和人。由于皮蝇幼虫的寄生，可使皮革质量降低，患牛消瘦，发育不良，产乳量下降，对养牛业危害较严重，造成国民经济巨大损失。本病在我国西北、东北和内蒙古牧区流行甚为严重，其他省份的由流行地区引进的牛只也有发生。

【症状】 皮蝇飞翔产卵时，引起牛只惊恐不安，严重地影响采食、休息、抓膘等，甚至可引起摔伤、流产或死亡。

幼虫钻入皮肤时，引起牛皮肤痛痒，精神不安。幼虫在牛的食道寄生时，可引起食道壁的炎症，甚至坏死。幼虫移行至背部皮下时，在寄生部位引起血肿或皮下蜂窝组织炎，皮肤稍隆起，变为粗糙而凹凸不平。继而皮肤穿孔，如有细菌感染可引起化脓，形成瘘管，经常有脓液和浆液流出，直到成熟幼虫脱落后，瘘管逐渐愈合，形成瘢痕。皮蝇幼虫的寄生使背部大片皮肤穿孔，造成皮革的经济损失。幼虫在生活过程中分泌毒素，对血液和血管壁有损害作用，严重感染时，患畜贫血、消瘦、生长缓慢，产乳量下降，使役能力降低。有时幼虫进入延脑和脊髓，能引起神经症状，如后退、倒地，半身瘫痪或晕厥，严者可造成死亡。幼虫如在皮下破裂，有时可引起过敏现象，病牛口吐白沫，呼吸短促、腹泻、皮肤皱缩，甚至引起死亡。

【诊断】 幼虫出现于背部皮下时易于诊断，最初可在背部摸到长圆形的硬结，过一段时间后可以触诊到瘤状肿，瘤状肿中间有一小孔，用力挤压，挤出虫体即可确诊。此外，流行病学资料包括当地流行情况、病畜来源及牛被毛上存在虫卵等，对本病的诊断均有重要的参考价值。

【治疗】 常用下列药物进行治疗：

1．3%倍硫磷 0.3 毫升/千克、4%蝇毒磷 0.3 毫升/千克、8%皮蝇磷 0.33 毫升/千克沿背线浇注，均能杀死幼虫，但应注意在 4—11 月份进行。

2．伊维菌素：按 0.2 毫克/千克体重皮下注射。

【防制措施】　消灭牛体内的幼虫有重要作用，可以减少幼虫的危害，并防止幼虫化蛹为成蝇。可以用药液沿背线浇注。在流行地区，浇注可在 4—11 月之间进行，12 月至翌年 3 月因幼虫在食道或脊椎，幼虫在该处死亡后可引起局部严重反应，故此期间不宜用药。对于在背部出现的三期幼虫，可用敌百虫杀灭。用 20℃的温水把敌百虫配成 2%药液给牛背穿孔处涂擦，涂擦前应剪毛，露出孔口，每头牛用 300 毫升药液，一般于 3 月中旬至 5 月底进行，每隔 30 天处理一次，共处理 2～3 次。少量在背部出现的幼虫，可用机械法，即用手指压迫皮孔周围，将幼虫挤出，并将其杀死，但需注意勿将虫体挤破，以免引起过敏反应。

思考题

1．列表说明所讲述的吸虫病的病原体、虫卵特征、中间宿主、终末宿主及寄生部位。

2．当地重要吸虫病的诊断、治疗及防制措施。

3．列表叙述常见绦虫病的病原形态特征，指出其终末宿主、中间宿主及其寄生部位。

4．简述如何正确诊断和预防猪囊尾蚴病。

5．简述本地反刍兽主要绦虫病的病原形态和发育史，怎样正确诊断和防治。

6．猪旋毛虫病的流行特点是什么？该病的诊断及防治要点是什么？

7．简述猪蛔虫的发育过程及如何防治猪蛔虫病。

8．猪后圆线虫病的流行特点是什么？该病的临床表现及防治要点是什么？

9．鸡异刺线虫病的临床表现是什么？如何诊断及防治？

10. 猪棘头虫病的诊断要点和防治措施。

11. 猪、鸡、牛球虫病的主要症状和病理变化有哪些？如何对其进行治疗和预防？

12. 简述弓形虫病的诊断方法和防治措施。

13. 如何诊断和防治禽住白细胞虫病？

14. 硬蜱的危害有哪些，如何防治？

15. 软蜱形态和发育与硬蜱有何区别？

16. 疥螨、痒螨形态有何主要区别？

17. 疥螨、痒螨主要症状有哪些？怎样诊断和防治？

18. 简述蚤病的主要症状。

19. 牛皮蝇幼虫有哪些危害？怎样防治？